广东省"十四五"职业教育规划教材

人工智能技术应用基础

主　编　刘艳飞　赵清艳

副主编　林亮中　谭论正　肖朝亮　陈帼鸾

　　　　周　悟　李可为

西安电子科技大学出版社

本教材是在《高等学校人工智能创新行动计划》《关于推动现代职业教育高质量发展的意见》等文件和新时代战略部署"新基建"精神的指导下，校企联合编写的职业教育新形态教材。全书分为人工智能知识认知、人工智能技术应用和 AI 安全法律伦理三个模块，其中人工智能知识认知模块包括人工智能知识寻古探今和人工智能技术应用探究两个项目；人工智能技术应用模块包括开发校园智能客服机器人、植物检测和开发人脸识别考勤系统三个项目；AI 安全法律伦理模块包括 AI 发展中的问题认知一个项目。

本教材可以作为高等职业院校、职业本科院校、应用型本科院校的人工智能通识课的教材，也可以作为教师、科研人员、工程技术人员和相关培训机构的参考书，还可供对人工智能感兴趣的自学者学习使用。

本书已评上广东省"十四五"职业教育规划教材。

图书在版编目(CIP)数据

人工智能技术应用基础 /刘艳飞，赵清艳主编. —西安：西安电子科技大学出版社，2022.8
(2025.2 重印)
ISBN 978–7–5606–6584–9

Ⅰ. ①人… Ⅱ. ①刘… ②赵… Ⅲ. ①人工智能—高等学校—教材 Ⅳ. ①TP18

中国版本图书馆 CIP 数据核字(2022)第 140539 号

策　　划　明政珠
责任编辑　郑一锋　南　景
出版发行　西安电子科技大学出版社(西安市太白南路 2 号)
电　　话　(029) 88202421　88201467　　　　邮　编　710071
网　　址　www.xduph.com　　　　　　电子邮箱　xdupfxb001@163.com
经　　销　新华书店
印刷单位　西安日报社印务中心
版　　次　2022 年 8 月第 1 版　2025 年 2 月第 5 次印刷
开　　本　787 毫米×1092 毫米　1/16　印张 18.5
字　　数　435 千字
定　　价　48.00 元
ISBN　978–7–5606–6584–9
XDUP 6886001–5
如有印装问题可调换

前　言

本教材是在《高等学校人工智能创新行动计划》等文件和新时代战略部署"新基建"精神的指导下，校企联合编写的职业教育新形态教材。本教材基于帮学课程理念完成开发，帮学课程核心理念是"帮助学生学习"，学生是学习的本体，处于教学活动的中心，教师是帮助的本体。

1. 突出立德树人，铸魂育人理念，用"中国特色"课程理念保障教材政治方向

教材有效融入习近平新时代中国特色社会主义思想和党的二十大会议精神，融入中华优秀传统文化等思政元素，突出立德树人、铸魂育人的理念。将价值引领融入人工智能技术应用中，通过对口帮扶项目智能种植融入绿色可持续发展理念和东西部协同发展、人工智能法律安全关注人类命运共同体、广泛践行社会主义核心价值观。创新地针对每个教学任务配套"AI记事本"，将我国的人工智能自主技术、具有突出贡献的人物和重大社会价值的应用创新变成"中国故事"，制作成"AI记事本"动画视频。动画视频以二维码的形式插入教材和在线课程中，注重培养学生专业精神、职业精神、工匠精神和劳模精神，引导学习者守正创新、跨厉奋发，为全面建设社会主义现代化国家、全面推进中华民族伟大复兴而团结奋斗。

2. 满足岗课证融合的需求，科学设计教学项目

本教材内容紧随市场人才需求，将人工智能训练师、人工智能工程技术人员和人工智能深度学习工程应用1+X证书相关的数据采集、数据标注和模型训练等知识和技能融入教材。本教材中的三个人工智能技术应用实践项目都是2021年以后在市场应用的真实人工智能应用项目。语音识别应用项目选取了本校信息工程学院产融合园入驻企业广东省可道科技有限公司开发的中山市三角镇智慧政务中心的智能客服项目为原型转化而成的贴近学生生活的项目——校园ZSPT智能客服机器人；人脸识别应用项目来自广州云歌科技有限公司已经应用到市场的人脸考勤系统；图像识别项目来自本校工作室与广州万维视景公司开展的产教融合实践项目——智能植物生长系统中的植物识别部分。

3. 突出以学生为中心，基于"帮学+自学"设计教材内容编写结构

帮学课堂流程分为两个环节和六个步骤，两环即自学和帮学。本教材充分考虑教情学情，借助"学习任务"实施教学，以学生为中心，注重培养学生核心素养。基于"帮学+自学"六步设计帮助教师教学和学生学习的链接资源，基于帮学课堂的"两环六步"设计任务引导问题完成教材任务工单的编写。

4. 突出适应国家职业教育教学改革要求，设计"助力课程目标"的评学部分

教材在任务实施环节之后，依据知识、技能和素质目标三个部分设计了个人评价、组内互评、组间互评和教师评价部分。帮助学生在评学过程中检验和反思，通过自评检测自

已的达标情况，通过他人的评价反思改进，促进学生有效学习和全面发展。

5. 校企双元教材编写机制，"专业教师、企业工程师、思政教师"协同开发

教材由"专业教师、企业工程师、思政教师"协同完成。企业工程师负责项目案例库的构建和更新，确定典型工作任务，保障教材内容上"新"和"职业性"。思政教师负责审核意识形态，提炼育人元素，保障教材内容的"教育性"。专业教师负责设计学习任务，保障教材符合认知规律。

6. 适应模块化、项目化教学模式改革需求，"活页式"设计满足多样化学习

教材分为三个模块，结构灵活，不同专业背景的学生可以选学不同模块。基于项目化教学需求，每个模块都有1～3个项目，每个项目由系列任务组成，适合任务驱动教学。

7. 教材配套资源丰富，"辅教"又"助学"

教材配套的在线开放课共有260个资源，其中微课视频资源137个和动画视频25个，视频时长达到1118分钟，非视频类资源139个，线上测验和作业总数超过1400道。教师可以从学银在线"示范教学包"一键导入全部或者部分模块项目开展混合式教学。学生可以随时随地纸质教材的二维码、在线课程、在线教材随时看微课、做练习，参与讨论，在线调试程序代码。

8. 引入AIGC新技术，突出"AI+"创新应用，建设拓展资源

AI技术更新迭代快速，教材通过配套的省级精品在线开放课及时增加拓展资源。一是增加了项目——AIGC(生成人工智能)探究，从知识原理、提示词到文心一言、豆包、KIMI、有言、星火、即梦、智谱清言、腾讯智影、deepseek等实践应用以及AIGC中的安全伦理知识产权问题等共新增了18个微课视频和2个AI记事本动画视频。二是增加了"AI+"创新应用项目，结合中国第八届中国国际"互联网+"大学生创新创业大赛产业赛道赛题，引入食品医疗、农林牧渔等11个行业已经实际应用的"AI+"解决方案设计，引导学生进行"AI+"创新应用，新增了11个微课视频和3个AI记事本动画视频。新增拓展资源见表1。

表1 教材拓展资源

项目	序号	视频资源
新技术：AIGC(生成人工智能)探究	1	AIGC技术认知
	2	AIGC关键技术-提示词prompt
	3	AIGC关键技术-AI提示词提问与追问的十大技巧
	4	AI大模型催生的新职业-提示词工程师
	5	AIGC技术实践—生成公众号推文
	6	AIGC技术实践—生成短视频脚本
	7	AIGC技术实践—制作PPT
	8	AIGC技术实践—生成视频："汉武帝讲历史"

项目	序号	视 频 资 源
新技术：AIGC(生成人工智能)探究	9	AIGC 技术实践—生成视频："古诗词动画视频"
	10	AIGC 技术实践—数据分析与可视化应用
	11	AIGC 技术实践—绘图应用
	12	AIGC 技术实践—生成商业策划书
	13	AIGC 技术实践—生成菜谱
	14	AIGC 技术实践—提高办公效率应用(生成电商营销方案)
	15	AIGC 技术实践—提升编程能力应用
	16	AIGC 中的伦理问题探究
	17	AIGC 中的安全问题探究
	18	AIGC 中的知识产权问题探究
创新应用："AI+"行业应用解决方案设计(融入中国国际"互联网 +"大学生创新创业大赛产业赛道赛题)	19	"AI+"食品医疗行业应用方案设计
	21	"AI+"农林牧渔行业应用方案设计
	22	"AI+"新闻传播行业应用方案设计
	23	"AI+"装备制造行业应用方案设计
	24	"AI+"电子信息行业应用方案设计
	25	"AI+"文化艺术行业应用方案设计
	26	"AI+"土木建筑行业应用方案设计
	27	"AI+"财经商贸行业应用方案设计
	28	"AI+"轻工纺织行业应用方案设计
	29	"AI+"交通运输行业应用方案设计
"AI 记事本"动画	30	北京冬奥体育 AI 评分——公正
	31	东数西算与新质生产力的发展
	32	智能辅助决策促进社会平等
	33	琢玉成器——AI 模型训练
	34	去伪存真——人脸识别原理
	35	格物致知——AI 算法是什么
	36	知行合一——智能体
图像识别技术应用-植物检测(英语版)	37	Plant Image Collection
	38	Plant image data labeling
	39	Set up keras-yolo3 environment
	40	Testing keras-yolo3 case
	41	Model training and testing

项目	序号	视 频 资 源
可选学特色图像识别技术应用项目-火龙果检测	42	标注火龙果数据集
	43	安装 Yolov5 环境
	44	训练火龙果模型
	45	火龙果模型测试

9. 关注教随产出和职教服务区域经济，新增特色项目资源

服务于学校国家资源库职教出海的需求，针对图像识别技术应用——植物检测项目开发了配套的英语版微课视频 5 个。同时引入广东省"百千万工程"突击队项目——岭南特色水果智能采摘中的火龙果检测作为图像识别技术应用的可选学习项目，新增 5 个任务的微课操作视频(见表 1)。

10. "校企 专思"融合的教材编写团队

教材编写团队由企业工程师、专业教师和思政教师组成。企业工程师李可为负责提供企业项目并提炼成典型工作任务，负责搭建实验环境、编写实验步骤以及技术支持。刘艳飞负责教材的整体规划和统稿并完成模块一项目 1，联合李可为完成模块二中项目 1 的撰写，赵清艳负责模块一中项目 3 和模块三中项目 1 的撰写，陈帼鸾负责模块二中项目 2 的撰写，谭论正负责模块二中项目 3 的撰写，林亮中和肖朝亮负责模块三的撰写，周悟(思政老师)、刘艳飞和赵清艳负责教材中思政元素的规划设计和编写。

感谢广东可道科技有限公司、广州云歌科技有限公司和广州万维视景科技有限公司对教材编写的技术支持和配合，感谢欧阳河教授和中山职业技术学院欧阳河顾问职教研究工作室全体研修教师对教材编写的理论指导，感谢中山职业技术学院人工智能技术应用基础课程团队对教材编写付出的艰辛努力。感谢詹剑鹏、陈泽宁两位工程师对教材项目和典型工作任务的指导，李滨娜(思政老师)对思政元素的审核，以及对数字资源建设的大力支持。

本教材是广东省精品在线开放课和广东省课程思政示范课配套教材，同时已出版数字教材。通过学银在线(课程网址 https://www.xueyinonline.com/detail/250198164)对外开放，数字教材全部入选超星"示范教学包"。选用教材的教师可以很方便地通过"学银在线——示范教学包"或超星学习通 APP"我→课程→右上角"+"号新建课程→用示范教学包建课"，搜索"人工智能技术应用基础"来创建自己的在线开放课开展混合式教学。

限于时间、水平，书中难免存在不足之处，恳请广大读者提出宝贵意见。

编 者

2022 年 5 月

(2025 年 2 月修改)

目　　录

模块一　人工智能知识认知 1

项目 1.1　人工智能寻古探今 2

任务 1.1.1　人工智能知识认知 4

任务 1.1.2　人工智能技术发展历程探究 17

任务 1.1.3　探究新职业——人工智能训练师 29

项目 1.2　人工智能技术应用探究 49

任务 1.2.1　人工智能应用支撑认知 51

任务 1.2.2　人工智能应用行业探究 73

模块二　人工智能技术应用 87

项目 2.1　语音识别技术应用——开发校园智能客服机器人 88

任务 2.1.1　语音数据采集 90

任务 2.1.2　语音转文字 98

任务 2.1.3　语音合成——语音助手 114

任务 2.1.4　聊天机器人 126

任务 2.1.5　校园智能客服 135

项目 2.2　图像识别技术应用——植物检测 147

任务 2.2.1　植物图像资源采集 149

任务 2.2.2　图像数据标注 159

任务 2.2.3　搭建 YOLOv3 环境 169

任务 2.2.4　测试 keras-yolo3 实例 178

任务 2.2.5　训练植物检测模型 186

项目 2.3　人脸识别技术应用——开发人脸识别考勤系统 203

任务 2.3.1　人脸检测 205

任务 2.3.2　人脸矫正 218

任务 2.3.3　人脸特征提取 228

　　　　任务 2.3.4　人脸识别 237

　　　　任务 2.3.5　简易人脸识别考勤系统 245

模块三　AI 安全法律伦理 257

　　项目 3.1　AI 发展中的问题认知 258

　　　　任务 3.1.1　人工智能安全威胁 260

　　　　任务 3.1.2　人工智能伦理探究 268

　　　　任务 3.1.3　人工智能法律探究 276

参考文献 285

模 块 一

人工智能知识认知

项目 1.1　人工智能寻古探今

项目情景

2016 年，AlphaGo 战胜两代棋王，震惊世界。从无人工厂到无人驾驶，从智慧城市到智能娱乐，从能跳舞又能送盒饭的机器牛到手机里的"今日头条"和"美图秀秀"等，人工智能已经从象牙塔飞入了寻常百姓家，推进了生产，便捷了生活。那么人工智能是什么呢？我们一起来寻访它的过去，探究它的现在。

项目导览

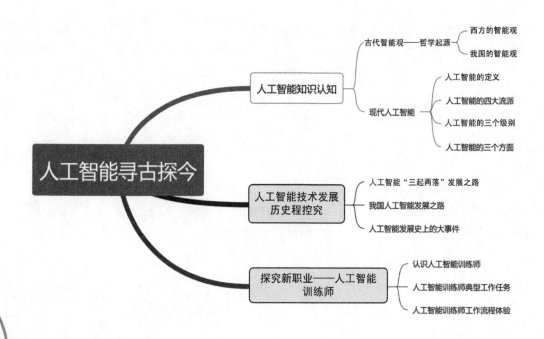

项目目标

- 了解古代智能观和古代"人工智能"技术；
- 理解现代人工智能及分类；
- 了解人工智能发展历程；
- 了解我国人工智能发展现状和战略规划；
- 思考人工智能的时代及社会需求。

思政聚焦

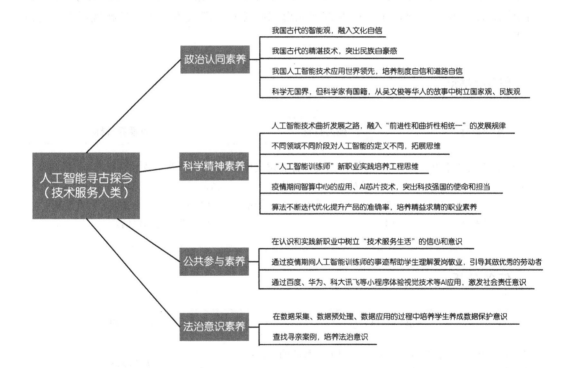

任务 1.1.1　人工智能知识认知

◆◆◆ **任务描述** ◆◆◆

　　我国国务院于 2017 年 7 月印发了《新一代人工智能发展规划》，其他国家如美国、英国、德国和日本等都提出了自己雄心勃勃的人工智能发展战略。2019 年 2 月，美国启动"美国人工智能计划"，更是推动了国家层面上人工智能技术的竞争。请同学们查找材料、搜索网络资源、阅读相关书籍，了解中西方智能思想起源和智能技术起源，理解现代人工智能及分类。

◆◆◆ **学习目标** ◆◆◆

知识目标	能力目标	素质素养目标
(1) 了解人工智能的哲学起源； (2) 了解我国古代的人工智能技术。	(1) 能从各类人工智能定义中总结自己对人工智能的认识； (2) 能发现生活中的人工智能应用。	(1) 培养"技术服务人类"的科学精神素质； (2) 训练辩证思维能力和发展观； (3) 树立文化自信。

◆◆◆ **任务分析** ◆◆◆

重　点	难　点
(1) 从各类人工智能定义中总结自己对人工智能的认识； (2) 理解人工智能的形态、分类和表现。	人工智能的哲学起源。

◆◆◆ **知识链接** ◆◆◆

一、古代智能观——哲学起源

　　人类在认识世界、改造世界的过程中，不断揭开自然界的各种奥秘，走进一个个新的领域，创造了独特的科学文化。人类依靠这特有的科学文化指导自己的主观活动和社会行为，不断发展自己的智能。

1. 西方的智能观

1) 休谟之问

18 世纪，英国哲学家休谟在《人性论》中提出了一个问题：从"是"能否推出"应该"，即"事实"命题能否推导出"价值"命题。这就是西方近代哲学史上著名的"休谟之问"。因为事实命题一般以"是"为系词，而价值命题一般以"应该"为系词，所以休谟之问又称"实然与应然问题"。有些哲学家认为道德可以像几何学或代数学那样论证其确定性，但是，休谟指出，对于道德问题，科学是无能为力的，科学只能回答"是什么"的问题，而不能告诉我们"应该怎样"的问题，即从"是"中不能推出"应该"。"是"的本质就是"事物的自然属性的肯定状态"，"应该"的本质就是"根据主体生存与发展的客观要求，事物的价值属性的肯定状态"，所以休谟之问集中反映了自然规律与社会规律的关系问题，也集中反映了自然科学与社会科学的关系问题。

西方的智能观

2) 符号逻辑

符号逻辑就是用数学的方法研究关于推理、证明等问题的学科，也叫数理逻辑。17 世纪，德国数学家和哲学家莱布尼茨认为一切现实事件都可以通过物理符号将其逻辑化并进行推理，即"万能符号"理论。

为了准确地解释世界、认识世界，给各学科建立统一的表达，莱布尼茨构建了符号逻辑体系，包含本体论、认识论和方法论三个层次。莱布尼茨的符号逻辑体系具有概念、判断、推理三个角度的理论构造，同时还具有数学化、还原论、内涵逻辑的特征。基于逻辑推理可以解决很多简单的应用问题，但是对于超出范围或复杂度高一些的机器就不能利用逻辑推理来实现了。莱布尼茨符号逻辑体系虽未能完全实现，但是催发了现代人工智能思想的萌芽。

3) 语言和规则

维特根斯坦在《哲学研究》(Philosophical Investigation)中提出了一种观点——"理解一个语句意味着理解一种语言"，即一个系统可以解析语词并将它们作为一个语句加以处理，但它不会将这个语句真正作为人类语言的一部分去理解，因为人类会利用语言游戏来表达不同的意图，人类对话是一种智能的过程，可以通过操纵社会语境来实现说话人的意图。比维特根斯坦稍年轻一些的哲学家约翰·希尔勒(John Searle)遵循前者全新建立的以语言为中心的传统，利用如今著名的"中文房间"(Chinese Room)思想实验证明，尽管人工智能能够遵循规则，但它无法认识规则。

2. 我国的智能观

1) 孟子的智能观

"四端说"是孟子思想的一个重要内容，其中包括了"仁、义、礼、智"。"是非之心，智之端也。"就是孟子的"智端"说中关于"智"的论述，意思是说人有了是非之心便是智慧的开端。另外《孟子·告子上》中写到"是非之心，智也"，意思是说有是非之心，是智慧的体

我国的智能观

现，即一个人可以有意识，但不一定有智慧，意识是无关乎是非的，而智慧是要知道是非的，明白伦理的。

2) 王充的智能观

汉代王充在《论衡·实知》中写到"故智能之士，不学不成，不问不知"，意思是即使是有智能(聪明智慧)的人，不学习就没有成就，不请教别人就不会明白。由此可见王充的智能观就是不断学习才能增长智能聪慧。

3) 荀子的智能观

《荀子·正名》中写到"所以知之在人者谓之知，知有所合谓之智。所以能之在人者谓之能，能有所合谓之能"。

(1) "知之在人者谓之知"，这里的"知"表示感知，即人认识外界客观事物的本能，包括视觉、听觉、触觉、味觉和压力等感知能力，指人对外界客观世界的多通道、多模态的感知。

(2) "知有所合谓之智"，这里的"智"表示智慧，人将对客观世界的各种感知进行综合思考后形成概念和对象，形成认知结果，掌握客观世界的发展规律，即通过感知获得认知结果，形成知识，就产生了智慧。

(3) "能之在人者谓之能"，这里"能"指的是基于感知或认知的本能反应。例如，婴幼儿一吃药就会吐出来，因为药是苦的，本能的反应就是吐出来。人类的本能可以做到对感知或者认知的结果快速地作出处理。

(4) "能有所合谓之能"，这里的"能"可以理解为智能，就是基于对客观世界的感知形成认知结果，并形成与之相关的行动或者决策。比如儿童或成人知道药是苦的还是会吃下去，因为知道吃了药病才能好，克服了本能反应作出了与认知结果相符合的行动。

3. 古代的"智能机器人"

1) 能歌善舞的"机器人"

《列子·汤问》中曾有记载："穆王惊视之，趋步俯仰，俗人也，巧夫颔其颐，则歌合律，捧其手，则舞应节。千变万化，唯意所适。王以为实人也，与盛姬并观之。技将终，倡者瞬其目而招王之左右侍妾。王大怒，欲诛偃师。偃师大慑，立剖解倡者以示王，皆草木胶漆白黑丹青之所为，内则肝、胆、心、肺、脾、肾、肠、胃，外则筋骨、肢节、皮毛齿发，皆假物也，而无不毕具者，合会复如初见。"这就是说一个叫偃师的巧匠为周穆王进贡了一个木偶"机器人"，这个"机器人"长相精致，仿若真人，并且行动自如，唱歌符合音律，舞蹈也是行云如水。

2) 能记路程的"机器人"

记里鼓车(如图 1.1.1.1 所示)又有"记里车""司里车""大章车"等别名。有关它的文字记载最早见于《晋书·舆服志》："记里鼓车，驾四。形制如司南。其中有木人执槌向鼓，行一里则打一槌。"晋人崔豹所著的《古今注》中亦有类似的记述。据此可推断记里鼓车可能是晋或晋以前的发明。这个车上的木偶，每走过一里路都会敲一下鼓，行程达到十里的时候则会敲一下镯，能让车上的木偶动起来。车中有一套减速齿轮，一直和车轮保持同时转动的趋势，最末的一只齿轮轴在行程一里的时候刚好转完一周，车上的木偶因为受到凹轮的牵系，被绳索拉起的右臂击鼓一次，表明达到了一里，从而实现自动记录行走的里程。

图 1.1.1.1　北京汽车博物馆里的"记里鼓车"

3) 能载货运输的"机器人"

《南齐书·祖冲之传》中记载："以诸葛亮有木牛流马，乃造一器，不因风水，施机自运，不劳人力。"这种"机器人"载重量达到四百斤以上，每日可以达到"特行者数十里，群行三十里"，日夜不休。

4) 能飞行的"机器人"

飞行木鸢是一种会飞的机器鸟，用木材做成，内设机关，能在空中飞行。战国时代，鲁班(或称公输般、公输子)与墨子都曾制造木鹊或木鸢。《墨子》记载："公输子削竹木以为鹊，成而飞之，三日不下。"《鸿书》中也记载："公输般为木鸢，以窥宋城。"鲁班制作木鸢以侦查战争的情况，与现代无人机侦查敌方情报非常相似。而后到汉代，张衡创造了飞行木鸟，但是木鸟的飞行引擎机械结构如今仍旧是个未解之谜。

5) 能端茶倒酒的"机器人"

明末姜准在《岐海琐谈集》中写到："山人黄子复，擅巧思，制为木偶，运动以机，无异生人。尝刻美女，手捧茶橐(茶壶)。自能移步供客。客举觞啜茗，即立以待；橐返于觞，即转其身，仍内向而入。又刻为小者，置诸席上，依次传觞。其行止上视瓯之举否，周旋向背，不须人力。其制一同于犬。刻木为犬，冒以真皮，口自开合，牙端攒聚小针。衔人衣裔，挂齿不脱，无异于真。"简单来说就是有个叫黄子复的能工巧匠，制作了一个可以自主移动的木人，可以给客人端茶送酒，雕刻的木犬会咬住客人的衣服来挽留客人。

6) 希腊古城的机器女仆

公元 8 世纪《荷马史诗》中记载：希腊之神兼工匠之神赫菲斯托斯被赶出奥林匹克山之后，失去神力成为凡人，身边没有佣人，为了伺候他的衣食住行便制造了两个机器人女仆。与此同时，拥有神奇能力的人形机器人概念便出现了，大约在 800 年后，古希腊工程师亚历山大的希罗，决定将这个梦想变成现实。他便设计出能够自行驱动上台的小机器，而这些小机器会完成一系列动作，比如点火、倒酒、走路等。而这或许是世上最早具有变革性的技术机器人了。

尽管古代的"机器人"已无法一一考证其虚实，但我国古代的机械工艺是遥遥领先于当时的西方国家的，尤其是运用水力的自动化机械的发明，比欧洲早了1000多年！英国著名科学技术史专家李约瑟曾说："公元3世纪到15世纪，中国的科学知识水平远超过同时期的欧洲。"从这些"机器人"、自动化装置来看，这话一点都不夸张。

AI 记 事 本

洪武元年，司天监向朱元璋献上一件名为"水晶刻漏"的自动报时钟。但当时的司天监官员多是元朝的遗臣，因此朱元璋对他们献上的宝贝不屑一顾，还命令侍卫当场砸碎。他哪里知道，这一砸毁掉的不仅是一座水晶做的报时钟，更是断送了从唐代的开元浑天仪到北宋的水运仪象台所积累下来的机械计时的科技成果。开元浑天仪、水运仪象台这类体积庞大的仪器，主要功能是测绘天体运行，报时只是一个附带功能，而"水晶刻漏"只有自动报时一个功能，据专家推测，"水晶刻漏"以当时名贵的水晶玻璃制成，且能从千里之外的元大都(现北京)运到南京，极有可能是体积很小非常接近于现代自动计时钟的装置。

二 现代人工智能

人工智能的概念诞生于1956年，已有半个多世纪的发展历程，这样算起来人工智能并不是一项新技术，但是作为现在最前沿的交叉学科，其实学界尚未对"人工智能"有统一的定义，不同领域对于人工智能有着不同的理解，所以不同领域对于人工智能的定义也不同。

1. 人工智能的定义

1) 字典里的"人工智能"

【新华词典在线版】人工智能是计算机科学的一个分支，研究应用计算机来模拟人类的某些智力活动，从而代替人类的某些脑力劳动。人工智能是一门涉及数学、心理学、生物学、语言学、经济学、哲学和法律学等的综合性学科，主要研究模式识别、学习过程、探索过程、推理过程等。也可以将人工智能拆分成"人工"和"智能"两个词来理解。

字典里对人工的解释如下：

① 人为：人做的，与"自然""天然"相对，比如人工降雨、人工取火，根须苗壮，枝叶繁茂，岂是人工做得出来的。② 人力：用人力做的工，与"机械力"相对，比如人工开成的渠，拖拉机来不及运，还得用人工挑。③ 劳工：佣工，比如派人工进山砍伐，贫居乏人工，灌木荒余宅。④ 量词：一个人工作一天的量，比如做一张书桌要用三个人工，算一下打口井要多少人工。

字典里对智能的解释为：① 智谋与才能。② 智力。

【牛津字典】的解释(如图 1.1.1.2 所示)：一种能够执行通常需要人类智能的任务的计算机系统理论和发展技术，如视觉感知、语音识别、决策和翻译。

2)《人工智能标准化白皮书(2018 年)》里的人工智能

人工智能是利用数字计算机或者由数字计算机控制的机器，模拟、延伸和扩展人类的智能，感知环境、获取知识并使用知识获得最佳结果的理论、方法、技术和应用系统。

3) 人工智能之父眼里的"人工智能"

人工智能之父——约翰·麦卡锡对人工智能的定义是"制造智能机器的科学与工程，特别是智能计算机程序"。

图 1.1.1.2　牛津字典里的
"人工智能"

4) 研究领域的"人工智能"

人工智能是研究、开发用于模拟、延伸和扩展人的智能的理论、方法、技术及应用系统的一门新的技术学科，它是计算机科学的一个分支。

5) 应用领域的"人工智能"

人工智能是一门综合学科，主旨是研究和开发出智能实体，在这一点上它属于工程学。那么人工智能中要研究的包括工程学的一些基础学科自不用说，数学、逻辑学、归纳学、统计学、系统学、控制学、工程学、计算机科学，还包括对哲学、心理学、生物学、神经科学、认知科学、仿生学、经济学、语言学等其他学科的研究，可以说这是一个集数门学科精华的尖端学科中的尖端学科。

AI 记 事 本

　　人工智能(AI)这个概念是 1956 年达特茅斯会议上正式提出来的。到底什么是人工智能呢，虽然已经经历了几十年的发展，但其实学界、业界尚未有统一的定义，不同领域不同类型的专家学者有不同的观点，此刻的你对人工智能是否也有自己的看法呢？目前归纳起来可以从两个维度来认识人工智能：一是思考，一是行动。

2. 人工智能的四大流派

将思考和行动组合起来有四种情况，即机器是否能像人一样思考，机器是否可以合理地思考，机器是否能像人一样行动，机器是否可以合理地行动，这四种定义派生出了人工智能的四个流派，如图 1.1.1.3 所示。

图 1.1.1.3　人工智能的四大流派

1) 像人一样思考

像人一样思考派代表是图灵。1950 年，艾伦·图灵(Alan Turing)介绍了一项测试，以检查机器是否能像人类一样思考，这项测试称为图灵测试。在这个测试中，图灵提出如果计算机可以在特定条件下模仿人类的反应，那么可以说计算机是智能的。图灵在其 1950 年的论文"计算机器和智能"中介绍了图灵测试，该论文提出了"机器能想到吗？"的问题。图灵测试基于派对游戏"模仿游戏"，并进行了一些修改，如图 1.1.1.4 所示。这个游戏涉及三个玩家，其中一个玩家是计算机，另一个玩家是人类响应者，第三个玩家是人类询问者。第三个玩家与前两个玩家隔离，他的工作是找到哪个玩家是计算机，哪个玩家是人类响应者。测试结果并不取决于每个正确答案，而只取决于其答案与人类答案的接近程度。该测试允许计算机尽一切可能通过询问器强制进行错误识别，简单来说就是如果人类询问者在提出一些书面问题后不能区分是人还是计算机在回答,则该计算机通过图灵测试。

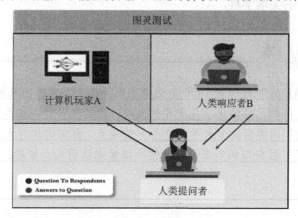

图 1.1.1.4　图灵测试示意图

2) 像人一样行动

在将认知模型化的方法中，比较典型的是通用问题解决器 GPS，其核心是希望机器能够模拟人解决问题的过程。假如你问了类似人类的芯机人一个问题：什么事情是 iPad 能做但 iPhone 不能做的？芯机人思考片刻回答道：盖方便面桶。说完就拿起 iPad 就去盖上你刚刚泡的碗面。这时候你会认为他是机器人吗？

3) 合理地思考

合理地思考是逻辑学、人工智能中的逻辑主义流派，鼻祖是亚里士多德。亚里士多德提出了逻辑的方法，期望通过逻辑的方法得到最合理的结论，期望通过形式化模型表达这个世界，借助严格的规则完成推理，但我们的世界实在是太复杂了，一个看上去很简单的问题的形式化描述也可能是一个极其困难的问题，需要经过大量的简化，并且很多知识并不是百分之百确定的，这是逻辑派遇到的主要困难。

4) 合理地行动

实现完美的合理性，即总做出正确的事情，融合了逻辑派和图灵派的优势，是目前人工智能研究和人工智能应用工程的主要方法。这种流派来自阿西莫夫创作的小说《我，机器人》中的"机器人定律"，这个定律逐渐进入人工智能领域成为规则，这个规则又叫"机器人三定律"。

AI 记 事 本

机器人三定律

机器人三定律

第一定律：机器人不得伤害人类个体，或者目睹人类个体将遭受危险而袖手不管，除非这违反了机器人学第零定律。

第二定律：机器人必须服从人给予它的命令，当该命令与第零定律或者第一定律冲突时例外。

第三定律：机器人在不违反第零(机器人必须保护人类的整体利益不受伤害)、第一、第二定律的情况下要尽可能保护自己的生存。

---

3. 人工智能的三个级别

人工智能可以分为弱人工智能、强人工智能、超人工智能三个级别，目前弱人工智能应用非常广泛。

1) 弱人工智能

弱人工智能(Artificial Narrow Intelligence，ANI)是擅长于单个方面的人工智能。比如有能战胜象棋世界冠军的人工智能阿尔法狗，但是它只会下象棋，如果我们问它其他的问题，它就不知道怎么回答了。所以像阿尔法狗一样，只擅长单方面能力的人工智能就是弱人工智能。

AI 记 事 本

技术服务人类

目前人类已经掌握了弱人工智能。弱人工智能无处不在，人工智能革命是从弱人工智能开始，通过强人工智能，最后成为超人工智能。其实不管是什么人工智能，都需要我们好好地控制，期盼将来人工智能能够给我们带来更大的福音，造福整个地球。

2) 强人工智能

强人工智能(Artificial General Intelligence，AGI)是一种接近人类级别的人工智能，是在各方面都能和人类比肩的人工智能，人类能干的脑力活它都能干。创造强人工智能比创造弱人工智能难得多，我们现在还做不到。强人工智能是一种宽泛的心理能力，具有抽象思维，能够思考、计划、解决问题、理解复杂理念、快速学习和从经验中学习等。强人工智能在进行这些操作时应该和人类一样得心应手。

3) 超人工智能

科学家把超人工智能(Artificial Super Intelligence，ASI)定义为在几乎所有领域都比最聪明的人类大脑还聪明很多的人工智能，包括科学创新、通识和社交技能。超人工智能可以是各方面都比人类强一点，也可以是各方面都比人类强万亿倍的人工智能。

4. 人工智能的三个方面

在人工智能的发展过程中，不同学科背景的人工智能学者对它有着不同的理解。综合起来，我们可以从"能力""学科"和"实用"三个方面对人工智能进行定义。从能力角度看，人工智能是指用人工的方法在机器上实现的智能，即计算智能；从学科的角度来看，人工智能是研究如何构造智能机器或智能系统，使它能模拟、延伸和扩展人类智能的学科，即感知智能；从实用的角度来看，人工智能是指用机器实现所有目前必须借助人类智慧才能实现的任务，即认知智能。

1) 计算智能

计算智能是指机器可以像人类一样存储、计算和传递信息，帮助人类存储和快速处理海量数据，有赖于算法的优化和硬件的技术进步。这一阶段是感知智能和认知智能的基础。

2) 感知智能

感知智能是指机器具有类似人的感知能力，如视觉、听觉等，不仅可以听懂、看懂，还可以基于此做出判断并做出反馈或采取行动，即"能听会说，能看会认"。目前研究较多、成果显著的感知智能技术包括图像识别、语音识别等，国内外人工智能技术发展均集中于这一阶段。

3) 认知智能

认知智能是指机器能够像人一样主动思考并采取行动，全面辅助或替代人类工作，是人工智能的最高级形态，也是行业未来的着力点。

◆◆ **素质素养养成** ◆◆

(1) 通过不同领域对人工智能不同的定义训练学生的辩证思维意识和能力；
(2) 通过"智能家园"的人工智能技术应用案例培养学生技术服务人类的意识；
(3) 通过我国古代精湛的"智能"技术应用树立学生的文化自信；
(4) 在人工智能技术寻古探今中培养学生的发展观思维；
(5) 在中西方智能观比较中培养学生的人本思想意识。

◆ 任务分组 ◆

学生任务分配表

班级		组号		指导教师	
分工明细	姓名(组长填在第1位)		学号	任务分工	

◆ 任务实施 ◆

°°—— **任务工作单 1：古代智能观认知** ——°°

组号：＿＿＿＿＿＿　　姓名：＿＿＿＿＿＿　　学号：＿＿＿＿＿＿　　检索号：＿＿＿＿＿＿

引导问题：

(1) 我国有关"智能"的哲学思想观点有哪些？请列举代表性观点、代表性人物和典型事件。

＿＿＿＿＿＿＿＿＿＿＿＿＿＿＿＿＿＿＿＿＿＿＿＿＿＿＿＿＿＿＿＿＿＿＿＿

(2) 西方有关"智能"的哲学思想观点有哪些？请列举代表性观点、代表性人物和典型事件。

＿＿＿＿＿＿＿＿＿＿＿＿＿＿＿＿＿＿＿＿＿＿＿＿＿＿＿＿＿＿＿＿＿＿＿＿

(3) 请整理古代的"智能"技术案例，用图文并茂或者视频的方式展示。

＿＿＿＿＿＿＿＿＿＿＿＿＿＿＿＿＿＿＿＿＿＿＿＿＿＿＿＿＿＿＿＿＿＿＿＿

°°—— **任务工作单 2：现代人工智能认知** ——°°

组号：＿＿＿＿＿＿　　姓名：＿＿＿＿＿＿　　学号：＿＿＿＿＿＿　　检索号：＿＿＿＿＿＿

引导问题：

(1) 现代有关人工智能的定义有哪些？

＿＿＿＿＿＿＿＿＿＿＿＿＿＿＿＿＿＿＿＿＿＿＿＿＿＿＿＿＿＿＿＿＿＿＿＿

(2) 人工智能的分类有哪些？对应的依据是什么？

＿＿＿＿＿＿＿＿＿＿＿＿＿＿＿＿＿＿＿＿＿＿＿＿＿＿＿＿＿＿＿＿＿＿＿＿

。。。。◦── **任务工作单 3：人工智能认知讨论** ──◦。。。。

组号：_____　　姓名：_____　　学号：_____　　检索号：_____

引导问题：

(1) 小组讨论东西方的"智能观"有何异同，教师参与引导。
_____

(2) 小组讨论古代的"智能"技术是否属于人工智能，教师参与引导和组织。
_____

(3) 小组讨论总结什么是人工智能。
_____

。。。。◦── **任务工作单 4：人工智能认知展示汇报** ──◦。。。。

组号：_____　　姓名：_____　　学号：_____　　检索号：_____

引导问题：

每小组推荐一位同学代表本组汇报中西方智能观代表性观点和本组有关中西方智能观的异同总结、现代人工智能定义以及本组的观点。
_____

。。。。◦── **任务工作单 5：人工智能认知学习反思** ──◦。。。。

组号：_____　　姓名：_____　　学号：_____　　检索号：_____

引导问题：

自查、分析小组在探究什么是人工智能的过程中存在的不足及相应改进方法，填入下表。

不足之处	具体体现	改进措施

◆　**评价反馈**　◆

个人评价表

组号：_____　　姓名：_____　　学号：_____　　检索号：_____

班级		组名		日期	
评价指标	评 价 内 容			分数	得分
资源使用	能有效利用网络、图书资源查找有用的相关信息等；能将查到的信息有效地传递到工作中			5 分	
感知课堂生活	是否从古代智能观、现代人工智能技术中形成了自己对人工智能的理解，认同工作价值；在工作中是否能获得满足感			15 分	
学习态度	能否积极主动与教师、同学交流，相互尊重、理解、平等相待；与教师、同学之间是否能够保持多向、丰富、适宜的信息交流			15 分	
	能否处理好合作学习和独立思考的关系，做到有效学习；能提出有意义的问题或能发表个人见解			15 分	
学习方法	学习方法得体，是否获得了进一步学习的能力			15 分	
思维态度	是否能发现问题、提出问题、分析问题、解决问题、创新问题			10 分	
学习效果	是否能按时按质完成任务；较好地掌握了知识点；具有较强的信息分析能力和理解能力；具有较为全面严谨的思维能力并能条理清楚明晰表达成文或汇报			25 分	
评 价 分 数					
该同学的不足之处					
有针对性的改进建议					

小组内互评表

组号：_____　　姓名：_____　　学号：_____　　检索号：_____

班级		组名		日期	
评价指标	评 价 内 容			分数	得分
资源使用	该同学能有效利用网络、图书资源查找有用的相关信息等；能将查到的信息有效地传递到工作中			5 分	
感知课堂生活	该同学是否从古代智能观、现代人工智能技术中形成了自己对人工智能的理解，认同工作价值；在工作中是否能获得满足感			15 分	
学习态度	该同学能否积极主动与教师、同学交流，相互尊重、理解相待；与教师、同学之间是否能够保持多向、丰富、适宜的信息交流			15 分	
	该同学能否处理好合作学习和独立思考的关系，做到有效学习；能提出有意义的问题或能发表个人见解			15 分	
学习方法	该同学学习方法得体，是否获得了进一步学习的能力			15 分	
思维态度	该同学是否能发现问题、提出问题、分析问题、解决问题、创新问题			10 分	
学习效果	该同学是否能按时按质完成任务；较好地掌握了知识点；具有较强的信息分析能力和理解能力；具有较为全面严谨的思维能力并能条理清楚明晰表达成文或汇报			25 分	
评 价 分 数					
该同学的不足之处					
有针对性的改进建议					

小组间互评表

被评组号：　　　　　　　检索号：＿＿＿＿＿＿＿

班级		评价小组		日期	
评价指标		评 价 内 容		分数	得分
汇报 表述		表述准确		15分	
		语言流畅		10分	
		准确反映该组完成情况		15分	
流程完整正确		对于古代智能观，中西方至少能各展示一个案例，能表达出其异同		15分	
		古代智能技术案例至少有效展示一个		15分	
		现代人工智能分类及依据清晰明了		15分	
		对人工智能有自己的见解		15分	
互 评 分 数					
简要评述					

教师评价表

组号：＿＿＿＿＿　姓名：＿＿＿＿＿　学号：＿＿＿＿＿　检索号：＿＿＿＿＿

班级		组名		姓名		
出勤情况						
评价内容	评价要点		考察要点		分数	评分
资料利用情况	任务实施过程中资源查阅		(1) 是否查阅资源资料		20分	
			(2) 正确运用信息资料			
互动交流情况	组内交流，教学互动		(1) 积极参与交流		30分	
			(2) 主动接受教师指导			
任务完成情况	规定时间内的完成度		(1) 在规定时间内完成任务		20分	
	任务完成的正确度		(2) 任务完成的正确性		30分	
总分						

任务 1.1.2　人工智能技术发展历程探究

任务描述

　　1956 年的达特茅斯会议(如图 1.1.2.1 所示)被广泛认为是人工智能这一概念诞生的标志，经过 60 多年的蜿蜒前行，人工智能发展日新月异，目前 AI 已经走出实验室，离开棋盘，通过智能客服、智能医生、智能家电等服务场景在诸多行业进行着广泛而深入的应用。可以说，AI 正在全面进入我们的日常生活，属于未来的力量正席卷而来。但是人工智能是一门极富发展潜力和挑战性的学科，和大多数事物的发展规律一样，该学科也呈"肯定－否定－否定之否定"的螺旋式上升发展趋势。请同学们查找资料，总结人工智能发展的三次高峰和两次低谷的原因，了解推动人工智能技术发展的优秀人物和实践，了解世界和我国的人工智能技术发展规划和 AI 新基建，思考人工智能技术对自己就业和未来从事行业的影响。

图 1.1.2.1　达特茅斯会议(1956 年)

学习目标

知识目标	能力目标	素质素养目标
(1) 了解世界人工智能技术发展的"三起两落"； (2) 了解我国人工智能技术发展的三个阶段。	能从技术发展历程中总结发展规律。	(1) 培养学生正确对待曲折和困难的人生观； (2) 培养学生理解"前进性和曲折性相统一"的螺旋式上升发展规律的科学精神； (3) 培养学生的民族观和使命担当责任感； (4) 培养学生的公共参与意识。

任务分析

重　点	难　点
(1) 人工智能技术发展历程和背后的原因； (2) 我国人工智能发展现状； (3) 从技术发展历程中理解发展规律。	人工智能技术对自己就业和未来从事行业的影响。

一 人工智能"三起两落"发展之路

人工智能"三起两落"发展之路

下面让我们来回顾一下人工智能的曲折发展历程。

1. 人工智能的第一次高峰

1950年，一名在校大四学生马文·明斯基与他的同学邓恩·埃德蒙建造了世界上第一台神经网络计算机，这通常被认为是人工智能的起点，马文·明斯基也被世人称为"人工智能之父"。同年，"计算机之父"阿兰·图灵提出了一个举世瞩目的想法，即图灵测试。图灵当时大胆预言了真正具备智能的机器的可行性。1956年，在达特茅斯学院举办的一次会议上，计算机专家约翰·麦卡锡提出了"人工智能"一词。这次会议后不久，约翰·麦卡锡和马文·明斯基先后搬到了麻省理工学院(Massachusetts Institute of Technology)并一起开展人工智能相关研究，两人共同创建了世界上第一个人工智能实验室——MIT AI LAB实验室。人们在达特茅斯会议上正式确立了人工智能这一术语，对人工智能的学术研究也正式拉开序幕，人工智能学者和技术开发者陆续涌现，成为第一批人工智能领域的研究实践者。在此后的10多年里，计算机被广泛应用于数学和自然语言领域，用来解决代数、几何和英语等问题，这大大增加了研究学者们对机器人工智能化发展的信心，甚至不少研究者认为："20年内，机器将能完成人能做到的一切。"人工智能迎来第一次高峰。

2. 人工智能的第一次低谷

20世纪70年代，人工智能进入了一段痛苦而艰难的岁月。由于科研人员在人工智能的研究中对项目难度预估不足，导致与美国国防高级研究计划署的合作计划失败，使人工智能的前景蒙上了一层阴影。与此同时，社会舆论的压力也开始慢慢压向人工智能这边，导致很多研究经费被转移到了其他项目上。当时，人工智能面临着三个技术瓶颈：一是计算机性能不足，导致早期很多程序无法在人工智能领域得到应用；二是问题的复杂性，早期人工智能程序主要是解决特定的问题，因为特定的问题对象少，复杂性低，可一旦问题的维度上升，程序立刻就不堪重负了；三是数据量严重不足，在当时不可能找到足够大的数据库来支撑程序进行深度学习，这很容易导致机器无法读取足够量的数据从而进行智能化。人工智能发展第一次进入低谷。

3. 人工智能的崛起

1980年，卡内基梅隆大学为数字设备公司设计了一套名为XCON的"专家系统"，这是一种采用人工智能程序的系统，是具有完整专业知识和经验的计算机智能系统，可以简单地将其理解为"知识库+推理机"的组合。这套系统在1986年之前能为公司每年节省下来超过四千万美元的经费。这种商业模式衍生出了像Symbolics、Lisp Machines等和IntelliCorp、Aion等硬件、软件公司。在这个时期，仅专家系统产业的价值就高达5亿美元，人工智能应用再次进入繁荣期。

4. 人工智能的第二次低谷

1987年，苹果和IBM公司生产的台式机性能都超过了Symbolics等厂商生产的专家系统通用计算机，从此，专家系统风光不再，曾经轰动一时的人工智能系统就此宣告结束其历史进程，人工智能应用再次进入低谷期。

5. 人工智能再次崛起

20 世纪 90 年代中期，随着 AI 技术尤其是神经网络技术的逐步发展，以及人们对 AI 开始抱有客观理性的认知，人工智能技术开始进入平稳发展时期。1997 年 5 月 11 日，IBM 的计算机系统"深蓝"战胜了国际象棋世界冠军卡斯帕罗夫，又一次在公众领域引发了现象级的 AI 话题讨论，成为人工智能发展的一个重要里程碑。2006 年，Hinton 在神经网络的深度学习领域取得突破，人类又一次看到机器赶超人类的希望，也是标志性的技术进步。2009 年，IBM 首席执行官彭明盛首次提出"智慧地球"这一概念，"智慧的地球"战略的主要内容是把新一代 IT 技术充分运用在各行各业之中，即把感应器嵌入和装备到电网、铁路、桥梁、隧道、公路、建筑、供水系统、大坝、油气管道等各种物体中，实现万物互联，形成"物联网"的物理系统，然后基于超级计算机和云计算技术实现与物理系统的交互，从而帮助人类更加精细和动态地管理生产和生活，最终达到"智慧"状态。

AI 记 事 本

　　唯物辩证法认为，无论是自然界、人类，还是人的思维都在不断地运动、变化和发展着，事物的发展具有普遍性和客观性。事物发展的方向是前进的、上升的；事物前进的道路是曲折的、迂回的。人工智能技术的发展也是这样曲折前进的，经历了"三起两落"(如图 1.1.2.2 所示)的人工智能技术已经掀起第四次商业革命，谷歌、微软、百度等互联网巨头以及众多的初创科技公司，纷纷加入人工智能技术应用的战场，掀起又一轮的智能化狂潮，随着技术的日趋成熟和大众的广泛接受，这次狂潮也许可以推动现代文明进入未来文明。

辨证法的
发展观

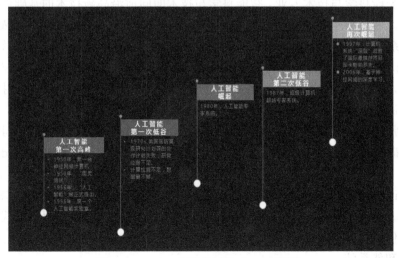

图 1.1.2.2　人工智能发展的"三起两落"

二、 我国人工智能发展之路

我国人工智能
发展之路

与国际上人工智能的发展情况相比，我国人工智能研究不仅起步较晚，而且发展道路曲折坎坷，历经了质疑、批评，甚至被打压得十分艰难，但是改革开放之后，我国人工智能开启了快速发展之路。我国人工智能经历了科研起步和产业快速发展阶段，现在已经进入国家战略规范发展阶段。

1. 科研起步阶段

1978 年 3 月，邓小平发表了"科学技术是生产力"的重要讲话，提出"向科学技术现代化进军"的战略决策，这一决策打开了解放思想的先河，促进了中国科学事业的发展，使中国科技事业迎来了科学的春天。广大科技人员出现了思想大解放，人工智能也被酝酿着进一步地解禁。吴文俊凭借几何定理的机器证明成果，获得了 1978 年全国科学大会重大科技成果奖，成为国际自动推理界的领军人物，他所开创的数学机械化也在国际上被誉为"吴方法"。

20 世纪 70 年代末至 20 世纪 80 年代前期，一些人工智能相关项目已被纳入国家科研计划。例如，在 1978 年召开的中国自动化学会年会上，光学文字识别系统、手写体数字识别、生物控制论和模糊集合等研究成果，表明中国人工智能在生物控制和模式识别等方向的研究已开始起步。1986 年起，智能计算机系统、智能机器人和智能信息处理等重大项目被列入国家高技术研究发展计划(863 计划)。人工智能研究已经成为国家重点支持的科研领域。

2. 产业快速发展阶段

2003 年，西安电子科技大学雷达信号处理国家重点实验室和北京大学智能科学系共同提出成立智能科学与技术专业。智能科学与技术面向前沿高新技术的基础性本科专业，覆盖面很广。智能科学与技术专业涉及机器人技术，以新一代网络计算为基础的智能系统，微机电系统(MEMS)，与国民经济、工业生产及日常生活密切相关的各类智能技术与系统，新一代的人－机系统技术等。全国共有 36 所本科院校开展了智能科学与技术专业的人才培养，为我国人工智能从科研实验进入产业应用提供了源源不断的支持，我国人工智能开始进入快速发展期。浪潮天梭在 2006 年 8 月以 3 胜 5 平 2 负击败柳大华等 5 位中国象棋大师组成的联盟。科大讯飞语音识别技术已经处于国际领先地位，其语音识别和理解的准确率均达到了世界第一，自 2006 年首次参加国际权威的 Blizzard Challenge 大赛以来，一直保持冠军地位。百度推出了度秘和自动驾驶汽车。腾讯推出了机器人记者 Dreamwriter 和图像识别产品腾讯优图。阿里巴巴推出了人工智能平台 DTPAI 和机器人客服平台。清华大学成功研发出的人脸识别系统以及智能问答技术都已经获得了应用。中科院自动化所成功研发了"寒武纪"芯片并建成了类脑智能研究平台。华为也推出了 MoKA 人工智能系统。

3. 国家战略规划发展阶段

世界各国已经认识到人工智能是未来国家之间竞争的关键赛场，因而纷纷开始部署人工智能发展战略，以期占领新一轮科技革命的历史高点，我国也不例外。2017 年 3 月，"人工智能"首次被写入政府工作报告。2017 年 7 月，国务院发布《新一代人工智能发展规划》。2017 年 10 月，人工智能被写入十九大报告。2018 年 3 月，人工智能再度被写入政府工作报告。2018 年 12 月的中央经济工作会议上，人工智能被列入"新基建"的核心板块。2019 年 3 月，人工智能第三次出现在政府工作报告中，并升级为"人工智能+"。2020 年 3 月，中共中央政治局常务委员会召开会议，提出要发力于科技端的基础设施建设，人工智能再次成为"新基建"七大板块中的重要一项。

我国人工智能
发展规划

新技术推动学科建设和催生新职业。2018 年 4 月，教育部在研究制定《高等学校引领人工智能创新行动计划》时确定设立人工智能专业，进一步完善中国高校人工智能学科体系，旨在培养中国人工智能产业的应用型人才，推动人工智能一级学科建设。2019 年 3 月，全国共有 35 所高校获首批人工智能新专业建设资格。教育部确定 2019 年度增补人工智能技术服务专业，自 2020 年起执行，首批共有 171 所高职院校获批新专业人才培养资格。2019 年 4 月，中华人民共和国人力资源和社会保障部(以下简称人社部)等部门发布 13 个新职业，包括人工智能工程技术人员等。2020 年 2 月，人社部再次向社会发布了未来急需的 16 个新职业，人工智能训练师、智能制造工程技术人员等名列其中。

在人工智能领域，无论是从理论研究、技术研发方面，还是从产业基础方面来看，应该说我国的研究积累与发达国家相比差距不大，目前很多方面已经处于世界领先水平。已经成为我国战略规划部署重点的人工智能，未来应用发展空间无限。

AI 记 事 本

中国让 AI 技术起飞

世界知名专家李开复认为"AI 就像电一样。爱迪生发明了电，美国人发明了 AI 深度学习技术"，作为一种像电一样的能源，AI 赋能其他行业更能突出它的力量，数据让 AI 如虎添翼。因为中国企业可以使用更多的数据来开发、训练和部署 AI 系统，"现在，作为全球拥有最庞大数据的最大市场，中国开始使用 AI 为传统企业、互联网和各个领域创造价值。中国企业生态系统非常庞大，以至于当今在电脑视觉、语音识别和无人机方面最有价值的 AI 企业都是中国公司。"李开复在 TechCrunch Disrupt 大会上接受采访时说。可以说美国在 AI 领域的领先地位逐渐消失，中国正在飞速赶超。

中国让 AI
技术起飞

三、人工智能发展史上的大事件

"人工智能"会"取代"人类吗？相信对它有所了解的人都思考过这个问题。对于人工智能可以取代人类工作这件事，已经在现实生活中显而易见了，比如：无人车间、指纹锁、脸部识别等，但是人工智能"取代"人类去思考、创作乃至学习成长，这真的可以吗？下面我们一起来看看人工智能近 70 年发生的重大事件。

1. "机器，能思考吗？"

1950 年，阿兰·图灵在他的论文《计算机器与智能》中，开篇的第一句话就是："机器，能思考吗？"如果一台机器能够与人类对话，而不被辨别出其机器的身份，那么这台机器就具备智能——这就是著名的"图灵测试"。自此以后，科学家开始不断思考这个问题，在不断摸索中，开始寻找"人工智能"的金钥匙。

2. 达特茅斯会议

1956 年，美国汉诺弗小镇的达特茅斯学院中聚集了一群踌躇满志的天才，他们主要讨论机器如何来模仿智能的特征，比如像人类一样思考、使用语言、形成抽象概念、解决人类现存的问题。这次会议被命名为"人工智能夏季研讨会"，这也是人类历史上首次提出"人工智能"的概念。达特茅斯会议就这样拉开了"人工智能"的序幕。

3. 人机大战——"深蓝"

1997 年，IBM 的超级计算机"深蓝"挑战世界第一象棋冠军盖瑞·卡斯帕洛夫，人工智能又再次出现在人们的视野中。卡斯帕洛夫一分钟可以思考三步棋，而"深蓝"存储了一百年来几乎所有顶级大师的棋谱，一秒钟可以思考两亿步棋。在最后的决胜局中，卡斯帕洛夫仅仅走了十九步便失去了耐心离开现场，这场人机大战以机器完胜人类代表而结束，人工智能顿时声名大噪。

4. 智力问答——"沃森"

2011 年，IBM 人工智能系统"沃森"决定向北美热播的智力问答节目《危险边缘》宣战，能从节目中胜出的都是上知天文下知地理的学霸级人物，很多人并不看好"沃森"。"沃森"的大脑中虽然已经输入全套百科全书，包括数百万份的资料，其强大的处理器由 90 台服务器和 360 个计算机芯片驱动，但是问题的难点并不是储存丰富的知识和快速地检索，更重要的是需要让"沃森"理解出题者的问话，对！就是像人类一样"理解"。于是"沃森"像人一样疯狂地"训练"，通过 155 场模拟赛，以及 8000 次以上的实验，"沃森"在挑战两位史上获得奖金最多的人类选手时，再一次完胜。

5. 世纪大战——"AlphaGo"

2016 年 3 月，世界顶尖围棋高手李世石接受了谷歌人工智能"AlphaGo"的挑战。众所周知，围棋千古不同局，万千变化多达 10^{172} 余种。麻省理工学院大脑与认识科学系教授托马斯·波吉奥表示：围棋的走法比宇宙中的原子数还多，与"深蓝"不同的是，"AlphaGo"不能仅仅依靠"蛮力"的编程，也不可能将所有走法的可能性都存储起来，它应用的是允许机器被训练，并不断学习成长的算法，这个算法被称为深度学习。在第二局 37 手时，"AlphaGo"走出了天马行空的一步棋，让很多围观的人汗毛直立，这一步棋让李世石整整想了 15 分钟，但依然回天无力，最终"AlphaGo"完胜人类代表李世石。我们在"AlphaGo"身上已经看到了人类的很多特质，比如创造力、直觉和复杂的思考。

6. 第一台聊天机器人 Eliza

1964 年至 1966 年间，麻省理工学院人工智能实验室的德裔美国计算机科学家约瑟夫·维森鲍姆(Joseph Weizenbaum)开发了历史上第一个聊天机器人——Eliza。Eliza 的名字源于爱尔兰剧作家萧伯纳的戏剧作品《卖花女》中的角色，剧中出身贫寒的卖花女 Eliza 通过学习与上流社会沟通的方式，变成大使馆舞会上人人艳羡的"匈牙利王家公主"。作为世界上第一个聊天机器人，Eliza 被其作者赋予了充满戏剧性的内涵。

7. 第一例专家系统 DENDRAL

1968 年，美国斯坦福大学成功研发出专家系统 DENDRAL，DENDRAL 是世界上第一例专家系统，它的出现标志着人工智能的一个新领域——专家系统的诞生。

8. CNN 夺冠 AlexNet

2012 年，Hinton 和他的学生 Alex 依靠应用了 8 层深的卷积神经网络(Convolutional Neural Network，CNN)技术的 AlexNet 模型一举获得了 ILSVRC 2012 比赛的冠军，瞬间点燃了研究卷积神经网络的热潮。AlexNet 成功应用了 ReLU 激活函数、Dropout、最大覆盖池化、LRN 层、GPU 加速等新技术，并启发了后续更多的技术创新。自 AlexNet 于 2012 年被提出后，深度学习领域的研究发展极其迅速，基本上每年甚至每几个月都会出现新一代的技术。

9. DeepID 算法人脸识别率首次超过人眼识别

2014 年，香港中文大学的汤晓鸥、王晓刚及其研究团队宣布，他们所研发的 DeepID 人脸识别技术比肉眼识别更精准，准确率超过 99%，该计算机视觉研究组所研发的深度学习模型 DeepID，在 LFW(Labeled Faces in the Wild)数据库上获得了 99.15%的识别率，而 LFW 是人脸识别领域使用最广泛的测试基准。实验发现，如果仅给出人脸的中心区域，肉眼在 LFW 上的识别率仅为 97.52%。这也是计算机自动识别算法的识别率首次超过人类肉眼。

10. 谷歌发布 Cloud AutoML

2018 年 1 月，谷歌发布了 Cloud AutoML 系统，Cloud AutoML 基于监督学习，开发者只需要通过鼠标拖拽的方式上传一组图片并导入标签，不需要编写一行代码，几乎不需要任何人为的干预，谷歌系统就能自动生成一个定制化的机器学习模型。用户只需要通过在网页上选定需求，比如"我要一个能够识别客厅的 AI 模型"，那么只要再上传少量(100 张左右)的客厅照片，系统就可以自动生成一个可以识别客厅的 AI 模型。简而言之，即便你不懂机器学习的专业知识，也可以借此来从事一些人工智能领域的工作！这就大大降低了人工智能领域的进入门槛，从而推动人工智能技术更加广泛的应用。

人工智能作为新一轮产业革命的核心驱动力，将进一步释放历次科技革命和产业革命积蓄的巨大能量，创造新的强大引擎，重构生产、分配、交换、消费等经济活动各环节，形成从宏观到微观各领域的智能化新需求，催生新技术、新产品、新产业、新业态、新模式，引发经济结构重大变革，深刻改变人类生产方式和思维模式，实现社会生产力的整体跃升。

◆◆◆ **素质素养养成** ◆◆◆

(1) 从技术发展中理解"螺旋式"上升的曲折前进发展规律；

(2) 从大事件分享中理解各学科之间的关联，培养"以科学的眼光看待事物的产生"的历史思维和辩证思维能力；

(3) 从吴文俊等华人故事引导中树立国家观、民族观；

(4) 从疫情期间人工智能训练师的事迹中帮助学生理解爱岗敬业、追求卓越的职业精神，引导学生热爱劳动，做优秀的劳动者；

(5) 通过百度、华为、科大讯飞等小程序体验视觉技术等 AI 应用，激发学生的使命担当和 AI 技术服务人类的意识。

◆◆◆ **任务分组** ◆◆◆

学生任务分配表

班级		组号		指导教师	
分工明细	姓名(组长填在第 1 位)	学号		任务分工	

◆◆◆ **任务实施** ◆◆◆

∘∘∘── **任务工作单 1：探究世界人工智能技术发展之路** ──∘∘∘

组号：_____ 姓名：_____ 学号：_____ 检索号：_____

引导问题：

(1) 查找资料总结人工智能发展的三次高峰和两次低谷的原因。

_____

(2) 了解世界各国人工智能发展战略政策，总结各国人工智能技术发展的重点(至少一个国家)。

_____

(3) 查找、整理一些人工智能技术带来的现代文明案例，最好有图像或视频。

_____

°°——　**任务工作单 2：探究我国人工智能技术发展历程**　——°°

组号：_____　　姓名：_____　　学号：_____　　检索号：_____

引导问题：

(1) 收集、了解我国人工智能国家战略规划政策。

_____

(2) 收集、了解本地区人工智能发展规划政策。

_____

(3) 新基建和 AI 新基建是指什么？

_____

(4) 简述人工智能规划政策会如何影响你的就业选择。

_____

°°——　**任务工作单 3：探究人工智能发展中的大事件**　——°°

组号：_____　　姓名：_____　　学号：_____　　检索号：_____

引导问题：

(1) 收集整理人工智能发展历程中的人物事迹。

_____

(2) 收集整理人工智能发展历程中的优秀中华儿女事迹。

_____

°°——　**任务工作单 4：人工智能技术发展历程讨论总结**　——°°

组号：_____　　姓名：_____　　学号：_____　　检索号：_____

引导问题：

(1) 在有关世界人工智能的发展历程和案例资料，以及我国与本地区人工智能发展规划政策和人工智能发展中的大事件及优秀人物中选择一个典型案例并进行汇总，讨论后分工，完成分享汇报 PPT。

_____

(2) 人工智能从会学习、会行动到能思考、能应变，两种不同的智能水平可能对人类的工作、生活带来巨大变化。各组结合自己的生活和未来的工作，探讨我们和机器应怎样和谐共处呢？

_____

°°◦——— **任务工作单 5：人工智能技术发展历程探究展示汇报** ———◦°°

组号：_____　　姓名：_____　　学号：_____　　检索号：_____

引导问题：

　　小组长推选汇报同学对任务工单 4 的 PPT 进行汇报，分享和机器怎样和谐共处的讨论结果。

_____

°°◦——— **任务工作单 6：人工智能技术发展历程探究反思** ———◦°°

组号：_____　　姓名：_____　　学号：_____　　检索号：_____

引导问题：

　　自查、分析小组在探究人工智能技术发展历程过程中存在的不足及改进方法，并填写下表。

不足之处	具体体现	改进措施

◆◆ **评价反馈** ◆◆

个人评价表

组号：_____　　姓名：_____　　学号：_____　　检索号：_____

班级			组名		日期	
评价指标	评 价 内 容				分数	得分
资源使用	能有效利用网络、图书资源查找有用的相关信息等；能将查到的信息有效地传递到工作中				10分	
感知课堂生活	是否能从人工智能的发展趋势中理解技术发展规律，了解人工智能对未来工作领域的影响，具备主动适应人工智能时代的意识，认同工作价值；在学习实践中是否能获得满足感				20分	
交流沟通	积极主动与教师、同学交流，相互尊重、理解、平等相待；与教师、同学之间是否能够保持多向、丰富、适宜的信息交流				10分	
交流沟通	能处理好合作学习和独立思考的关系，做到有效学习；能提出有意义的问题或能发表个人见解				10分	

班级		组名		日期	
学习方法	学习方法得体，是否获得了进一步学习的能力			15 分	
辩证思维	是否能发现问题、提出问题、分析问题、解决问题、创新问题			10 分	
学习效果	按时按要求完成了任务；较好地掌握了知识点；具有较强的信息分析能力和理解能力；具有较为全面严谨的思维能力并能条理清楚明晰表达成文和汇报			25 分	
自 评 分 数					
有益的经验和做法					
总结反馈建议					

小组内互评表

组号：_____　　姓名：_____　　学号：_____　　检索号：_____

班级		组名	日期		
评价指标	评 价 内 容			分数	得分
资源使用	该同学能有效利用网络、图书资源查找有用的相关信息等；能将查到的信息有效地传递到工作中			5 分	
感知课堂生活	该同学是否从人工智能发展历程中形成发展观认识，有没有形成主动适应智能时代的意识和感悟，从国家战略部署和本地区的政策规划中明确自己的使命担当，认同工作价值；在工作中是否能获得满足感			15 分	
学习态度	该同学能否积极主动与教师、同学交流，相互尊重、理解，平等相待；与教师、同学之间是否能够保持多向、丰富、适宜的信息交流			15 分	
	该同学能否处理好合作学习和独立思考的关系，做到有效学习；能提出有意义的问题或能发表个人见解			15 分	
学习方法	该同学学习方法得体，是否获得了进一步学习的能力			15 分	
思维态度	该同学是否能发现问题、提出问题、分析问题、解决问题、创新问题			10 分	
学习效果	该同学是否能按时按质完成任务；较好地掌握了知识点；具有较强的信息分析能力和理解能力；具有较为全面严谨的思维能力并能条理清楚明晰表达成文或汇报			25 分	
评 价 分 数					
该同学的不足之处					
有针对性的改进建议					

小组间互评表

被评组号：_____　　　　检索号：_____

班级		评价小组		日期	
评价指标	评 价 内 容			分数	得分
汇报表述	表述准确			15分	
	语言流畅			10分	
	准确反映该组完成情况			15分	
流程完整正确	对人工智能技术发展历程的总结图文并茂，案例生动有代表性			15分	
	我国和本地区人工智能发展汇报重点突出，图文并茂，对我们进一步了解国家的规划有帮助			15分	
	整理的优秀人物和大事件有代表性，有助于我们对背后的人工对智能化水平提升的理解			15分	
	对人和机器和谐共处有独到见解			15分	
互 评 分 数					
简要评述					

教师评价表

组号：_____　　姓名：_____　　学号：_____　　检索号：_____

班级		组名		姓名	
出勤情况					
评价内容	评价要点	考 察 要 点		分数	评分
资料利用情况	任务实施过程中资源查阅	(1) 是否查阅资源资料		20分	
		(2) 正确运用信息资料			
互动交流情况	组内交流，教学互动	(1) 积极参与交流		30分	
		(2) 主动接受教师指导			
任务完成情况	规定时间内的完成度	(1) 在规定时间内完成任务		20分	
	任务完成的正确度	(1) 我国和本地区人工智能发展汇报重点突出，图文并茂，对我们进一步了解国家的规划有帮助		30分	
		(2) 整理的优秀人物和大事件有代表性，有助于我们对背后的人工对智能化水平提升的理解			
		(3) 对人和机器和谐共处有独到见解			
总分					

任务 1.1.3 探究新职业——人工智能训练师

◆ 任务描述 ◆

查阅人工智能训练师职业标准以及从业人员的新闻报道和工作分享资料，了解人工智能训练师这个新职业的岗位要求和行业现状，理解人工智能训练师的典型工作任务，在百度 EasyDL 平台实践体验新职业的工作流程(如图 1.1.3.1 所示)，完成图像分类的数据处理，制作数据集，进行模型训练和模型校验，最后在公有云完成部署并生成 H5 二维码(如图 1.1.3.2 所示)。

图 1.1.3.1 EasyDL 人工智能模型训练流程

图 1.1.3.2 图像分类模型应用 H5 体验程序

◆ 学习目标 ◆

知识目标	能力目标	素质素养目标
(1) 了解职业标准和岗位要求； (2) 理解数据标注的含义和分类； (3) 理解模型的精确率和召回率。	(1) 能完成图像标注； (2) 能制作符合模型训练要求的图像数据集； (3) 能利用平台完成模型训练。	(1) 树立"技术服务生活"的信心和意识； (2) 培养工程思维的科学精神； (3) 服务社会的公共参与意识； (4) 遵守合同的法治意识。

任务分析

重　点	难　点
人工智能训练师的典型工作任务。	提高模型训练的精确率和召回率。

知识链接

　　人工智能技术的发展使我们的生产生活发生了巨大的变化，人工智能训练师是近年来随着 AI 技术广泛应用而产生的新职业，2020 年 2 月，"人工智能训练师"正式成为新职业并被纳入国家职业分类目录。

一、认识人工智能训练师

探究新职业——
人工智能训练师

　　从数据标注到智能系统设计，所有与 AI 训练有关的职业都可以被称为"人工智能训练师"。人工智能训练师包含数据标注员、人工智能算法测试员两个工种，按照《人工智能训练师国家职业技能标准》从低到高一共分为五级：五级/初级工、四级/中级工、三级/高级工、二级/技师、一级/高级技师。

　　人工智能训练师的主要任务包括以下五个方面：

(1) 标注和加工图片、文字、语音等业务的原始数据；

(2) 分析提炼专业领域特征，训练和评测人工智能产品相关算法、功能和性能；

(3) 设计人工智能产品的交互流程和应用解决方案；

(4) 监控、分析、管理人工智能产品应用数据；

(5) 调整、优化人工智能产品参数和配置。

　　简而言之，人工智能训练师的工作就是让 AI 更"懂"人类，他们根据客户的需求，将数据"喂"给机器人，并不断调教优化机器人，使其"通情理、懂人性"，从而更好地为人类服务。我们熟悉的天猫精灵、百度小度、智能客服等智能产品背后都有人工智能训练师的功劳。随着人工智能时代的到来，各行各业都在进行智能化升级，对人工智能训练师的需求日益增长，人工智能训练师的规模将迎来爆发式的增长，预计到 2022 年底，国内外相关从业人员有望达到 500 万。

A I 记 事 本

智能疫情机器人"上岗"抗疫显身手

智能疫情机器人"上岗"抗疫显身手

　　在抗击新冠肺炎疫情中，人工智能训练师训练出的智能疫情机器人进入防疫战场，发挥着显著的作用。据统计，智能疫情机器人"上岗"落地全国 27 个省、直辖市、自治区，累计为 40 座城市拨打了 1100 万通防控摸排电话，完成了疫情随调、防控排摸，以及在线为市民提供疫情咨询和问诊服务。

二、人工智能训练师典型工作任务

1. 数据标注

数据标注是使用工具对未经处理的图片、文本、语音及其他原始数据进行加工处理，并进一步转换为机器可识别信息的过程。加州科技大学校长曾表示，机器识别事物主要是通过物体的一些特征进行识别，而被识别的物体还需要通过数据标注才能让机器知道这个物体是什么。简单来说，数据标注就是数据标注人员借助标记工具对原始数据进行加工的一种行为。

数据标注分为四种基本类型，包括图像类、文本类、语音类及其他类。图像类数据标注主要包括矩形拉框、多边形拉框、关键点标注等标注形式；文本类数据标注主要包括情感标注、实体标注等标注形式；语音类数据标注包括语音转写等标注形式；而其他类数据标注则形式比较灵活与多变。

当下的人工智能也被称为数据智能。因为要想实现人工智能，需要投入极大量的训练数据，因此数据也被称作人工智能的血液。但是对于深度学习来讲，仅有数据是远远不够的，数据只有加上标签，才能用于机器的训练、学习和进化。所以，数据标注工作就显得十分重要，这也是数据标注员被称作"人工智能背后的人工"的原因。

2. 模型训练

人工智能的模型本质上就是训练机器用不同的算法来掌握一个个不同的规则，然后举一反三。我们可以把机器想象成一个小孩子，人工智能训练师通过"喂"他猫和狗的图像数据教他认识哪个动物是狗哪个是猫，久而久之，小孩子就能产生认知模式，有了这个认知模式他就能辨认出猫和狗了。这个学习过程就叫模型训练，训练产生的认知模式就是猫狗分类模型。小孩子有了猫狗分类模型后，跑过来一只动物，我们问他"这是狗吗？"，他会回答"是"或者"否"，这个过程就是模型的应用—预测。

三、人工智能训练师工作流程体验

随着 AI 落地的深入，不少企业发现，在越来越多的实际应用场景中，需要结合场景数据进行模型的定制。有研究显示，这样的定制化需求占比高达 86%。但与之相矛盾的是，大部分中小企业并不具备专业的算法开发能力，导致开发定制 AI 模型对于企业来说难以实现。针对这种情况，百度、华为、腾讯、阿里等 AI 头部企业都提供了创建模型—上传并标注数据—训练并校验模型效果—模型部署的一站式 AI 服务，实现了全流程自动化，用户只需根据平台的提示进行操作即可，使人工智能零基础的用户也能快速实现人工智能应用。

下面以百度深度学习定制 EasyDL 平台来体验人工智能训练师从数据标注到模型部署的整个工作流程。EasyDL 平台根据目标客户的应用场景及深度学习的技术方向，开放了六个模型类型：EasyDL 图像、EasyDL 文本、EasyDL 语音、EasyDL OCR、EasyDL 视频以及 EasyDL 结构化数据。本次任务我们选择 EasyDL 图像，通过训练简易的图像分类模型，实现猫和狗的分类。这一过程将通过创建图像分类模型、上传数据、标注数据、训练模型、校验和发布 H5 五个步骤进行，在该过程中不追求模型的最终效果，而是着重于基本操作。

1. 创建图像分类模型

(1) 打开 EasyDL 图像官网：https://ai.baidu.com/easydl/vision/，进入 EasyDL 图像页面，如图 1.1.3.3 所示。

图 1.1.3.3　EasyDL 图像页面

(2) 单击图 1.1.3.3 中的"立即使用"按钮，在弹出来的"选择模型类型"对话框中选择"图像分类"选项(进入登录界面，输入账号和密码。未注册的用户需要先注册)，如图 1.1.3.4 所示。

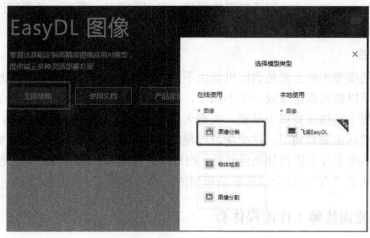

图 1.1.3.4　"选择模型类型"对话框

(3) 进入图像分类模型管理界面(如图 1.1.3.5 所示)，在左侧的导航栏中，选择"我的模型"标签页后单击"创建模型"按钮，进入信息填写界面。

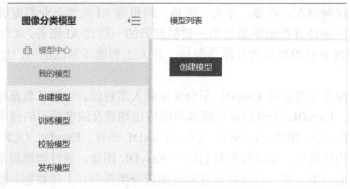

图 1.1.3.5　"我的模型"标签页

（4）在信息填写页面中填入"模型名称""邮箱地址""联系方式"和"功能描述"，选择"模型归属"，所有的星号选项必须填写，完成效果如图 1.1.3.6 所示。

图 1.1.3.6　"创建模型"页面

（5）信息填写完成后，单击"下一步"按钮即可创建成功。在左侧导航栏"我的模型"标签页中即可看到所创建的模型，如图 1.1.3.7 所示。

图 1.1.3.7　创建的模型列表

2. 上传数据

（1）选择左侧导航栏中的"数据总览"标签页，单击"创建数据集"按钮，进入创建数据集信息填写页面，如图 1.1.3.8 所示。

图 1.1.3.8　数据总览页面

(2) 按照提示填写信息。在"数据集名称"一栏可输入你自己取的数据集名称，其他均为默认项，无需修改，如图 1.1.3.9 所示。信息填写完成后，单击"完成"按钮。

图 1.1.3.9　创建数据集页面

(3) 数据集创建成功后，在界面中将出现该模型的数据集信息，包括版本、数据集 ID、数据量、标注类型、标注状态、清洗状态等，如图 1.1.3.10 所示。

图 1.1.3.10　数据集列表

(4) 单击图 1.1.3.10 中的"导入"链接，进入数据导入界面，在"数据标注状态"一栏选择"无标注信息"选项，在"导入方式"一栏选择"本地导入"和"上传压缩包"选项，如图 1.1.3.11 所示。单击"上传压缩包"按钮，进入上传压缩包页面，如图 1.1.3.12 所示。单击"已阅读并上传"按钮，选择本地保存的压缩数据文件，如图 1.1.3.13 所示。点击"打开"按钮开始上传文件，上传成功后如图 1.1.3.14 所示，单击"确认并返回"按钮返回。

图 1.1.3.11　导入数据页面

图 1.1.3.12　上传压缩包页面

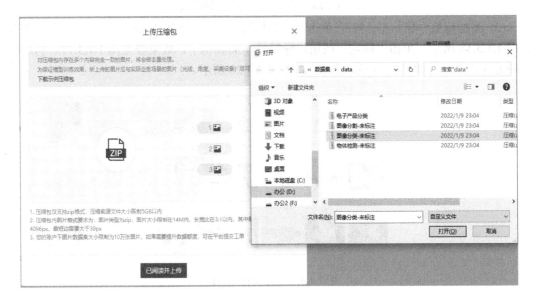

图 1.1.3.13　上传压缩文件

图 1.1.3.14　压缩文件上传成功

(5) 此时数据开始导入，数据列表效果如图1.1.3.15所示，等待数据全部导入。

图1.1.3.15　数据导入状态

3. 数据标注

(1) 数据集导入完成后，可以看到最近导入状态已更新为"已完成"，数据量、标注状态操作都有变化，如图 1.1.3.16 所示。单击该数据集右侧操作栏下的"查看与标注"按钮，进入标注界面。

图1.1.3.16　导入数据集后的数据列表

(2) 添加标签"猫"和"狗"，单击"添加标签"按钮，如图1.1.3.17所示，输入"猫"，如图1.1.3.18所示，单击"确定"按钮，标签就添加成功了，效果参见图1.1.3.19。利用相同的方法添加一个"狗"标签，完成后如图1.1.3.20所示。

图1.1.3.17　添加标签页面

图1.1.3.18　添加"猫"标签

图 1.1.3.19　添加"猫"标签成功

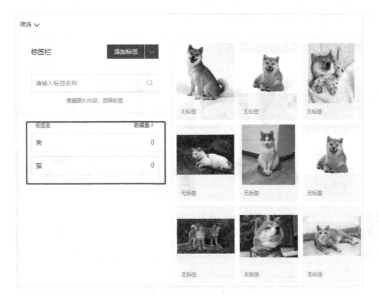

图 1.1.3.20　添加"猫""狗"标签成功

（3）标签添加完成后，即可进行数据标注。单击界面右上方的"批量标注"按钮，如图 1.1.3.21 所示，进入标注界面。

图 1.1.3.21　选择批量标注

(4) 选中所有代表狗的图像，单击右侧标签栏下对应的标签名"狗"，如图 1.1.3.22 所示，即可进行标注。此处要注意不可选错图像，若标注错误，会严重影响模型的训练效果。

图 1.1.3.22　批量标注"狗"图

(5) 利用相同的方法完成"猫"图像的标注，全部标注完成后的效果如图 1.1.3.23 所示。接下来回到数据总览页面，标注状态如图 1.1.3.24 所示。

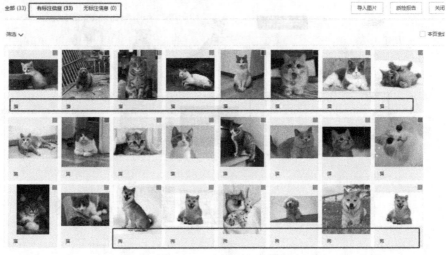

图 1.1.3.23　标注完成状态

图 1.1.3.24　数据标注完成后的数据列表

4. 训练模型

(1) 选择模型训练，进入模型训练页面，分别选择模型、选择算法、添加数据集，如图 1.1.3.25 所示。单击"添加数据集"→"请选择"进入添加数据集页面，如图 1.1.3.26 所示。单击图 1.1.3.26 中所示的"+"号进行数据添加，图 1.1.3.27 是添加猫、狗两类数据集的效果。

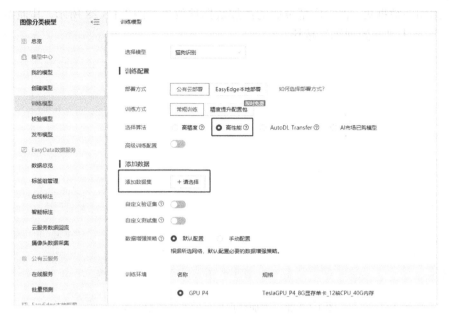

图 1.1.3.25　训练模型页面

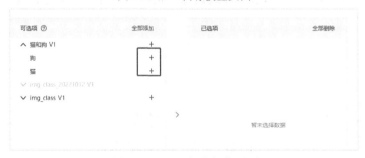

图 1.1.3.26　添加数据集页面

图 1.1.3.27　添加猫狗数据集

(2) 添加完数据集，训练模型页面的添加数据项效果如图 1.1.3.28 所示，其他参数取默认值，然后单击"开始训练"按钮。

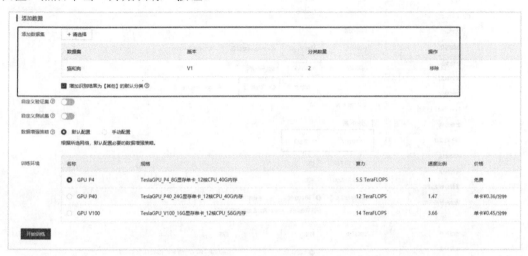

图 1.1.3.28　添加数据集后的训练模型页面

(3) 在弹出的对话框中，单击"继续训练"按钮，即可继续进行训练，如图 1.1.3.29 所示。

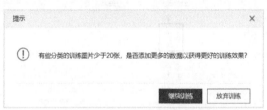

图 1.1.3.29　单击"继续训练"按钮

(4) 单击"训练状态"→"训练中"旁的感叹号图标，可查看训练进度，如图 1.1.3.30 所示，还可以设置在模型训练完成后，发送短信至个人手机号。训练时间与数据量大小有关，本次训练大约耗时 3～15 分钟，训练完成后的效果如图 1.1.3.31 所示。

图 1.1.3.30　模型"训练中"状态

图 1.1.3.31　模型"训练完成"状态

(5) 在版本配置界面，可以查看该训练任务的开始时间、任务时长、训练时长及训练算法等基本信息。在"训练数据集"一栏，可以查看各分类的训练效果，如图 1.1.3.32 所示。

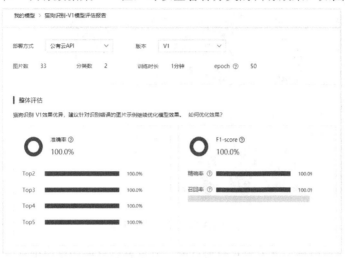

图 1.1.3.32　模型评估报告页面

5. 校验和发布

(1) 单击图 1.3.3.31 中的"校验"链接，进入校验模型界面，单击"启动校验"按钮，再单击页面中间的"点击添加图片"按钮，选择事先准备好的一张非数据集中的图像，等待校验，如图 1.1.3.33 所示。

图 1.1.3.33　校验页面

(2) 校验完成后，在界面中可以看到模型的识别结果，在界面右侧可以查看预测分类及其对应的置信度，如图 1.1.3.34 所示。

图 1.1.3.34　校验结果页面

(3) 选择"发布模型"进入发布模型页面，填写服务名称和接口地址，完成后点击"提交申请"按钮后进入发布状态，如图 1.1.3.35 所示。

图 1.1.3.35　发布模型页面

(4) 回到我的模型列表中，模型服务状态为"发布中"，如图 1.1.3.36 所示。

图 1.1.3.36　模型"发布中"状态

(5) 模型发布成功后，服务状态为"已发布"，同时操作界面中会增加"体验 H5"链接，如图 1.1.3.37 所示。单击"体验 H5"，进入图 1.1.3.38 所示的页面，选择调用 APP，单击"下一步"按钮进入"自定义样式"页面，输入信息，如图 1.1.3.39 所示，完成后单击"生成 H5"按钮。

图 1.1.3.37   模型"已发布"状态

图 1.1.3.38   体验 H5 页面

图 1.1.3.39   "自定义样式"页面

(6) 进入"体验 H5"的"完成"页面，如图 1.1.3.40 所示。此时即可拿起手机，扫二维码进行测试，测试效果如图 1.1.3.41 所示。

图 1.1.3.40   "体验 H5"的"完成"页面

图 1.1.3.41   猫狗识别 H5 界面

◆◆ **素质素养养成**

(1) 在了解人工智能训练师的定义、岗位任务和对社会的作用过程中培养学生技术服务人类的精神，认识人工智能训练师这个新职业；

(2) 在体验人工智能训练师的工作流程中，体会每个任务对完成项目的作用，培养工程思维的科学精神；

(3) 通过人工智能在抗击疫情中的应用、数据标注服务人脸寻亲等实际案例培养学生知识服务社会的公共意识；

(4) 通过参与工作室、创新应用类项目培养学生遵守合同的法治意识。

◆ **任务分组** ◆

学生任务分配表

班级		组号		指导教师	
分工明细	姓名(组长填在第1位)	学号		任务分工	

◆ **任务实施** ◆

°°—— **任务工作单 1：认知新职业——人工智能训练师** ——°°

组号：_____ 姓名：_____ 学号：_____ 检索号：_____

引导问题：

(1) 查找资料总结人工智能训练师职业的标准和岗位要求。

_____

(2) 讨论并总结哪些行业、领域需要人工智能训练师。

_____

◦◦○—— 任务工作单 2：认知人工智能训练师典型工作任务 ——○◦◦

组号：_____ 姓名：_____ 学号：_____ 检索号：_____

引导问题：

(1) 数据标注是什么？数据标注与人工智能有什么关系？

_____

(2) 什么是人工智能模型训练？人工智能模型的作用是什么？

_____

◦◦○—— 任务工作单 3：人工智能训练师体验 ——○◦◦

组号：_____ 姓名：_____ 学号：_____ 检索号：_____

引导问题：

(1) 通过 EasyDL 新手教程体验基于人工智能服务平台进行数据准备和模型训练的全过程，该过程共有哪些步骤？最后截图分享你的 H5 程序体验结果。

_____

(2) 下载猫狗图像分类数据，登录百度 DL 平台完成数据标注和模型训练：https://ai.baidu.com/easydl/?track=cp:ainsem|pf:pc|pp:easyDL|pu:easyDL-moxing|ci:|kw:10064002。截图分享模型训练完成的状态。

_____

(3) 评估你训练的猫狗分类模型，截图保存测评结果并记录准确率。尝试模型调优，记录你的过程和结果。

_____

(4) 对猫狗模型进行校验，至少上传三张不同的图片进行检验。截图并保存结果。

_____

(5) 发布猫狗分类模型，记录服务详情，部署应用 H5 体验。截图保存结果。

_____

◦◦○—— 任务工作单 4：人工智能训练师学习汇报 ——○◦◦

组号：_____ 姓名：_____ 学号：_____ 检索号：_____

引导问题：

(1) 每组推荐一个同学汇报："有多少智能就有多少人工"，以及对这个话题的理解，请结合前面数据标注、模型训练和测评的结果进行分享。

_____

(2) 调优成功的小组展示模型优化的方法，最后由教师进行总结。

_____

任务工作单 5：人工训练师工作过程实践

组号：_____　姓名：_____　学号：_____　检索号：_____

引导问题：

(1) 小组基于平台继续完成模型定制过程，对模型效果不满意的小组应进一步优化模型。已经完成的小组可以体验华为 Modelarts 平台等其他人工智能服务平台完成数据标注以及模型训练和发布。

_____

(2) 总结认识并学习人工智能训练师这一新职业过程中的不足和优点。

_____

评价反馈

个人评价表

组号：_____　姓名：_____　学号：_____　检索号：_____

班级		组名		日期	
评价指标	评 价 内 容			分数	得分
资源使用	能有效利用网络、图书资源查找有用的相关信息；能将查到的信息有效地传递到工作中			10分	
感知课堂生活	是否掌握人工智能训练师岗位所需要的数据标注、模型训练技能，掌握人工智能训练师的工作流程，至少掌握一种优化模型的方法，认同工作价值；在学习实践中是否能获得满足感			20分	
交流沟通	积极主动与教师、同学交流，相互尊重、理解，平等相待；与教师、同学之间是否能够保持多向、丰富、适宜的信息交流			10分	
	能处理好合作学习和独立思考的关系，做到有效学习；能提出有意义的问题或能发表个人见解			10分	
学习方法	学习方法得体，是否获得了进一步学习的能力			15分	
辩证思维	是否能发现问题、提出问题、分析问题、解决问题、创新问题			10分	
学习效果	按时按要求完成了任务；较好地掌握了知识点；具有较强的信息分析能力和理解能力；具有较为全面严谨的思维能力并能条理清楚明晰表达成文和汇报			25分	
自 评 分 数					
有益的经验和做法					
总结反馈建议					

小组内互评表

组号：_____　　姓名：_____　　学号：_____　　检索号：_____

班级		组名		日期	
评价指标	评　价　内　容			分数	得分
资源使用	该同学能有效利用网络、图书资源查找有用的相关信息等；能将查到的信息有效地传递到工作中			5分	
感知课堂生活	该同学是否已经掌握数据标注、模型训练和模型优化的方法，认同工作价值；在工作中是否能获得满足感			15分	
学习态度	该同学能否积极主动与教师、同学交流，相互尊重、理解，平等相待；与教师、同学之间是否能够保持多向、丰富、适宜的信息交流			15分	
	该同学能否处理好合作学习和独立思考的关系，做到有效学习；能提出有意义的问题或能发表个人见解			15分	
学习方法	该同学学习方法得体，是否获得了进一步学习的能力			15分	
思维态度	该同学是否能发现问题、提出问题、分析问题、解决问题、创新问题			10分	
学习效果	该同学是否能按时按质完成任务；较好地掌握了知识点；具有较强的信息分析能力和理解能力；具有较为全面严谨的思维能力并能条理清楚明晰表达成文或汇报			25分	
评　价　分　数					
该同学的不足之处					
有针对性的改进建议					

小组间互评表

被评组号：_____　　检索号：_____

班级		评价小组		日期	
评价指标	评　价　内　容			分数	得分
汇报表述	表述准确			15分	
	语言流畅			10分	
	准确反映该组完成情况			15分	
流程完整正确	对人工智能训练师需求的行业和领域总结全面			15分	
	选择测试的图片文明、合法			15分	
	借助人工智能服务平台完整正确地完成猫狗分类模型定制			15分	
	模型识别率达到90%的给15分，低于80%不给分，80%～90%之间给10分			15分	
互　评　分　数					
简要评述					

教师评价表

组号：_____ 姓名：_____ 学号：_____ 检索号：_____

班级		组名		姓名	
出勤情况					
评价内容	评价要点	考察要点		分数	评分
资料利用情况	任务实施过程中资源查阅	(1) 是否查阅资源资料		20分	
		(2) 正确运用信息资料			
互动交流情况	组内交流，教学互动	(1) 积极参与交流		30分	
		(2) 主动接受教师指导			
任务完成情况	规定时间内的完成度	(1) 在规定时间内完成任务		20分	
	任务完成的正确度	(1) 上传数据并完成猫狗分类数据标注		30分	
		(2) 完成猫狗分类模型训练			
		(3) 发布和校验猫狗分类模型			
总分					

项目 1.2　人工智能技术应用探究

项目情景

近年来，人工智能技术应用获得了飞速的发展，各种与人工智能相关的应用也随之走进了我们的生活。人工智能的发展离不开算力、算法和数据三大基础的支撑，它们三个缺一不可，都是人工智能发展的决定性因素。算法是指解决问题的手段，并且是批量化解决问题的手段。算力又称计算力，指的是对数据的处理能力。数据是指训练人工智能系统的数据资源。习近平总书记指出，人工智能是引领新一轮科技革命和产业变革的重要驱动力，正深刻改变着人们的生产、生活、学习方式，推动人类社会迎来人机协同、跨界融合、共创分享的智能时代。《新一代人工智能发展规划》中的战略目标为，到 2030 年，中国成为世界主要人工智能创新中心，人工智能核心产业规模超过 1 万亿元，带动相关产业规模超过 10 万亿元。

项目导览

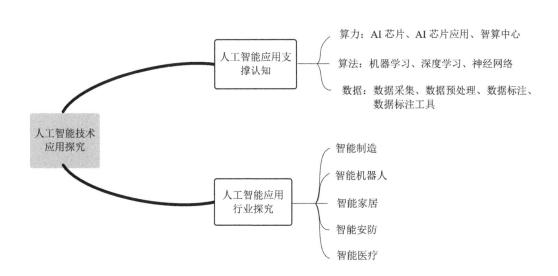

项目目标

了解人工智能技术的三大基础支撑：算力、算法、数据；
- 了解数据标注的基本概念和流程；
- 了解人工智能技术在智能制造、智能家居、智慧医疗等行业的应用；
- 了解各个行业中人工智能应用的主要产品、核心技术和典型企业；
- 能够感受人工智能技术为各行各业带来的影响；
- 能从人工智能技术行业应用中总结未来职业岗位的新要求。

思政聚焦

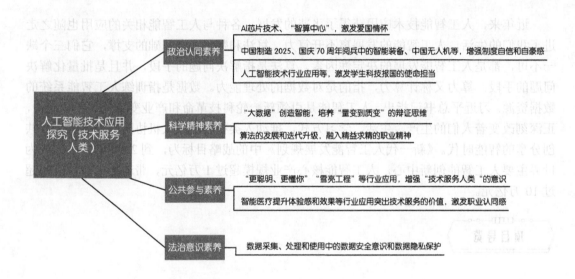

		AI芯片技术、"智算中心"，激发爱国情怀
	政治认同素养	中国制造2025、国庆70周年阅兵中的智能装备、中国无人机等，增强制度自信和自豪感
		人工智能技术行业应用等，激发学生科技报国的使命担当
人工智能技术应用探究（技术服务人类）	科学精神素养	"大数据"创造智能，培养"量变到质变"的辩证思维
		算法的发展和迭代升级，融入精益求精的职业精神
	公共参与素养	"更聪明、更懂你""雪亮工程"等行业应用，增强"技术服务人类"的意识
		智能医疗提升体验感和效果等行业应用突出技术服务的价值，激发职业认同感
	法治意识素养	数据采集、处理和使用中的数据安全意识和数据隐私保护

任务 1.2.1 人工智能应用支撑认知

◆ **任务描述** ◆

人工智能的发展离不开算力、算法、数据的支撑(如图 1.2.1.1 所示)，这三方面的积累发展才能让人工智能更上一个台阶。请大家查找资料，回答为什么算力、算法、数据能成为人工智能的三大支撑。

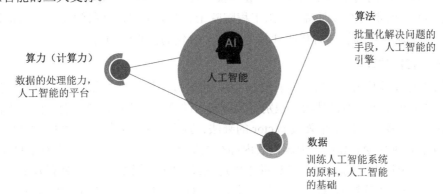

图 1.2.1.1 人工智能的三个支撑

◆ **学习目标** ◆

知识目标	能力目标	素质素养目标
(1) 了解人工智能技术的三大基础支撑； (2) 了解数据标注的基本概念和完整流程； (3) 了解经典机器学习算法； (4) 理解监督学习的特点； (5) 掌握准备模型训练数据的方法； (6) 了解算力的来源。	(1) 能根据学习和工作获取算力； (2) 能分析实际应用场景，选择合适类型的算法模型； (3) 会使用工具进行数据标注。	(1) 培养学生科技强国的发展意识； (2) 培养学生养成数据保护意识； (3) 培养学生精益求精的科学素养； (4) 培养学生"量变到质变"辩证思维方式。

◆ **任务分析** ◆

重　点	难　点
(1) 算力对人工智能应用的支撑作用； (2) 数据对人工智能应用的支撑作用； (3) 算法对人工智能应用的支撑作用。	(1) 算力实现的原理和基础； (2) 数据与智能的关系。

知识链接

一、人工智能技术基础支撑——算力

2016 年，世界顶级围棋高手李世石与 AI 进行围棋对决，最后竟以 1∶4 惨败于谷歌 AlphaGO。人工智能凭什么能够战胜人类？是超级计算机的算力为 AI 提供了支撑。当时的 ALphaGo 消耗了 176 个 GPU 和 1202 个 CPU 的硬件设备计算资源。在人工智能技术飞速发展的今天，功能强大的计算机显得不可或缺。AI 通过计算机强大的算力处理大量的相关数据，并以神经网络不断学习成长，最终获得技能，战胜人类选手，算力对于 AI 的重要性不言而喻。中国工程院院士、浪潮集团首席科学家王恩东认为，人类社会已经快速步入到智慧时代，计算力是这个时代的核心驱动力、生产力。

人工智能技术基础
支撑——算力

1. 人工智能的算力

算力(也称作计算力)，是设备的计算能力，也是数据处理的能力。AI 的许多数据处理涉及矩阵乘法和加法。不管是图像识别等领域常用的算法，还是语音识别、自然语言处理等领域的算法，本质上都是矩阵或 vector 的乘法、加法，然后配合一些除法、指数等算法。CPU 可以拿来执行 AI 算法，但因为其内部有大量其他逻辑，而这些逻辑对于目前的 AI 算法来说是完全用不上的，所以 CPU 并不能达到最优的性价比。因此，具有海量并行计算能力、能够加速 AI 计算的 AI 芯片应运而生。以 4GHz、128bit 的 POWER8 的 CPU 为例，假设要处理的是 16bit 的数据，该 CPU 理论上每秒可以完成 $16 \times 4G = 64G$ 次。以国际巨头公司谷歌的 AI 芯片 TPU1 为例，主频为 700 MHz，有 $256 \times 256 = 64K$ 个乘加单元，每个时间单元可同时执行一个乘法和一个加法。那就是 128K 个操作，该 AI 芯片每秒可完成 $= 128K \times 700 MHz = 89\,600\,G$——大约 90T 次。可以看出，在 AI 算法处理上，AI 芯片比 CPU 快大约 1000 倍。如果训练一个模型的话，TPU 需要花费 1 个小时，但放在 CPU 上则要 41 天。综上所述，人工智能的算力主要取决于芯片。

2. AI 芯片

从广义范畴上讲，在面向 AI 计算应用的芯片都可以称为 AI 芯片。在狭义上，AI 芯片指专门针对 AI 算法做了特殊加速设计的芯片，以 GPU、FPGA、ASIC 为代表的 AI 芯片，是基于传统芯片架构对某类特定算法或者场景进行 AI 计算加速的芯片，这三种芯片也是目前可大规模商用的主流 AI 芯片。图 1.2.1.2 是这三种主流 AI 芯片分别对应的供应商。

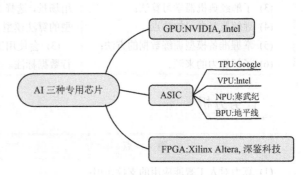

1.2.1.2　AI 三种专用芯片

(1) GPU。GPU(Graphics Processing Unit)，即图形处理器，采用由大量核心组成的大

规模并行计算架构，专为同时处理多重任务而设计。由于其具有良好的矩阵计算能力和并行计算优势，最早被用于 AI 计算，在数据中心中获得了大量应用。GPU 采用并行架构，超过 80%部分为运算单元，具备较高的运算速度。相比之下，CPU 仅有20%为运算单元，更多的是逻辑单元，CPU 擅长逻辑控制与串行运算，而 GPU 擅长大规模并行运算，但是 GPU 无法单独工作，必须由 CPU 进行控制调用。GPU 目前是最主流的通用性 AI 芯片。在通用性芯片领域，除了英特尔和 AMD 的 CPU 外，美国的英伟达公司(NVIDIA)是行业龙头，几乎垄断了人工智能的 GPU 市场。英伟达公司生产的 GPU 芯片如图 1.2.1.3 所示。

图 1.2.1.3　英伟达 GPU 芯片

(2) FPGA。FPGA(Field-Programmable Gate Array)，即现场可编程门阵列，作为专用集成电路领域中的一种半定制电路出现，适用于多指令，单数据流的分析，常用于推理阶段。FPGA 灵活性较好，处理简单指令、重复计算的能力比较强，此外，在云计算架构形成 CPU+FPGA 的混合异构中，比 GPU 具有更低的损耗和更高的性能，适用于高密度计算，在深度学习的推理阶段有着更高的效率和更低的成本。国外包括亚马逊、微软都推出了基于 FPGA 的云计算服务，国内包括腾讯云、阿里云早在 2017 年便推出了基于 FPGA 的服务，百度大脑也使用了 FPGA 芯片，而被 Xilinx 收购的深鉴科技也是基于 FPGA 来设计深度学习的加速器架构的，并将其灵活扩展，用于服务器端和嵌入式端。

(3) ASIC。ASIC(Application Specific Integrated Circuits)，即专用集成电路，是一种为专用目的设计的，面向特定用户需求的定制芯片，图 1.2.1.4 中的芯片就是我国寒武纪公司生产的 ASI 芯片。与 GPU 和 FPGA 不同，GPU 和 FPGA 除了是一种技术路线之外，还是实实在在的确定的产品，而 ASIC 就是一种技术路线或者方案，其呈现出的最终形态与功能也是多种多样

图 1.2.1.4　芯片级专用集成电路

的。近年来涌现出的类似 TPU、NPU、VPU、BPU 等令人眼花缭乱的各种芯片，本质上都属于 ASIC。ASIC 不具备 GPU 和 FPGA 的灵活性，定制化的 ASIC 一旦制造完成将不能更改，所以其初期成本高，开发周期长，因此其进入门槛也高。目前，ASIC 大多由具备 AI 算法又擅长芯片研发的巨头参与，如 Google 研发出了 TPU。由于完美适用于神经网络相关算法，ASIC 在性能和功耗上都要优于 GPU 和 FPGA，TPU1 的性能是传统 GPU 的 14～16 倍，NPU 的性能则是 GPU 的 118 倍。

除了以上已经达到商用规模的 AI 芯片，还有类脑芯片、可重构通用 AI 芯片等较为前沿的芯片。类脑芯片在架构上类似人类大脑，用于进行神经拟态计算，完全开辟了另一条实现人工智能的道路，而不是作为人工神经网络或深度学习的加速器存在，目前该类芯片

的状态还只是小规模的研究与应用，代表产品有 IBM 的 TrueNorth 和清华大学的"芯机"系列芯片。可重构通用 AI 芯片遵循软件定义芯片思想，可重构计算技术，允许硬件架构和功能随软件变化而变化，兼具处理器的通用性和 ASIC 的高性能和低功耗，是实现软件定义芯片思想的核心，被公认为是突破性的下一代集成电路技术。清华大学微电子学研究所设计的 AI 芯片 Thinker，采用可重构计算架构，支持卷积神经网络、全连接神经网络和递归神经网络等多种 AI 算法。

超级计算机是目前世界上功能最强大的计算机。与普通的个人计算机不同，超级计算机的最终竞争指标之一是计算能力。根据 2022 年最新统计，排名前两位的超级计算机都来自中国，排名第一的是无锡国家超级计算中心的"神威太湖之光"，排名第二的是广州国家超级计算机中心的"天河二号"，排名第三至第五的超级计算机都来自美国，十大超级计算机中有一半来自美国。

3. AI 芯片应用

AI 芯片部署的位置有两种：云端、终端。云端，即数据中心，在深度学习的训练阶段需要极大的数据量和运算量，单一处理器无法独立完成，因此训练环节只能在云端实现。终端，即手机、安防摄像头、汽车、智能家居设备、各种 IoT 设备等执行边缘计算的智能设备。根据部署位置，可以分为云 AI 芯片和端 AI 芯片。

AI 的实现包括两个环节：训练、推理。训练，是指通过大数据训练出一个复杂的神经网络模型，即用大量标记过的数据来"训练"相应的系统，使之可以适应特定的功能。训练需要极高的计算性能，需要较高的精度，需要能处理海量的数据，需要有一定的通用性，以便完成各种各样的学习任务。推理，是指利用训练好的模型，使用新数据推理出各种结论，即借助现有神经网络模型进行运算，利用新的输入数据来一次性获得正确结论的过程，也称为预测或推断。所以根据承担任务的不同，AI 芯片可以分为：用于构建神经网络模型的训练芯片和利用神经网络模型进行推理预测的推理芯片。

云端与终端所使用的对应的芯片分类如表 1.2.1.1 所示。

表 1.2.1.1　云端与终端所使用的对应的芯片分类

	训练	推理
云端	GPU：NVIDIA，AMD FPGA：Intel：Xilinx ASIC：Google	GPU：NVIDIA FPGA：Intel，Xilinx，亚马逊，微软，百度，阿里，腾讯 ASIC：Google，寒武纪，比特大陆，WaveComputing、Groq
终端	—	ASIC：寒武纪，地平线，华为海思，高通，ARM FPGA：Xilinx GPU：NVIDIA，ARM

4. 智算中心

随着数据总量的增长和智能化社会构建需求的扩大，人工智能产业对算力的要求越来越高。中国工程院院士、浪潮集团首席科学家王恩东认为，在新基建各大领域之中，相比云计算和大数据，人工智能对算力的需求几乎是"无止境"的。根据人工智能研究组织 Open AI 统计，从 2012 年至 2019 年，随着人工智能深度学习"大深多"模型的演进，模型计算所需的计算量已增长了 30 万倍。斯坦福大学发布的《AI Index 2019》报告也显示，2012 年以后，算力需求每三四个月就会翻一番，经常会面临捉襟见肘的局面。随着新基建的加速建设，人工智能与大数据、云计算、物联网等的融合也会进一步加快，智慧医疗、无人驾驶、智慧城市、智慧金融等应用场景，背后都需要算力支撑。浪潮集团人工智能和高性能计算部总经理刘军认为，如果算力不能快速提升，那我们将不得不面临一个糟糕的局面：当规模庞大的数据用于人工智能的训练学习时，数据量将超出内存和处理器的承载上限，整个训练过程将变得无比漫长，甚至完全无法实现最基本的人工智能。

近年来，已有不少超算中心运用了人工智能芯片和服务器来强化其算力，用于提升对人工智能产业的服务能力，也可以说是对传统超算中心进行"AI 化"。2019 年，西安的沣东新城搭建了西北地区首个人工智能领域的新型基础设施——"沣东人工智能计算创新中心"；由中科院、广东省、珠海市、横琴新区共同建设的"横琴先进智能计算平台"，是粤港澳大湾区首个先进智能计算平台，被列入广东省政府 2019 年工作报告，并纳入了广东省委、省政府印发的《关于贯彻落实〈粤港澳大湾区发展规划纲要〉的实施意见》。

2020 年 4 月 20 日，国家发改委首次明确了新型基础设施的范围。新型基础设施主要包括三个方面：信息基础设施、融合基础设施、创新基础设施。其中，信息基础设施主要是指基于新一代信息技术演化生成的基础设施，比如以 5G、物联网、工业互联网、卫星互联网为代表的通信网络基础设施，以人工智能、云计算、区块链等为代表的新技术基础设施，以数据中心、智能计算中心为代表的算力基础设施等。智能计算中心明确被纳入了新基建的范围。

2020 年 11 月 17 日，国家信息中心信息化和产业发展部联合浪潮发布了《智能计算中心规划建设指南》，其中对智能计算中心的规划建设给出了清晰的指导，并对智能计算中心进行了明确定义：智能计算中心是基于最新人工智能理论，采用领先的人工智能计算架构，提供人工智能应用所需算力服务、数据服务和算法服务的公共算力新型基础设施，通过算力的生产、聚合、调度和释放，高效支撑数据开放共享、智能生态建设、产业创新聚集，有力促进 AI 产业化、产业 AI 化及政府治理智能化。

AI 记事本

智算中心"小试牛刀"

2020 年 2 月下旬，来自南京的人工智能企业南栖仙策科技有限公司自主研发的可编程决策平台 Universe 便搭建了一个新冠肺炎疫情传播模型。该模型可预测 60 天的新冠肺炎疫情，并在仅有确诊病例数据的情况下，推导潜在感染人数、接触感染率等未知因素，进而在不同防控力度的预置条件下实施预测，为疫情防控提供决策辅助。使这一预测模型更快学习真实疫情数据并推演未来的，正是 116 亿亿次/秒(1.16Eops)的智能化算力，由珠海横琴新区的横琴先进智能计算平台所提供。该平台的核心计算单元采用寒武纪公司最新一代人工智能芯片，能提供的算力比现有的传统 CPU 高性能计算中心更强。

智算中心
"小试牛刀"

二、 人工智能技术基础支撑——算法

做饭机器人一直是人类的追求之一，如何让机器人掌握不同菜系的烹饪方法就是实现这一追求的算法。我们通过量化各个步骤，分析各种情况，给出不同反应，指导机器人学习人类的烹饪过程就是复杂的算法设计过程。

人工智能技术基础支撑——算法

1. 算法的定义

算法(Algorithm)是指在解决某个问题的时候，按照某种计算方法及步骤进行处理的过程。计算机的算法则是指计算机解决某个问题以及按照何种方法进行判断的方案，还包括计算的一系列指令。

2. 机器学习的概念

机器学习(Machine Learning, ML)是一门多领域交叉学科，涉及统计学、概率论、计算机科学等多门学科。机器学习用于研究怎样让计算机具备像人类一样的学习能力，通过数据或经验不断优化计算机算法的性能，是人工智能的核心部分。人类的学习是一个人根据过往的经验，对一类问题形成某种认识或总结出一定的规律，然后利用这些知识来对新的问题下判断的过程。因此，机器学习是指用某些算法指导计算机利用已知数据学习得出适当的模型，并应用此模型对新的情况给出判断。

机器学习根据学习方式的不同可以分为三类：监督学习、无监督学习、强化学习。监督学习与其他两类学习的不同之处在于其输入的训练样本带有正确输出的标记，其他两类的样本则没有输出标记，强化学习是计算机与环境的交互过程中以提高算法性能为标准不断优化算法的模型。

(1) 监督学习。监督学习又称有导师的学习，输入的训练样本带有输出标记，计算机根据输入和输出结果之间的关系，不断调整模型使其输出与样本标记一致。

(2) 无监督学习。无监督学习是指输入的训练样本没有输出标记，计算机需要从样本中找出数据的内置结构，抽取出通用的规则。无监督学习通常通过聚类的方式来处理复杂的数据。

(3) 强化学习。强化学习是指计算机在与环境的交互过程中，通过统计环境的反馈，动态规划模型来达到最优性能的一类学习方法。强化学习通过试错的方式，根据不同的选择得到的反馈来判断性能，不断调整解决方案。

机器学习发展到今天，产生了很多优秀的算法，图1.2.1.5列出了按照算法的学习方式分类的几种经典的机器学习算法，以便人们在建模和对算法选择的时候可以根据输入数据选择最合适的算法来获取最好的结果。

3. 深度学习的概念

深度学习(Deep Learning，DL)是机器学习的一个子集，是指通过模仿人类大脑的思考和学习方式，学习样本数据的内在规律和表示层次，最终让机器能够像人一样具有分析学习能力，能够识别文字、图像和声音等数据的学习方法。人工智能、机器学习、深度学习三者间的关系如图(1.2.1.6所示)。

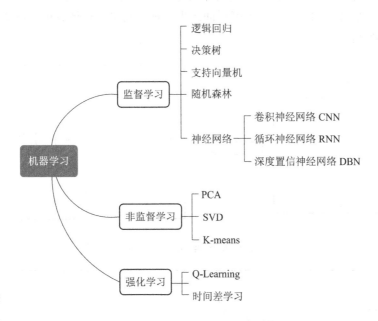

图 1.2.1.5 常见机器学习算法分类

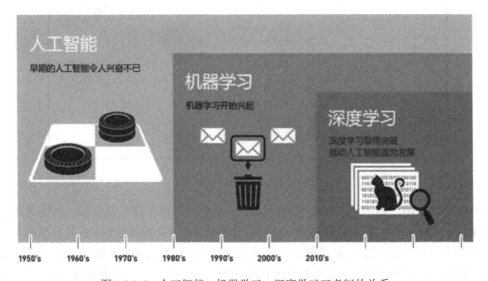

图 1.2.1.6 人工智能、机器学习、深度学习三者间的关系

4. 神经网络的概念

生物神经网络是指生物的大脑神经元、细胞、触点等组成的网络。深度学习通过研究模仿生物的大脑的神经网络，从而建立一个类似的学习策略，即人工神经网络(Artificial Neural Networks，ANNs)，它是模拟生物神经系统建立的计算机模型。

由图 1.2.1.7 可以看到生物的大脑的基本单元——神经元的组成，它以细胞体为主体，由许多向周围延伸的不规则树枝状纤维进行连接，构成神经网络。模仿生物神经元设计的神经元模型是一个包含输入、输出与计算功能的模型。输入可以类比为神经元的树突，而输出可以类比为神经元的轴突，计算则可以类比为细胞核。大量的人工神经元(节点)连接构成神经网络，如图 1.2.1.8 所示。本书后面所提的神经网络是指计算机领域研究的神经网络，即人工神经网络。

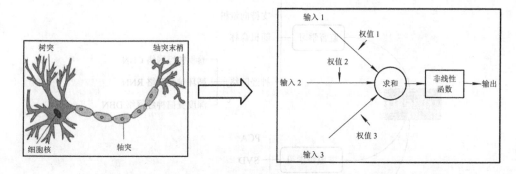

图 1.2.1.7　模仿人类神经元设计的神经元模型

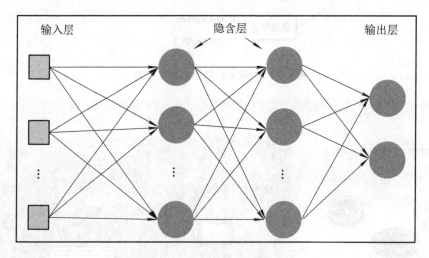

图 1.2.1.8　神经网络结构图

神经网络是由层构成的，一般包括输入层、输出层、隐含层。每个节点的输出函数为 $y = \alpha(W \cdot x + b)$，其中 x 是输入向量，y 是输出向量，$\alpha(\ )$ 是激活函数，b 是偏移向量，W 是权值矩阵，每一层将输入 x 通过以上公式得到输出 y。激活函数给神经元引入了非线性因素，使得神经网络可以任意逼近任何非线性函数。每个神经元之间的连线对应一个权值，神经网络中的所有权值组成一个权值矩阵 W。

神经网络在外界输入信息的基础上改变了内部结构，对输入和输出之间复杂的关系进行建模，自适应地探索数据的模式。神经网络的学习过程为：把训练集中的每个输入加到神经网络中，神经网络根据预测值与目标值之间的误差(通过损失函数计算得到)不断调整网络各层的权值矩阵(W)与偏移向量 b，使神经网络的预测值与目标值一致，待各层权值都收敛到一定值时，学习过程结束。然后我们就可以用生成的神经网络来对未知数据进行判断。

神经网络发展到今天已有一百多种网络模型，包括感知器、Hopfield 网络、玻尔兹曼机、反向传播网络等。根据网络连接的结构，神经网络模型可以分为前向神经网络和反馈神经网络。前向神经网络中各个神经元接受前一级的输入，并输出到下一级，网络中没有反馈，可以用一个有向无环路图表示。反馈神经网络(BP 网络)是指网络内的神经元之间有反馈，可以根据误差逆向调整参数的神经网络。

2010 年，深度学习得到了迅猛的发展，为代表的神经网络模型有卷积神经网络(Convolutional Neural Networks，CNN)、循环神经网络(Recurrent Neural Network，RNN)、长短时记忆神经网络(Long/Short Term Memory Network，LSTM)、深度信念神经网络(Deep Belief Network，DBN)等。

深度神经网络的训练过程主要包括以下五步：

第一步：输入样本到网络，初始化参数，对权值矩阵 W、偏移向量 b 进行随机初始化；

第二步：进行前向传播，得到输出；

第三步：通过损失函数计算实际输出与理想输出之间的差值；

第四步：反向传播，以极小化误差为标准调整权值矩阵；

第五步：梯度下降，更新参数。

在神经网络的训练中，有三个重要的概念：Epoch、Batch Size 和迭代：

(1) Epoch：当一个完整的数据集通过了神经网络一次并且返回了一次，这个过程称为一个 Epoch。

(2) Batch Size：当一次输入一个的数据集对于计算机而言太庞大的时候，就需要把它分成多个小块，也就是将数据集分成几个 Batch。Batch Size 则是一个 Batch 中的样本总数。

(3) 迭代：是 Batch 需要完成一个 Epoch 的次数。

Tensorflow 是目前流行的神经网络搭建平台，被广泛用于各类机器学习算法的编程实现。Tensorflow Playground 展示了数据是如何"流动"的，能让你在浏览器中运行真实的神经网络，并且可以点击按钮和调整参数，从而了解神经网络是怎么工作的。体验地址为：http://playground.tensorflow.org。

三、人工智能技术基础支撑——数据

实现一个功能完善的人工智能应用的过程中，数据是一个重要因素。就像要做一道好菜必须要有好的原材料一样，数据就相当于人工智能应用的"原材料"。开发一个优秀的人工智能应用就要获取合适的原材料(即数据)并对其进行加工。

人工智能技术基础
支撑——数据

1. 数据采集

如果我们做菜的时候只有白菜、豆腐之类的原材料，那么无论如何也是做不出红烧肉的。同样，在数据处理流程中，采集的数据决定了数据分析挖掘的上限。

比如，如果想了解 APP 的终端用户在使用什么样的手机，就需要去采集终端用户所用设备的信息，比如设备的品牌、型号等。当我们拿到这些信息数据以后，才能够去分析终端用户所使用的品牌分布和设备分布，从而了解用户设备的使用情况。

2. 数据的采集源及采集方式

在当今的大数据时代，数据的采集源往往是高度多样化的，而不同的数据源也往往需要不同的采集手段来对其进行针对性的采集。一般来讲，数据源包括但不限于如下几类：

第一类是终端数据，即在客户端或者服务器端产生的数据，例如用户点了哪些页面或内容。这类数据一般采用埋点的方法进行采集。埋点指的是，针对用户特定的行为进行跟踪与捕捉的过程，这些被捕捉到的行为经统计后常常会用于后续对产品的迭代与优化。

第二类是开放数据。开放数据指的是开放给所有人的数据，比如网页的内容数据，或者特定行业的公开数据。这类数据一般使用爬虫技术来采集。

第三类是专有平台的数据。比如微信公众号的数据就存放在微信平台。我们可以通过微信提供的规范 API 接口服务来调取这个公众号自身的数据。

第四类是物理数据。物理数据指的是用户在物理世界中所产生的数据。这类数据的采集往往要通过传感器来进行 AIDC 采集。AIDC 采集的全称为自动识别和数据捕获，指的是一种自动识别和收集数据对象，然后将其存储在计算机中的方法。例如射频识别、条形码磁条扫描、GPS 传感器等都属于用于识别与捕获物理数据的方法。

第五类是主观性数据。比如通过用户调研或是访谈的方式，收集用户的态度或是意愿。这是一种传统数据的采集方式。

第六类是数据库的数据。比如对于一些现成的知识库，自己建设的话可能费时费力。我们就可以直接通过购买的方式来拿到相应的知识库的数据。

3. 采集的数据类型划分

数据采集之后，我们需要对采集的数据进行分类整理。通常情况下，数据可以被分为三种类型，即非结构化数据、结构化数据以及半结构化数据。

非结构化数据指的是无法定义结构的数据。常见的非结构化数据为文本信息、图像信息、视频信息以及声音信息等等，它们的结构都千变万化，不能用一个二维表来描述。

结构化数据往往被称为行数据，是由二维表结构来逻辑表达和实现的数据，其严格地遵循数据格式与长度规范，主要通过关系型数据库进行存储和管理。比如在大学生的选课系统中，学生、课程、选课、导师等数据都可以抽象为结构化数据。

半结构化数据，是指结构变化很大的结构化数据。同一类结构化数据的不同实体数据的结构可能会有一定程度的不同，即不同实体所具有的属性会有一定程度的不同。对于这些实体来说，不同的属性之间的顺序并不重要。一个经典的半结构化数据的例子即为简历信息，每一份简历都遵循着简历这个大类所存在的物理意义，即展示我们迄今为止在所在领域的成就，所以我们的简历中很可能会有教育背景、工作经验以及姓名联系方式等等，然而在这个大前提下，每一份简历所具有的属性都不尽相同，有的人会在简历中加入志愿者经历，有的人会加入自己所掌握的技能，有的人会加入自己的获奖经历等等，这就是我们刚刚所说的数据的结构变化很大的一个体现。半结构化数据往往以 XML 或者 JSON 等方式出现。

4. 数据预处理

在进行数据挖掘时，海量的原始数据中存在大量有缺失、异常甚至是不一致的数据，严重影响了建模的执行效率以及正确性。数据预处理的主要内容包括数据清洗、数据集成、数据变换、数据规约。预处理一方面可提高数据的质量,另一方面可使数据更好地适应特定的挖掘技术或工具。

1) 数据清洗

数据清洗主要是删除原始数据集中的无关数据、重复数据,平滑噪声数据,筛选掉与挖掘主题无关的数据并且处理缺失值、异常值等。

一般处理缺失值的时候,通常采用删除记录、数据插补,或者不处理的方式。如果删除少量数据就可以达到目标,当然最好,但是它是以减少历史数据来换取数据的完备,会造成大量资源的浪费,丢弃大量隐藏在记录里的信息,所以不太推荐这种方式,而更推荐用插补的方式来补齐数据。插补的方法有很多,例如通过均值等属性数据填补,也可以使用固定的值、临近的值进行插补。

2) 数据集成

数据挖掘之前,数据集往往是在不同的数据源中的,这时候需要将多个数据源合并存储到一个数据仓库中。由于多个数据源的表达形式是不一样的,有可能不匹配,因此要考虑到识别的问题以及属性冗余的问题,从而将源数据在最底层加以转换、提炼和集成。这个步骤主要做的就是实体的识别以及冗余属性的识别。

实体识别是从不同数据源识别出现实世界的实体,需要做的是统一不同数据的矛盾之处。简单来说,就是将不同的字段名字统一,以及将数据的计量单位统一。例如 A 在一个数据源中叫 gender,在另一个中叫 sex,需要进行统一;有的计量单位用的是 m,有的用的是 km,也需要统一。

冗余属性的识别是为了解决由于同一属性多次出现,同一属性命名不一致而导致重复的问题。

3) 数据变换

数据变换主要是对数据进行规范化的处理,以适应挖掘任务和算法的需要。数据变换是数据挖掘中至关重要的一个步骤。数据变换主要包括以下几个方面。

(1) 简单的数据变换。

一般进行的简单的函数变换,是对原始数据进行简单变换,基本使用平方、开平方等运算。简单的函数变换常用来将不具备正态分布的数据变换成具有正态分布的数据。

(2) 规范化。

数据规范化处理是数据挖掘的一项基础工作,主要是为了消除指标之间的量纲和取值范围的差异影响,需要进行标准化处理,将数据按照比例进行缩放,从而使其落入一个特定的区域,以便于分析。

(3) 连续属性离散化。

一些数据挖掘算法,特别是分类算法,要求数据是分类属性形式。如此一来,在使用这类分类算法时,需要将一些连续属性变换成分类属性,也就是连续属性离散化。这其实就是在数值的取值范围内设定若干个离散的划分点,将取值范围划分为一些离散化的区间,最后用不同的符号或数值代表每个区间的数据,即需要确定分类数以及将连续属性值映射到这些分类值中。

(4) 属性构造。

在数据挖掘过程中，为了提取更有用的信息，挖掘更深层次的模式，提高挖掘结果的精度，我们需要利用已有的属性，来构造新的属性，并加入现有属性的集合中。下面进行一个简单的举例：通过一个餐馆的日营业总额数据，还有每日单据数量，我们就可以知道人均每笔消费的数据，从而加入的新的一列中进行统计。这个数据虽然是从已有数据中延伸来的，但是直接生成新属性统计时更直观。

4）数据规约

数据规约本质上就是在不损害数据完整性的前提下缩小数据集，使之能够高效快速地挖掘出结果。数据规约一般要从两个方向进行，一个是属性规约，另一个是数值规约。

属性规约通过属性合并来创造新属性维数，或者通过删除不相干属性来减少数据的维度数，从而提高数据挖掘的效率以及降低计算成本，其目标是寻找出最小的属性子集，并确保新数据子集的概率分布尽可能接近原数据的概率分布。

数值规约指通过选择替代的、较小的数据来减少数据量，包括有参数和无参数两类。有参数方法是使用一个模型来评估数据，只存放参数，而不需要存放实际数据。无参数方法就需要存放实际数据，例如直方图、聚类、抽样等。例如使用聚类的方式，就是将数据分为簇，让一个簇中的对象相互相似，反之相异，并用数据簇来替换原始数据的数据规约方式。

5. 数据标注

训练机器学习和深度学习模型，需要丰富的数据，以便将其用于部署、训练和调整模型。训练机器学习和深度学习模型需要大量经过仔细标注的数据。标注原始数据并准备将其应用于机器学习模型和其他 AI 工作流的过程称为数据标注。

数据标注

要使 AI 模型做出决策并采取行动，就必须对其进行训练以理解特定的信息。训练数据必须针对特定用例，并对其予以适当分类和标注。有了高质量的人工标注数据，我们就可以构建和改进 AI 应用，比如产品推荐、相关搜索引擎结果、计算机视觉、语音识别、聊天机器人等。

1）数据标注的分类

数据标注的分类如表 1.2.1.2 所示。

表 1.2.1.2 数据标注的分类

分类方式	分类方法	概　念	优　点	缺　点
标注对象	图像标注	图像标注和视频标注统称为图像标注	使人脸识别和自动驾驶等技术得到发展和完善	相对复杂，耗时
	语音标注	需要人工将语音内容转录为文本内容，然后通过算法模型识别转录后的文本内容	帮助人工智能领域中的语音识别功能更加完善	算法无法直接理解语音内容，需要进行文本转录
	文本标注	与音频标注有些相似，都需要通过人工识别转录成文本形式	减少了文本识别行业和领域的人工工作量	人工识别过程繁杂

续表

分类方式	分类方法	概　念	优　点	缺　点
标注的构成形式	结构化标注	数据标签必须在规定的标签候选集合内，标注者通过将标注对象与标签候选集合进行匹配，选出最合理的标签值作为标注结果	标签候选集将标注类别描述得很清晰，便于标注者选择；标签是结构化的，利于存储和后期的统计查找	遇到具有二义性标签时往往会影响最终的标注结果
	非结构化标注	标注者在规定约束内，自由组织关键字对标注对象进行描述	给标注者足够的自由，可以清楚地表达自己的观点	给数据存储和使用带来困难，不利于统计分析
	半结构化标注	标签值是结构化标注，而标签域是非结构化标注	标注灵活性强，便于统计查找	对标注者的要求高，工作量高，耗时
标注者类型	人工标注	雇用经过培训的标注员进行标注	标注质量高	标注成本高，时间长，效率低
	机器标注	标注者通常是智能算法	标注速度快，成本相对较低	算法对涉及高层语义的对象识别和提取效果不好

如表 1.2.1.2 所示，目前数据标注有三种常用的划分方式：

(1) 根据标注对象，可分为图像标注、视频标注、语音标注和文本标注；

(2) 根据标注的构成形式，可分为结构化标注、非结构化标注和半结构化标注；

(3) 根据标注者类型，可分为人工标注和机器标注。

图像标注包括图像标注和视频标注，因为视频也是由连续播放的图像所组成的。图像标注一般要求标注人员使用不同的颜色来对不同的目标标记物进行轮廓识别，然后给相应的轮廓打上标签，用标签来概述轮廓内的内容，以便让算法模型能够识别图像中的不同标记物。图像标注常用于人脸识别、自动驾驶车辆识别等应用。

语音标注是通过算法模型识别转录后的文本内容并与对应的音频进行逻辑关联。语音标注的应用场景包括自然语言处理、实时翻译等，语音标注的常用方法是语音转写。

文本标注是指根据一定的标准或准则对文字内容进行诸如分词、语义判断、词性标注、文本翻译、主题事件归纳等注释工作，其应用场景有名片自动识别、证照识别等。目前，常用的文本标注任务有情感标注、实体标注、词性标注及其他文本类标注。

2) 数据标注的任务

常见的数据标注任务包括分类标注、标框标注、区域标注、描点标注和其他标注等。

(1) 分类标注。

　　分类标注是从给定的标签集中选择合适的标签分配给被标注的对象。通常，一张图可以有很多分类/标签，如运动、读书、购物、旅行等。对于文字，又可以标注出主语、谓语、宾语，名词和动词等。此项任务适用于文本、图像、语音、视频等不同的标注对象。此处以图像的分类标注为例进行说明，如图 1.2.1.9 所示，图中显示了一张室内布局图，标注者需要对沙发、柜子、灯等不同对象加以区分和识别。

图 1.2.1.9　分类标注

　　(2) 标框标注。

　　标框标注就是从图像中选出要检测的对象，此方法仅适用于图像标注。标框标注可细分为多边形拉框和四边形拉框两种形式。多边形拉框是将被标注元素的轮廓以多边形的方式勾勒出来，不同的被标注元素有不同的轮廓，除了同样需要添加单级或多级标签以外，多边形标注还有可能会涉及物体遮挡的逻辑关系，从而实现细线条的种类识别。四边形拉框主要是用特定软件对图像中需要处理的元素(比如人、车、动物等)进行一个拉框处理，同时，用一个或多个独立的标签来代表一个或多个需要处理的元素。例如，图 1.2.1.10 中对交通标识进行了多边形拉框标注，图 1.2.1.11 中对道路中的汽车进行了四边形拉框标注。

　　(3) 区域标注。

　　与标框标注相比，区域标注的要求更加精确，而且边缘可以是柔性的，并仅限于图像标注，其主要的应用场景包括自动驾驶中的道路识别和地图识别等。在图 1.2.1.12 中，区域标注的任务是在航拍图中用曲线将城市中不同的设施的轮廓形式勾勒出来，并用不同的颜色加以区分。

　　(4) 描点标注。

　　描点标注是指将需要标注的元素(比如人脸、肢体)按照需求位置进行点位标识，从而实现特定部位关键点的识别。例如，图 1.2.1.13 采用描点标注的方法对图示人物的骨骼关节进行了描点标识。人脸识别、骨骼识别等技术中的标注方法与人物骨骼关节点的标注方法相同。

　　(5) 其他标注。

　　数据标注的任务除了上述四种以外，还有很多个性化的标注任务。例如，自动摘要是指从新闻事件或者文章中提取出最关键的信息，然后用更加精练的语言写成摘要。自动摘要与分类标注类似，但两者存在一定差异。常见的分类标注有比较明确的界定，比如在对给定图片中的人物、风景和物体进行分类标注时，标注者一般不会产生歧义；而自动摘要需要先对文章的主要观点进行标注，相对于分类标注来说，自动摘要在标注的客观性和准确性上都没有那么严格，所以自动摘要不属于分类标注。

图 1.2.1.10　多边形拉框

图 1.2.1.11　四边形拉框　　　　图 1.2.1.12　区域标注　　　　图 1.2.1.13　描点标注

3) 常用标注数据集和标注工具

随着人工智能、机器学习等行业对标注数据的海量需求，许多企业和研究机构纷纷推出了带标注的公开数据集。为了提高数据标注效率，一些标注工具和平台也应运而生。

(1) 标注数据集。

标注数据集主要可分为图像、视频、文本和语音这四类标注数据集，表 1.2.1.3 描述了这些数据集的来源、用途和特性。ImageNet、COCO 和 PASCAL VOC 是三个典型的图像标注数据集，它们广泛应用于图像分类、定位和检测的研究中。由于 ImageNet 数据集拥有专门的维护团队，而且文档详细，因此它几乎成为了目前检验深度学习图像领域算法性能的"标准"数据集。COCO 数据集是在微软公司赞助下生成的数据集，除了图像的类别和位置标注信息外，该数据集还提供图像的语义文本描述，因此它也成为评价图像语义理解算法性能的"标准"数据集。Youtube-8M 是谷歌公司从 YouTube 上采集到的超大规模的开源视频数据集，这些视频共计 800 万个，总时长为 50 万小时，包括 4800 个类别。Yelp 数据集由美国最大的点评网站提供，包括了 470 万条用户评价，15 多万条商户信息，20 万张图片和 12 个城市信息。研究者利用 Yelp 数据集不仅能进行自然语言处理和情感分析，还可以用于图片分类和图像挖掘。LibriSpeech 数据集是目前最大的免费语音识别数据库之一，由近 1000 h 的多人朗读的清晰音频及其对应的文本组成，它是衡量当前语音识别技术最权威的开源数据集。

表 1.2.1.3　部分常用的标注数据集

类别	数据集名称	用途	大小	来源/机构	开放
图像标注数据集	ImageNet	图像分类、定位、检测	约 1 TB	http://www.image -net.org/about-stats	是
	COCO	图像识别、分割和图像语义	约 40 G	http://mscoco.org/	是
	PASCAL VOC	图像分类、定位、检测	约 2 GB	http://host.robots.ox.ac .uk/pascal/VOC/voc2012/index.html	是
	Open Image	图像分类、定位、检测	约 1.5 GB	https://storage.googleapis.com/openimages/web/index.html	是
	Flickr30k	图片描述	30 MB	http://shannon .cs. llinois.edu/DenotationGraph/data/ index.html	是
视频标注数据集	Youtube - 8 M	理解和识别视频内容	1 PB	https://research.google .com/youtube8m/	受限
	Kinetics	动作理解和识别	约 1.5 TB	https://deepmind.com/research/open-source/open-source-datasets/kinetics/	是
	AVA	人类动作识别		https://rescarch.google .com/ava	是
	UCF101	视频分类、动作识别	6.5 GB	http://crcv.ucf.edu/papers/UCF101_ CRCV-TR-12-01.pdf	是
文本标注数据集	Yelp	文本情感分析	约 2.66 GB	https://www.yelp.com/dataset/challenge	是
	IMDB	文本情感分析	80.2 MB	http://ai.stan ford .edu/~ amaas/data/sentiment/	是
	Multi-Domain Sentiment	文本情感分析	52 MB	http://www.cs.jhu.edu/~mdredze/datasets/sentiment/	是
	Sentiment 140	文本情感分析	80 MB	http://help.sentiment 140.com/	是
语音标注数据集	LibriSpeech	训练声学模型	约 60 GB	http://www.openslr.org/12/	是
	AudioSet	声学事件检测	80 MB	https://research.google .com/audioset/	是
	FMA	语言识别	约 1000 GB	https://github.com/mdef/fima	是
	VoxCeleb	语音识别、情绪识别	150 MB	http://www.robots.ox.ac .uk/~vgg/data/voxceleb/	是

(2) 开源数据标注工具。

在选择数据标注工具时，需要考虑标注对象(如图像、视频、文本等)、标注需求(如画框、描点、分类等)和不同的数据集格式(如 COCO、PASCAL VOC、JSON 等)。常用的开源的数据标注工具及其特点详见表 1.2.1.4，其中除了 COCO UI 和 LabelMe 工具在使用时需要 MIT 许可外，其他工具均为开源使用。大部分的开源工具都可以运行在 Windows、Linux、Mac OS 系统上，仅有个别工具是针对特定操作系统开发的(如 RectLabel)，而且这些开源工具大多只针对特定对象进行标注，只有一少部分工具(如精灵标注助手)能够同时标注图像、视频和文本。除了表中列举的标注工具外，市场上还有一些具有特殊功能的标注工具，例如人脸数据标注工具和 3D 点云标注工具。不同标注工具的标注结果会有一些差异，但很少有研究去关注它们的标注效率和标注结果的质量。

表 1.2.1.4　常用标注工具

名称	简　介	运行平台	标注形式	导出数据格式
Labellmg	著名的图像标注工具	Windows、Linux、Mac	矩形	XML
LabelMe	著名的图形界面标注工具，能够标注图像和视频	Windows、Linux、Mac	多边形、矩形、圆形、多段线、线段、点	VOC 和 COCO
RectLabel	图像标注	Mac	多边形、矩形、多段线线段、点	YOLO、KITTI、COC01、CSV
VOTT	微软发布的基于 Web 方式本地部署的标注工具，能够标注图像和视频	Windows、Linux、Mac	多边形、矩形、点	TFRecord、CSV、VoTT
LabelBox	适用于大型项目的标注工具，基于 Web、能够标注图像、视频和文本	—	多边形、矩形、线、点、嵌套分类	JSON
VIA	VGG(visual geometry group)的图像标注工具，也支持视频和音频标注	—	矩形、圆、椭圆、多边形、点和线	JSON
COCO UI	用于标注 COCO 数据集的工具，基于 Web 方式	—	矩形、多边形、点和线	COCO
Vatic	Vatic 是一个带有目标跟踪的视频标注工具，适合目标检测任务	—	—	VOC
BRAT	基于 Web 的文本标注工具，主要用于对文本的结构化标注	Linux	—	ANN
DeepDive	处理非结构化文本的标注工具	Linux	—	NLP
Praat	语音标注工具	Windows、Unix、Linux、Mac	—	JSON

◆◆◆◆ **素质素养养成** ◆◆◆◆

(1) 通过疫情期间智算中心的应用、AI 芯片技术的学习培养学生科技强国的发展意识;

(2) 在数据采集、数据预处理、数据应用的过程中培养学生养成数据保护意识;

(3) 在学习算法不断迭代优化提升产品的准确率中培养学生精益求精的科学素养;

(4) 一定数量的数据投入模型训练就能创造智能,培养学生"量变到质变"辩证思维方式。

◆◆ **任务分组** ◆◆

学生任务分配表

班级		组号		指导教师	
	姓名(组长填在第1位)		学号	任务分工	
分工明细					

◆◆ **任务实施** ◆◆

∘∘◦—— **任务工作单 1:算力认知** ——◦∘∘

组号: _____   姓名: _____   学号: _____   检索号: _____

引导问题:

(1) 阅读资料,总结算力是什么?

_____

(2) 为什么 AI 芯片比 CPU 更适合人工智能的运算?

_____

(3) 查找资料，总结目前常用的 AI 芯片的种类以及每一种对应的应用场景以及生产厂家。

_____

(4) 有哪些途径可以获取算力？

_____

°○◦——— **任务工作单 2：算法认知** ———◦○°

组号：_____　姓名：_____　学号：_____　检索号：_____

引导问题：

(1) 什么叫算法？

_____

(2) 总结监督学习的特征。

_____

(3) 体验 Tensorflow Playgroup 展示的神经网络的训练过程，并简述神经网络工作原理。

_____

(4) 从 AlphaGo 的训练过程中简述自己对算法的感悟。

_____

°○◦——— **任务工作单 3：数据认知** ———◦○°

组号：_____　姓名：_____　学号：_____　检索号：_____

引导问题：

(1) 数据的采集源和采集方式有哪些？

_____

(2) 为什么要对数据进行标注？

_____

(3) 数据标注有哪几种？比较通用的数据标注工具有哪些？

_____

(4) 选择一种图像数据标注工具，完成交通项目的数据标注任务。

_____

(5) 你知道如何获取开源的标注数据集吗？请至少列举一种。

_____
_____

°○○—— **任务工作单 4：人工智能应用支撑讨论** ——○○°

组号：＿＿＿＿＿   姓名：＿＿＿＿＿   学号：＿＿＿＿＿   检索号：＿＿＿＿＿

引导问题：

(1) 各小组汇总资料，教师参与引导，小组长组织讨论总结：为什么算力、算法和数据是人工智能应用支撑？我国人工智能技术基础情况如何？制作 PPT 进行汇报。

＿＿＿＿＿＿＿＿＿＿＿＿＿＿＿＿＿＿＿＿＿＿＿＿＿＿＿＿＿＿＿＿＿＿＿＿＿＿

(2) 记录完成任务过程的问题。

＿＿＿＿＿＿＿＿＿＿＿＿＿＿＿＿＿＿＿＿＿＿＿＿＿＿＿＿＿＿＿＿＿＿＿＿＿＿

°○○—— **任务工作单 5：人工智能应用支撑展示汇报** ——○○°

组号：＿＿＿＿＿   姓名：＿＿＿＿＿   学号：＿＿＿＿＿   检索号：＿＿＿＿＿

引导问题：

各小组推荐一位成员对任务工作单 4 中的小组结论进行分享展示。

＿＿＿＿＿＿＿＿＿＿＿＿＿＿＿＿＿＿＿＿＿＿＿＿＿＿＿＿＿＿＿＿＿＿＿＿＿＿

°○○—— **任务工作单 6：人工智能应用支撑学习反思** ——○○°

组号：＿＿＿＿＿   姓名：＿＿＿＿＿   学号：＿＿＿＿＿   检索号：＿＿＿＿＿

引导问题：

(1) 自查、分析小组在探究什么是人工智能的过程中存在的不足及改进方法，并填写下表。

不足之处	具体体现	改进措施

(2) 向优秀小组学习，说说哪个组的内容或行为值得学习。

＿＿＿＿＿＿＿＿＿＿＿＿＿＿＿＿＿＿＿＿＿＿＿＿＿＿＿＿＿＿＿＿＿＿＿＿＿＿

◆◆ **评价反馈** ◆◆

个人评价表

组号：_____　　姓名：_____　　学号：_____　　检索号：_____

班级				组名		日期	
评价指标	评 价 内 容					分数	得分
资源使用	能有效利用网络、图书资源查找有用的相关信息等；能将查到的信息有效地传递到工作中					10分	
感知课堂生活	是否在学习算法、算力、数据的有关知识中理解算力、算法和数据是人工智能应用的支撑，了解我国人工智能技术基础设施的水平和状况，认同工作价值；在学习实践中是否能获得满足感					20分	
交流沟通	积极主动与教师、同学交流，相互尊重、理解，平等相待；与教师、同学之间是否能够保持多向、丰富、适宜的信息交流					10分	
	能处理好合作学习和独立思考的关系，做到有效学习；能提出有意义的问题或能发表个人见解					10分	
学习方法	学习方法得体，是否获得了进一步学习的能力					15分	
辩证思维	是否能发现问题、提出问题、分析问题、解决问题、创新问题					10分	
学习效果	按时按要求完成了任务；较好地掌握了知识点；具有较强的信息分析能力和理解能力；具有较为全面严谨的思维能力并能条理清楚明晰表达成文和汇报					25分	
自 评 分 数							
有益的经验和做法							
总结反馈建议							

小组内互评表

组号：_____　　姓名：_____　　学号：_____　　检索号：_____

班级				组名		日期	
评价指标	评 价 内 容					分数	得分
资源使用	该同学能有效利用网络、图书资源查找有用的相关信息等；能将查到的信息有效地传递到工作中					5分	
感知课堂生活	该同学是否理解算力、算法和数据是人工智能应用的支撑的原因，了解我国人工智能技术基础设施的水平和状况，认同工作价值；在工作中是否能获得满足感					15分	
学习态度	该同学能否积极主动与教师、同学交流，相互尊重、理解，平等相待；与教师、同学之间是否能够保持多向、丰富、适宜的信息交流					15分	
	该同学能否处理好合作学习和独立思考的关系，做到有效学习；能提出有意义的问题或能发表个人见解					15分	
学习方法	该同学学习方法得体，是否获得了进一步学习的能力					15分	
思维态度	该同学是否能发现问题、提出问题、分析问题、解决问题、创新问题					10分	
学习效果	该同学是否按时按质完成任务；较好地掌握了知识点；具有较强的信息分析能力和理解能力；具有较为全面严谨的思维能力并能条理清楚明晰表达成文或汇报					25分	
评 价 分 数							
该同学的不足之处							
有针对性的改进建议							

小组间互评表

被评组号：　　　　　　　　　　检索号：　　　　　　　　

班级		评价小组		日期	
评价指标	评 价 内 容			分数	得分
汇报表述	表述准确			15分	
	语言流畅			10分	
	准确反映该组完成情况			15分	
流程完整正确	算力如何实现对人工智能应用的支撑			15分	
	算法如何实现对人工智能应用的支撑			15分	
	数据如何实现对人工智能应用的支撑			15分	
	我国人工智能技术基础设施水平和发展规划			15分	
互 评 分 数					
简要评述					

教师评价表

组号：　　　　　　姓名：　　　　　　学号：　　　　　　检索号：　　　　　

班级		组名		姓名	
出勤情况					
评价内容	评价要点	考察要点		分数	评分
资料利用情况	任务实施过程中资源查阅	(1) 是否查阅资源资料		20分	
		(2) 正确运用信息资料			
互动交流情况	组内交流，教学互动	(1) 积极参与交流		30分	
		(2) 主动接受教师指导			
任务完成情况	规定时间内的完成度	(1) 在规定时间内完成任务		20分	
	任务完成的正确度	(2) 任务完成的正确性		30分	
总分					

任务 1.2.2 人工智能应用行业探究

◆ **任务描述** ◆

会聊天的智能音箱、无所不知的机器人玩伴、平安好医生的"一分钟诊所"、自动化点单配菜的智能餐厅、自动送餐机器人、消毒液喷洒机器人以及人工智能追溯传染病传播路径……曾在科幻影片中出现的人工智能场景,如今在人们的生活中变得无处不在。人工智能正变得愈发聪明,人工智能也变得更加温暖,人工智能新技术已经融入生产生活的方方面面,各行各业正快速实现智能化,智能经济方兴未艾。未来已来,这是一个更加崭新和精彩的世界!人工智能与行业领域的深度融合将改变甚至重新塑造传统行业。请大家阅读材料,搜索网络资源,查找书籍,讨论人工智能在制造、家居、安防、医疗、智能机器人等行业的应用,从主要产品、核心技术和相关的典型企业三个方面进行总结和汇报。

◆ **学习目标** ◆

知识目标	能力目标	素质素养目标
(1) 了解人工智能技术在智能制造、智能家居、智慧医疗等行业的应用; (2) 了解各个行业中人工智能应用的主要产品、核心技术和典型企业。	(1) 能够感受人工智能技术为各行各业带来的影响; (2) 能从人工智能技术行业应用中总结未来职业岗位的新要求。	(1) 培养学生"以人为本"的技术服务情怀; (2) 坚定学生"科技报国"的理想信念。

◆ **任务分析** ◆

重 点	难 点
(1) 各个行业中人工智能应用的主要产品、核心技术和典型企业数据对人工智能应用的支撑作用; (2) 能够感受人工智能技术为各行各业带来的影响。	能从人工智能技术行业应用中总结未来职业岗位的新要求。

◆ **知识链接** ◆

一、 智能制造

三一重工的 18 号厂房,位于湖南长沙产业园的一个总装车间,总面积约十万平方米,有混凝土机械、路面机械、港口机械等多条装配线,

智能制造

是工程机械行业内颇负盛名的智能工厂，成为了行业内最先进的智能化制造车间之一，被业界称之为"最聪明的厂房"。这间厂房像是一个大型的智能计算系统加上传统的操作工具和大型生产设备的智慧体。装配区、高精机加区、结构件区、仓储物区等几大主要功能区域都实现了全方位自动化，它们都是智能化、数字化模式的产物。18 号厂房的厂区旁边有两块电视屏幕，不熟悉装配作业的工人，通过电子屏幕里的数字仿真和三维作业指导，可以学习和了解整个装配工艺——它们是一线工人的"老师"。每一台设备的生产状况、每一次的生产过程、每一件产品的质量检测、每一个工人的劳动量都被记录在案。18 号厂房经智能化车间改造后，生产效率大大提升，成为引领行业智能制造的"新灯塔"。美国《华尔街日报》对三一重工的 18 号厂房的评价是："这里藏有中国工业未来的蓝图"。那什么是智能制造呢？智能制造究竟"智能"在哪？智能制造中应用了哪些人工智能技术呢？

1. 什么是智能制造

智能制造是基于新一代信息通信技术与先进制造技术的深度融合，贯穿于设计、生产、管理、服务等制造活动的各个环节，具有自感知、自学习、自决策、自执行、自适应等功能的新型生产方式，如图 1.2.2.1 所示。

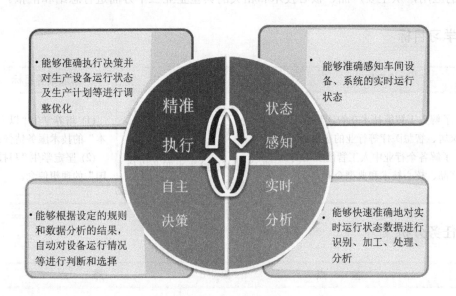

图 1.2.2.1　智能制造

2. 人工智能核心技术在智能制造行业的应用

人工智能技术是实现智能制造的核心技术之一。人工智能技术对智能制造行业的支持主要表现在智能装备、智能生产、智能服务。智能装备主要是将自动识别设备、工业机器人、数控机床等设备以及人机交互系统通过信息处理技术、人工智能技术等关键技术进行集成和深度融合，形成具有感知、分析、推理、决策、执行功能的智能生产系统。智能装备涉及图像识别、分析推理、自然语言处理、虚拟现实、智能建模及自主无人系统等人工智能关键技术。智能生产的核心是智能工厂，智能工厂也称为数字化车间，包括智能设计、智能生产、智能管理以及集成优化等具体内容，涉及跨媒体分析推理、大数据智能、机器学习等关键技术。智能服务涉及跨媒体分析推理、自然语言处理、大数据智能、高级机器学习等人工智能关键技术。

3. 智能制造领域的典型企业

广汽集团作为世界级智能制造的标杆工厂，充分贯彻"工业 4.0"理念，实现生产自动化、信息数字化、管理智能化、智造生态化有机融合，并以质量和效能为中心，提升生产效率，生产线极限速度可达到 52 秒下线一辆新车，是行业领先的汽车生产线。华为松山湖生产基地，从智能车间、智能工厂开始，通过智能制造实现高效、柔性的大规模客户定制，全球领先的生产工艺、手机品控的领先标准淋漓尽致地展现在这里。海尔集团深耕制造业三十余年，是世界第四大白色家电制造商，正在以构建"互联工厂"的核心思想，尝试从大规模"制造"发展为大规模"定制"的智能制造企业，将家电定制化这一美好畅想变为现实。海尔互联工厂拥有创新人工智能检测等多项行业领先技术，实现全流程数据链贯通，真正做到了用户订单驱动生产。富士康主要聚焦于工业互联网平台构建、云计算及高效能运算平台、高效运算数据中心、通信网络及云服务设备、5G 及物联网互联互通解决方案、智能制造新技术研发应用、智能制造产业升级、智能制造产能扩建等项目。

2019 年 10 月 1 日，在我国 70 周年国庆阅兵仪式上，我国向全世界展示了英姿飒爽的人民军队和海、陆、空三军最前沿的作战装备。当三列无人装备阵次缓缓前进时，不禁令我们眼前一亮，这一架架的无人装备，具备着满满的科技感与神秘感。目前军事无人机作为现代战争必不可少的一环，不仅可以完成侦察、打击、干扰等多种任务，还可有效避免人员伤亡，不愧是新一代的国之利器！

AI 记 事 本

《中国制造 2025》

2015 年 5 月，国务院印发《中国制造 2025》，这是我国实施制造强国战略第一个 10 年的行动纲领。《中国制造 2025》提出：加快机械、航空、船舶、汽车、轻工、纺织、食品、电子等行业生产设备的智能化改造，提高精准制造、敏捷制造能力，统筹布局和推动智能交通工具、智能工程机械、服务机器人、智能家电、智能照明电器、可穿戴设备等产品研发和产业化。发展基于互联网的个性化定制、众包设计、云制造等新型制造模式，推动形成基于消费需求动态感知的研发、制造和产业组织形式方式等，力争通过三个十年的努力，到新中国成立一百年时，制造业大国地位更加巩固，综合实力进入世界制造强国前列。

中国制造 2025

二、 智能机器人

2018 年，德勤财务机器人"小勤人"的上岗刷爆了整个朋友圈：国际四大会计师事务所之一的德勤会计师事务所将集人工智能技术为一体

智能机器人

的财务机器人"小勤人"引入会计、税务、审计等工作中。"小勤人"可以快速"阅读"并分析数千份复杂文件，替代了财务流程中的手工操作，特别是高重复的工作，工作效率超过三个全职员工，三个小时就能完成一个会计一天的工作量，并且解决了基础操作中大量的人力和时间，大大增强了数据的准确性。重点是"小勤人"能够全天 24 小时上班，并且全年无休！"小勤人"只是众多智能机器人中的一员，"小勤人"为什么这么能干呢？我们要从智能机器人说起。智能机器人的形象如图 1.2.2.2 所示。

图 1.2.2.2　智能机器人

1. 智能机器人的定义及分类

智能机器人是指具备不同程度的智能，可实现"感知—决策—行为—反馈"闭环工作流程，可协助人类生产、服务人类生活，可自动执行工作的各类机器装置。智能机器人可分为智能工业机器人、智能服务机器人和智能特种机器人。如表 1.2.2.1 所示。

表 1.2.2.1　智能机器人的分类

分类	产品名称	主　要　功　能
智能工业机器人	智能定位机器人	通过机器视觉系统结合双目摄像头，引导机械手进行准确的定位和运动控制
	智能检测机器人	检测生产线上的产品有无质量问题
智能服务机器人	智能家用机器人	协助完成家政服务及家庭特定场景需求
	智能医疗机器人	精确性诊断工具并辅助治疗
	智能公共服务机器人	标准化指令执行，如分拣、送餐、财务等
智能特种机器人	无人机	实现大面积巡检，实时监测和评估
	智能军用机器人	协助侦测，并执行特殊任务
	智能救援机器人	代替人类完成高危环境下的任务

2. 智能机器人行业的人工智能核心技术

智能机器人的核心技术主要聚焦在智能感知、智能认知和人机交互技术，同时依据应用领域的不同，智能机器人也存在着大量带有典型行业特征的特色关键技术。智能家用服务机器人重点应用移动定位技术和智能交互技术，达到服务范围全覆盖及家用陪护的目的；智能公共服务机器人重点运用智能感知认知技术、多模态人机交互技术、机械控制和移动定位技术等，实现应用场景的标准化功能的呈现和完成；智能特种机器人运用仿生材料结构、复杂环境动力学控制、微纳系统等前沿技术，替代人类完成高危环境和特种工况作业。智能工业机器人运用传感技术和机器视觉技术，具备触觉和简单的视觉系统，更进一步运用人机协作、多模式网络化交互、自主编程等技术增加自适应、自学习功能，引导工业机器人完成定位、检测、识别等更为复杂的工作，替代人工视觉应用于不适合人工作业的危险工作环境或人工视觉难以满足要求的场合；智能医疗服务机器人重点运用介入感知建模、微纳技术和生肌电一体化技术，以达到提升手术精度、加速患者康复的目的。智能特种机器人和智能服务机器人的实物分别如图 1.2.2.3 和图 1.2.2.4 所示。

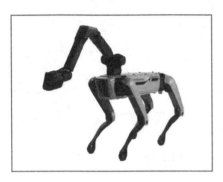

图 1.2.2.3　智能特种机器人

图 1.2.2.4　智能服务机器人

3. 智能机器人行业的典型企业

在智能工业机器人领域，有国际四大巨头：ABB(瑞士)、安川(日本)、发那科(日本)、库卡(德国)。国内智能工业机器人三巨头是沈阳新松、云南昆船和北京机科。沈阳新松主要提供的是自动化装配与检测生产线、物流与仓储自动化成套设备；云南昆船侧重烟草行业服务；北京机科主要侧重于印钞造币、轮胎及军工领域。

在智能服务机器人领域，美国 iRobot、中国科沃斯主要聚焦在用于卫生清洁的扫地机器人方面；美国 Intuitive Surgical 是一家专注于生产手术机器人的公司，达芬奇外科手术系统是该公司的代表产品；以色列 Rewalk 是一家生产康复医疗机器人的公司；荷兰 Hot-Cheers 则聚焦于智能分拣等细分领域。

在智能特种机器人领域，波士顿动力公司是一家专注于研发四足、六足和类人动力机器人的公司，该公司围绕着拥有液压驱动核心技术的"大狗"机器人，不断构筑技术壁垒；深圳大疆是全球领先的专注于研究无人飞行器控制系统及无人机解决方案的公司，在国内消费级无人机领域占有率达 75%，成为估值超百亿美元的"独角兽"企业；美国 Howeand&Howe Techonologies 则专注于生产消防机器人，并将其应用于应急救援场景。

三、　智能家居

早晨七点钟，轻柔的音乐缓缓响起，电动窗帘慢慢开启，温暖的阳光洒满卧室。智能系统为你播报今日的天气以及分享晨间新闻资讯，小厨师已在餐厅里为你准备好美味的早餐、暖暖的咖啡……新的一天就这样轻松开启。当你离开家时，家里的电器、窗帘、灯光自动关闭，"安防模式"开启，智能摄像机、智能门锁、煤气检测器、漏水检测器等开始工作，扫地机器人同时开启清扫模式。智能门锁一旦面临非法入侵，会发出本地报警，还能将报警信息发送至你的手机上，你出门在外再也不必担心家里的安全状况了。在这种环境中生活，你将会变得无比安心。这就是你未来的家——会思考的房子。

智能家居

1. 什么是智能家居

智能家居是以家庭住宅为平台，基于人工智能技术和物联网技术及云计算平台构建的
家居生态圈，涵盖智能冰箱、智能电视、智能空调等智能家电，智能音箱、智能手表等智能硬件，智能窗帘、智能衣柜、智能卫浴等智能家具，还包括智能家居环境管理等诸多方面，可实现远程控制设备、设备间互联互通、设备自我学习等功能，并通过收集、分析用户行为数据，为用户提供个性化生活服务，使家居生活安全、舒适、节能、高效、便捷。智能家居体系概念图如图1.2.2.5所示。

图1.2.2.5　智能家居体系

例如，借助智能语音技术，用户可使用
自然语言实现对家居系统各设备的操控，如开关窗帘(窗户)、操控家用电器和照明系统、打扫卫生等。借助机器学习技术，智能电视可以从用户看电视的历史数据中分析其兴趣和爱好，并将相关的节目推荐给用户。通过应用声纹识别、脸部识别、指纹识别等技术进行开锁等。通过大数据技术可以使智能家电实现对自身状态及环境的自我感知，并使其具有故障诊断能力。通过收集产品运行数据，发现产品异常，主动提供服务，降低故障率。还可以通过大数据分析、远程监控和诊断，快速发现问题、解决问题及提高效率。

2. 智能家居行业的人工智能核心技术

移动互联网技术的大规模普及应用，为人们精细化掌控人居环境质量与模式提供了基础支撑，人工智能技术的持续发展，又进一步促使人居环境中的管理、辅助、通信、服务、信息获取等功能再次实现智能化的组合优化，不断实现借助科技手段管理生活方式的目的。在此背景下，传感器技术、无线及近场通信设备、物联网技术、深度学习、大数据及云计算技术得到较多应用。传感器和通信设备对人居环境进行监测形成数据流，通过云计算和深度学习建立相应模型，再依托家用物联网对室内的电器设备乃至整个建筑的实时控制，将模型对应的参数和状态优化方案反馈到人居环境中，为人居生活的计划、管理、服务、支付等方面提供支持。

3. 智能家居行业的典型企业

具备智能人居解决方案的龙头企业众多，可大致分为传统家电厂商、智能硬件厂商、互联网电商及创新企业。海尔、美的聚焦智能家居终端；小米侧重于面向众多开发者提供硬件开放式接口；华为致力于提供软硬件一体化楼宇级解决方案；京东通过轻资产、互联网化的运营模式号召合作伙伴加入其线上平台和供应链；国安瑞通过数据挖掘提取特征，其产品包括终端硬件、系统智能云平台、建筑智能设备等，从而致力于提升室内人居感受和体验等。

四、智能安防

在人来人往的海关区域，身姿小巧的海关无人智能巡检查验车灵活

智能安防

穿行，提供智慧安防服务；机器人在相对宁静的城市地下综合管廊里来回检测，这是城市操作系统在新型城市基础设施建设中的应用体现；在大自然中，智慧水立方平台为江河湖泊全流域水环境管理和治理提供跟踪监测、实时预警。这是谁在守护我们的安全？让我们一起走进人工智能在安防领域的应用。

1. 智能安防的定义及与传统安防的区别

智能安防技术是一种利用人工智能对视频、图像进行存储和分析，从中识别安全隐患并对其进行处理的技术。智能安防与传统安防的最大区别在于智能化，传统安防对人的依赖性比较强，非常耗费人力，而智能安防能够通过机器进行智能判断，从而尽可能实现实时的安全防范和处理。

当前，高清视频、智能分析等技术的发展，使得安防从传统的被动防御向主动判断和预警发展，相关行业也从单一的安全领域向多行业应用发展，进而提升生产效率并提高生活智能化程度，为更多的行业和人群提供可视化及智能化方案。用户面对海量的视频数据，已无法简单利用人海战术进行检索和分析，需要采用人工智能技术作为专家系统或辅助手段，实时分析视频内容，探测异常信息，进行风险预测。从技术方面来讲，目前智能安防分析技术主要集中在两大类：一类是采用画面分割前景提取等方法对视频画面中的目标进行提取检测，通过不同的规则来区分不同的事件，从而实现不同的判断并产生相应的报警联动等，例如区域入侵分析、打架检测、人员聚集分析、交通事件检测等；另一类是利用模式识别技术，对画面中特定的物体进行建模，并通过大量样本进行训练，从而达到对视频画面中的特定物体进行识别，如车辆检测、人脸检测、人头检测(人流统计)等应用。

智能安防目前的应用监测场景涵盖街道社区、道路、楼宇建筑、机动车辆、移动物体等。今后智能安防还要解决海量视频数据分析、存储控制及传输问题，将智能视频分析技术、云计算及云存储技术结合起来，构建智慧城市下的安防体系，如图 1.2.2.6 所示。

图 1.2.2.6　智能安防体系

2. 智能安防中的人工智能核心技术

随着平安城市建设的不断推进,监控点位越来越多,从最初的几千路、几万路,到现在几十万路的规模,依托视频和卡口产生的海量数据,智能安防已经具备事后追查、事中防范响应、事前预防的全生命周期。目标检测、目标跟踪和目标属性提取等视频结构化技术,以及海量数据管理、大规模分布式计算和数据挖掘等大数据技术已经取代传统的人海战术,用于实时分析视频内容,探测异常信息,进行风险预测。利用视频结构化技术可以通过识别目标并持续跟踪生成图片结果,提取目标属性归纳可视化特征;大数据技术则用于采集、存储人工智能应用所涉及的全方位数据资源,并基于时间轴进行数据累积,开展特征匹配和模型仿真,辅助安防部门更快、更准地找到有效的资源,进行风险预测和评估。

3. 智能安防领域的典型企业

从提供的产品类型来看,智能安防领域的企业主要涉及人工智能芯片、硬件和系统、软件算法三大领域。在芯片领域,跨国巨头企业占较高市场份额,如美国英伟达和英特尔。在硬件和系统领域,各国均以采购本国产品为主,国内主要采购对象为海康威视和大华集团的产品,海康具有深厚的技术积累和成规模的研发团队,大华则持续构建广泛的营销网络;美国的 ADT、DSC、OPTEX 等高端品牌占据了安防市场大部分份额。在软件算法领域,美国谷歌、Facebook、微软提供了开源代码和整体解决方案,中国旷视科技、商汤科技、云从科技等企业也在专注于技术创新研发。

五、智能医疗

在 2020 年疫情期间,搭载了腾讯 AI 的医学影像产品——腾讯觅影 AI 和腾讯云技术的人工智能 CT 设备,部署在湖北多家医院,帮助医护人员进行诊疗。患者做完 CT 检查后,设备只需几秒钟就可完成 AI 识别,快速检出和判别疑似新冠肺炎的情况,自动勾勒病灶,通过自动化的统计和直方图显示,为医生快速挑出需要重点审阅的疑点,第一时间进行

智能医疗

准确的诊断,大幅缩短医生读片时间,提升工作效率并且降低误诊率,有效缓解了疫情初期医疗资源严重不足的问题。基于腾讯觅影在 AI+医疗探索上取得的突破,国家卫计委和国家工信部联合授予了其互联网医疗健康行业"墨提斯奖",该奖被誉为医疗健康行业的"图灵奖",代表着中国智能终端产业的最高荣誉。下面我们一起来看看人工智能在医疗领域的应用吧。

1. 什么是智能医疗

智能医疗以医疗信息平台为基础,利用最先进的人工智能技术、物联网技术,实现患者与医务人员、医疗机构、医疗设备之间的互动,逐步达到信息化。人工智能的快速发展,为医疗健康领域向更高的智能化方向发展提供了非常有利的技术条件。智能医疗的核心目标是运用人工智能技术对医疗案例和经验数据进行深度学习和决策判断,显著提高医疗机构和人员的工作效率并大幅降低医疗成本,同时,通过人工智能的引导和约束,促使患者自觉自查、加强预防,更早发现和更好地管理潜在疾病,这也是智能医疗在未来的重要发

展方向。

2. 智能医疗领域的核心技术

图像识别、语音语义识别、深度学习技术在医疗领域得到了广泛应用。在辅助诊疗方面，通过人工智能技术可以有效提高医护人员工作效率，提升一线全科医生的诊断治疗水平。如利用智能语音技术可以实现电子病历的智能语音录入；利用智能影像识别技术，可以实现医学图像自动读片；利用智能技术和大数据平台，可以构建辅助诊疗系统。在疾病预测方面，人工智能借助大数据技术可以进行疫情监测，及时有效地预测并防止疫情的进一步扩散和发展。在医疗影像辅助诊断方面，可以通过医学影像对特征进行提取和分析，为患者预前和预后的诊断和治疗提供评估方法和精准诊疗决策。这在很大程度上简化了人工智能技术的应用流程，节约了人力成本。

3. 智能医疗领域的典型企业

腾讯觅影 AI 辅诊开放平台是腾讯公司首款将人工智能技术运用到医学领域的产品。它聚合了腾讯公司内部包括 AI Lab、优图实验室、架构平台部等多个顶尖人工智能团队的能力，构建了由医疗机构、科研团体、器械厂商、AI 创业公司、信息化厂商、高等院校、公益组织等多方参与的医疗影像开放创新平台。"AI 医学影像"和"AI 辅助诊断"是腾讯觅影 AI 辅诊开放平台的两项核心能力，腾讯觅影 AI 通过模拟医生的成长学习来积累医学诊断能力，可辅助医生诊断、预测 700 多种疾病，涵盖了医院门诊 90% 的高频诊断，遵循与人类医生类似的学习过程。该学习过程主要分为三个阶段：首先，运用自然语言处理和深度学习等人工智能技术，学习、理解和归纳权威医学书籍文献、诊疗指南和病历等医疗信息，自动构建出一张"医学知识图谱"；然后，基于病历检索推理和知识图谱推理知识，建立诊断模型；最后，在人类医学专家的校验下，优化诊断模型。

微医云是国际首个专注于智能医疗的云平台，致力于打造医疗健康产业数字化、智能化基础设施。在场景连接和医疗数据基础上，微医云将通过大数据、云计算、机器学习等技术，开发医学人工智能辅助诊疗系统，让家庭通过健康终端，可以享受到医疗健康服务，为政府、医疗机构、医生、医疗健康企业等提供包含互联网医院、互联网医联体、家庭医生签约、智能分级诊疗、医学人工智能辅助诊疗、云药房、数字化医药集采、智能医保控费等在内的数十种智能医疗云和医学人工智能解决方案，提升中国医疗健康服务体系整体效能。

北京康夫子科技有限公司是一家专注于人工智能技术在医疗健康领域应用研发的技术驱动型公司，凭借国际领先的知识抽取和知识推理、表示等知识图谱构建技术，康夫子成功打造了"医疗大脑"知识内核(知识图谱)。康夫子医疗大脑以数万本医学书籍、千万篇医疗论文、数十万份临床病历为基础以保证数据的科学性，同时基于千万篇医疗问答将普通公众对症状的描述和对疾病的理解准确地映射在严肃医疗平面。因此，康夫子医疗大脑被业界广泛评价为"接地气"的临床辅助决策和循证医学产品。

由中国平安健康医疗科技有限公司打造的"平安好医生"平台以医生资源为核心，利用移动互联网平台进行医患实时沟通，包括预防保健、导医初诊、预约挂号等诊前服务，以及复诊随访、康复指导、慢病管理、用药提醒等诊后服务。平安好医生自主研发的国内首个中医"智能闻诊"系统融合 AI 医疗科技和传统中医理论精髓，通过采集用户声音并进行 AI 分析，识别其是否属于气郁、气虚、阳虚等中医体质，实现听音辨病。

◆ **素质素养养成** ◆

(1) 通过"更聪明更懂你""一键开启精致生活"、雪亮工程、智能医疗服务疫情诊疗等应用案例培养学生"以人为本"的技术服务意识；

(2) 通过中国制造 2025、超级装备书写强国传奇、国庆阅兵 70 周年阅兵智能装备展示视频、新一代国之利器等资料坚定学生"科技报国"的理想信念。

◆ **任务分组** ◆

学生任务分配表

班级		组号		指导教师	
分工明细	姓名(组长填在第 1 位)	学号		任务分工	

◆ **任务实施** ◆

○○○── 任务工作单 1：人工智能行业应用认知 ──○○○

组号：_____ 姓名：_____ 学号：_____ 检索号：_____

引导问题：

(1) 通过阅读材料、搜索网络资源、查找书籍，了解人工智能在制造、家居、安防、医疗等行业的应用，完成下表。

应用领域	主要产品	核心技术	典型企业
智能制造			
智能机器人			
智能家居			
智能安防			
智能医疗			

(2) 人工智能作为新一轮产业变革的核心驱动力，对传统行业带来了哪些影响？

_____

(3) 人工智能对我国社会经济建设带来了哪些新机遇？

_____

°°—— 任务工作单 2：人工智能行业应用讨论 ——°°

组号：_____　姓名：_____　学号：_____　检索号：_____

引导问题：

(1) 各组从以下主题中选择 1 个，小组长组织讨论，教师参与引导。

主题 1	查找资料，讨论总结智能制造领域还有哪些典型企业和典型人物
主题 2	未来大量重复可标准化、流程化的工作将完全被更精准、快速的人工智能机器人所取代，你的专业安全吗？
主题 3	目前智能家居智能化水平和应用情况怎样，你们认为智能家居行业未来会有怎样的发展趋势？
主题 4	查找并汇总资料，谈谈你们生活学习的城市、小区或校园内的智能安防的应用情况，并预测一下它们的发展趋势
主题 5	查找资料，哪些智能医疗平台和系统为我国新冠肺炎的防治作出了贡献，智能技术在其中发挥了哪些作用

(2) 各组对讨论结果进行分工协作，完成总结汇报 PPT。

_____

°°—— 任务工作单 3：人工智能行业应用展示汇报 ——°°

组号：_____　姓名：_____　学号：_____　检索号：_____

引导问题：

各组在完成任务工作单 2 的基础上，选派代表对本组的主题进行展示汇报。

_____

°°—— 任务工作单 4：人工智能行业应用探究反思 ——°°

组号：_____　姓名：_____　学号：_____　检索号：_____

引导问题：

(1) 自查、分析小组在探究人工智能行业应用的过程中存在的不足及改进方法，并填写下表。

不足之处	具体体现	改进措施

(2) 向优秀小组学习，总结哪个小组的展示汇报或哪部分内容对你的启发和收获最大。

评价反馈

个人评价表

组号：_____ 姓名：_____ 学号：_____ 检索号：_____

班级			组名		日期	
评价指标	评 价 内 容				分数	得分
资源使用	能有效利用网络、图书资源查找有用的相关信息等；能将查到的信息有效地传递到工作中				10 分	
感知课堂生活	是否能了解智能制造、智能家居、智慧医疗等行业应用到的人工智能技术，能够感受人工智能技术为各行各业带来的影响，能够感受人工智能技术对未来职业岗位的新要求，认同工作价值；在学习实践中是否能获得满足感				20 分	
交流沟通	积极主动与教师、同学交流，相互尊重、理解、平等相待；与教师、同学之间是否能够保持多向、丰富、适宜的信息交流				10 分	
	能处理好合作学习和独立思考的关系，做到有效学习；能提出有意义的问题或能发表个人见解				10 分	
学习方法	学习方法得体，是否获得了进一步学习的能力				15 分	
辩证思维	是否能发现问题、提出问题、分析问题、解决问题、创新问题				10 分	
学习效果	按时按要求完成了任务；较好地掌握了知识点；具有较强的信息分析能力和理解能力；具有较为全面严谨的思维能力并能条理清楚明晰表达成文和汇报				25 分	
自 评 分 数						
有益的经验和做法						
总结反馈建议						

小组内互评表

组号：_____ 姓名：_____ 学号：_____ 检索号：_____

班级			组名		日期	
评价指标	评 价 内 容				分数	得分
资源使用	该同学能有效利用网络、图书资源查找有用的相关信息等；能将查到的信息有效地传递到工作中				5 分	
感知课堂生活	该同学是否了解智能制造、智能家居、智慧医疗等行业应用到的人工智能技术、主要产品和典型企业，能够感受人工智能技术为各行各业带来的影响，能够感受人工智能技术对未来职业岗位的新要求，认同工作价值；在工作中是否能获得满足感				15 分	

续表

班级		组名		日期	
学习态度	该同学能否积极主动与教师、同学交流，相互尊重、理解，平等相待；与教师、同学之间是否能够保持多向、丰富、适宜的信息交流			15 分	
	该同学能否处理好合作学习和独立思考的关系，做到有效学习；能提出有意义的问题或能发表个人见解			15 分	
学习方法	该同学学习方法得体，是否获得了进一步学习的能力			15 分	
思维态度	该同学是否能发现问题、提出问题、分析问题、解决问题、创新问题			10 分	
学习效果	该同学是否能按时按质完成任务；较好地掌握了知识点；具有较强的信息分析能力和理解能力；具有较为全面严谨的思维能力并能条理清楚明晰表达成文或汇报			25 分	
评价分数					
该同学的不足之处					
有针对性的改进建议					

小组间互评表

被评组号：_____　　检索号：_____

班级		评价小组		日期	
评价指标		评价内容		分数	得分
汇报表述	表述准确			15 分	
	语言流畅			10 分	
	准确反映该组完成情况			15 分	
流程完整正确	选择的案例是选择的主题的典型应用			20 分	
	案例素材丰富，容易理解			20 分	
	选择的主题总结结论或者预测的趋势有支撑素材和数据			20 分	
互 评 分 数					
简要评述					

教师评价表

组号：_____　　姓名：_____　　学号：_____　　检索号：_____

班级		组名		姓名		
出勤情况						
评价内容	评价要点		考察要点		分数	评分
资料利用情况	任务实施过程中资源查阅		(1) 是否查阅资源资料		20分	
			(2) 正确运用信息资料			
互动交流情况	组内交流，教学互动		(1) 积极参与交流		30分	
			(2) 主动接受教师指导			
任务完成情况	规定时间内的完成度		(1) 在规定时间内完成任务		20分	
	任务完成的正确度		(2) 任务完成的正确性		30分	
总分						

模 块 二

人工智能技术应用

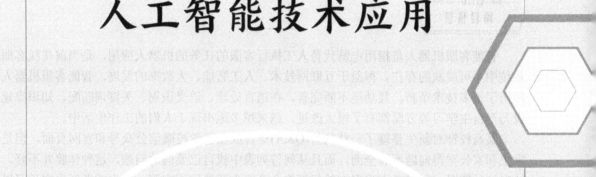

项目 2.1 语音识别技术应用
—— 开发校园智能客服机器人

项目情景

智能客服机器人是指用电脑代替人工执行客服的任务的机器人应用，是当前在线客服系统中不可或缺的存在。得益于互联网技术、人工智能、大数据的发展，智能客服机器人经历了很多技术革新，其功能不断完善，在语言处理、语义识别、关键词匹配、知识库建设乃至自主学习等方面都有了很大改进，越来越多地出现于人们的工作生活中。

某高校针对新生整理了一些问答(Q&A)集合放在了学校微信公众号和官网页面，但是学生和家长觉得问题不够全面，而且从问答列表中找自己要问的问题，这种体验并不好。针对这种情况，可以考虑将现有的问答集合升级为智能校园客服，新生或者新生家长可以语音提问，由客服机器人进行相应的语音回答。

项目导览

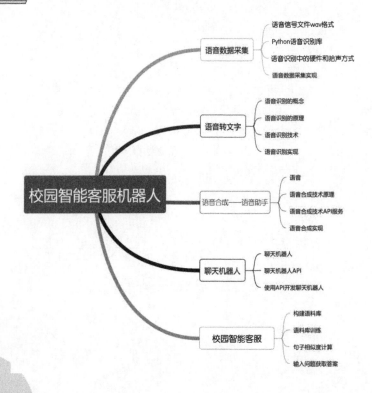

项目目标

- 理解语音识别原理；
- 了解语音识别技术应用；
- 掌握语音采集和处理的方法；
- 了解自然语言处理关键技术；
- 能调用 API 进行语音识别的应用开发。

思政聚焦

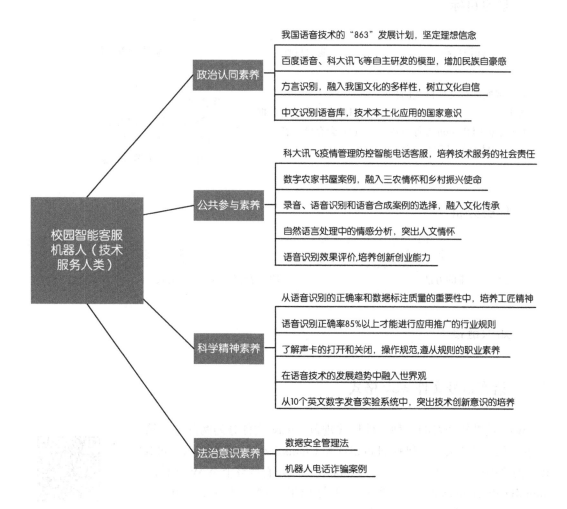

任务 2.1.1 语音数据采集

◆ **任务描述** ◆

利用麦克风分别用普通话和粤语录制"强国有我，请党放心！我是 XXX"(重复两遍)并保存到本地，文件格式为 WAV，录音时间持续 10 秒。

◆ **学习目标** ◆

知识目标	能力目标	素质素养目标
(1) 掌握声音文件格式的相关知识； (2) 掌握用 Python 进行声音文件采集储存的过程和方法。	(1) 能采集语音数据； (2) 会存储声音文件。	(1) 培养精益求精、专心细致的工作作风； (2) 培养数据保护意识； (3) 培养遵守规范的意识； (4) 培养热爱劳动的意识。

◆ **任务分析** ◆

重　　点	难　　点
语音数据采集的方法。	将声音存储为 WAV 格式。

◆ **知识链接** ◆

一、语音信号文件 wav 格式

wav 是微软开发的一种文件格式规范，wav 文件分为两部分。第一部分是"总文件头"，包括 chunkID 和 ChunkSize 两个信息。chunkID，其值为"RIFF"，占四个字节；ChunkSize，其值是整个 WAV 文件除去 chunkID 和 ChunkSize，后面所有文件大小的字节数，占四个字节。第二部分是 Format，其值为"wave"，占四个字节。它包括两个子 chunk(块)，分别是"fmt"和"data"。fmt 子 chunk 中定义了该文件格式的参数信息，对于音频而言，包括采样率、通道数、位宽、编码等等；data 部分

语音数据
采集知识

是"数据块"，即一帧一帧的二进制数据，对于音频而言，就是原始的 PCM 数据。从语音识别的原理可以知道，将语音数据文件存储为 wav 格式是最好的。

 二、Python 语音识别库

Python 使用者可通过各大平台提供的开源 API 在线使用一些语音识别服务，且其中大部分也提供了 Python SDK。比如 PyPI(Python Package Index，Python 语言的官方软件包索引)中就有很多现成的语音识别软件包，包括：

- apiai
- google-cloud-speech
- pocketsphinx
- SpeechRcognition
- watson-developer-cloud
- wit

因为这些语音识别软件包中已经包括了语音识别的模型，所以我们通过 pip install 方法安装对应的软件包就可以调用其中的函数来实现语音识别功能。有的软件包甚至提供了一些超出基本语音识别的内置功能，比如 wit 和 apiai 就包括了识别讲话者意图的自然语言处理功能。其他语音软件包则侧重在语音转文本功能，其中谷歌云语音 API 中的 SpeechRecognition 包因便于使用脱颖而出。

PyAudio 是一个跨平台的音频 I/O 库，通过 PyAudio 库可以进行录音、播放、生成 WAV 文件等。PyAudio 提供了 PortAudio 的 Python 语言版本，使用 PyAudio 不仅可以在 Python 程序中播放和录制音频，还可以为 PoTaTudio 提供的 Python 绑定功能实现跨平台调用音频 I/O 库。这样，通过 PyAudio 就可以轻松地使用 Python 在各种平台上播放和录制音频，例如 GNU/Linux、微软 Windows 和苹果 Mac OS X/MACOS。

三、语音识别中的硬件和拾声方式

1. 传声器

传声器通常称为麦克风(如图 2.1.1.1 所示)，是一种将声音转换成电子信号的换能器，即把声信号转成电信号，其核心参数有灵敏度、指向性、频率响应、阻抗、动态范围、信噪比、最大声压级(或 AOP，即声学过载点)、一致性等。传声器是语音识别的核心器件，决定了语音数据的基本质量。

图 2.1.1.1　麦克风

2. 扬声器

扬声器通常称为喇叭(一般用图 2.1.1.2 所示的图标表示)，是一种把电信号转变为声信号的换能器件，扬声器的性能优劣对音质的影响很大，其核心指标是 TS 参数。语音识别中由于涉及回声抵消，对扬声器的总谐波失真要求稍高。

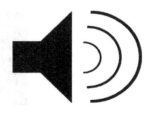

图 2.1.1.2　扬声器图标

3. 激光拾声

激光拾声是主动拾声的一种方式，通过激光的反射等方法拾取远处的振动信息，并将其还原成为声音。这种方法以前主要应用在窃听领域，但是目前来看，将这种方法应用到语音识别上还比较困难。

4. 微波拾声

微波是指波长介于红外线和无线电波之间的电磁波，频率范围大约在 300 MHz 至 300 GHz 之间，同激光拾声的原理类似，只是微波在通过玻璃、塑料和瓷器时几乎不会被吸收。

5. 高速摄像头拾声

高速摄像头拾声是指利用高速摄像机来拾取振动信息从而将其还原为声音，这种方式需要合适的可视范围，一般只在一些特定场景应用。

四、 语音数据采集实现

在了解了语音数据的相关知识后，我们使用 Python 语音识别库中的 pyaudio 和即插即用的 PC 端麦克风来采集一段 10 秒的语音并以 wav 格式保存到本地。

(1) 安装 pyaudio、wave 依赖库。我们采用 pip install 命令方式，参考如下：

pip install PyAudio

pip install wave

(2) 新建一个 Python 文件，通过 import pyaudio 创建 PyAudio 对象，打开声卡，创建缓存空间，参考代码如图 2.1.1.3 所示。

```
import pyaudio
import wave

CHUNK = 256                    #设置底层缓存的块的大小为256
FORMAT = pyaudio.paInt16       #设置采样深度为16位
CHANNELS = 2                   #设置声道数为2
RATE = 16000                   #设置采样率16
RECORD_SECONDS = 10            #录音时长10s
#实例化一个PyAudio对象
p = pyaudio.PyAudio()
#打开声卡
stream = p.open(format=FORMAT,
                channels=CHANNELS,
                rate=RATE,
                input=True,
                frames_per_buffer=CHUNK)
```

图 2.1.1.3　创建 PyAudio 对象并打开声卡

(3) 录音 10 秒，并且将音频数据存储到列表，参考代码如图 2.1.1.4 所示。

```
#创建列表用来存储采样的音频数据
record_buf = []

print("*** 开始录音: 请在10秒内输入语音***")
for i in range(0, int(RATE / CHUNK * RECORD_SECONDS)):
    data = stream.read(CHUNK)
    record_buf.append(data)#将读取的音频数据追加到列表
print("*** 录音结束****")
```

图 2.1.1.4　录音 10 秒并保存到列表

（4）通过 wave 库将音频数据写到 wav 格式的文件中，参考代码如图 2.1.1.5 所示。

```
wf = wave.open('audio1.wav', 'wb')      #以只写模式创建一个名为"audio1.wav"的音频文件
wf.setnchannels(CHANNELS)               #设置声道数
wf.setsampwidth(p.get_sample_size(FORMAT))#设置采样深度
wf.setframerate(RATE)                   #设置采样率
wf.writeframes(b''.join(record_buf))    #将数据写入到创建的音频文件
```

图 2.1.1.5　将音频文件保存为 wav 格式

（5）录音结束后，停止并关闭声卡，参考代码如图 2.1.1.6 所示。不管是从数据安全还是资源管理方面，这一步操作都是必需的。

```
wf.close()               #写完后关闭文件
stream.stop_stream()     #停止声卡
stream.close()           #关闭声卡
p.terminate()            #终止pyaudio
```

图 2.1.1.6　关闭声卡

经过以上 5 个步骤，运行程序，当出现提示后开始录音，10 秒后录音自动结束，会出现如图 2.1.1.7 中的提示信息，程序文件所在目录下会新增 "audio1.wav" 文件，效果如图 2.1.1.8 所示。请播放 audio1.wav，听听看是不是刚刚录制的声音？

```
***开始录音：请在10秒内输入语音***
***录音结束****
```

图 2.1.1.7　运行程序录音阶段提示

图 2.1.1.8　wav 格式的录音文件

AI 记 事 本

大规模语料资源对语音识别极其重要

　　随着互联网的快速发展，以及手机等移动终端的普及应用，可以从多个渠道获取大量文本或语音方面的语料，这为语音识别中的语言模型和声学模型的训练提供了丰富的资源，使得构建通用大规模语言模型和声学模型成为可能。在语音识别中，训练数据的匹配和丰富性是推动系统性能提升的最重要因素之一，但是语料的标注和分析需要长期的积累和沉淀，进入大数据时代，大规模语料资源的积累将提到战略高度。

大规模语料资源对语音识别极其重要

素质素养养成

(1) 在数据采集过程中，严格根据录制声音设置对应的参数，养成遵守规范的意识；

(2) 在录制声音过程，多测试几次，选择音质效果最好的作为数据样本，养成精益求精的工作作风；

(3) 在实践过程中，了解语料数据的重要性，注意数据样本的保护；

(4) 用完录音耳机请放回原处，要养成热爱劳动的意识。

任务分组

学生任务分配表

班级		组号		指导教师	
分工明细	姓名(组长填在第1位)	学号		任务分工	

任务实施

1. 工作准备

———— 任务工作单 1：语音采集工作环境准备 ————

组号：＿＿＿＿＿＿   姓名：＿＿＿＿＿＿   学号：＿＿＿＿＿＿   检索号：＿＿＿＿＿＿

引导问题：

(1) 用 Python 语言录制声音和保存 wav 文件的库文件是什么？

＿＿＿＿＿＿＿＿＿＿＿＿＿＿＿＿＿＿＿＿＿＿＿＿＿＿＿＿＿＿＿＿＿＿＿＿＿＿

(2) 检查本机是否已经安装录制声音和保存 wav 文件所用的包，如果没有请安装。请将检测结果截图展示。

(3) 简述你是怎么检查或者安装库文件的。

＿＿＿＿＿＿＿＿＿＿＿＿＿＿＿＿＿＿＿＿＿＿＿＿＿＿＿＿＿＿＿＿＿＿＿＿＿＿

°∘○── **任务工作单 2：语音采集流程确定** ──○∘°

组号：_____　　姓名：_____　　学号：_____　　检索号：_____

引导问题：

(1) 用 Python 语言进行录音采集的流程有哪些？

_____

(2) 总结进行语音数据采集的每个环节的实现代码。

_____

2. 优化利用电脑麦克风进行语音数据采集的流程

°∘○── **任务工作单 3：语音数据采集流程优化(讨论)** ──○∘°

组号：_____　　姓名：_____　　学号：_____　　检索号：_____

引导问题：

(1) 小组交流讨论，确定语音数据采集流程和每个环节的实现方法。

_____

(2) 请记录自己在语音录制过程中出现的问题。

_____

°∘○── **任务工作单 4：语音数据采集流程优化(展示)** ──○∘°

组号：_____　　姓名：_____　　学号：_____　　检索号：_____

引导问题：

(1) 每小组推荐一位小组长，汇报实现过程，借鉴各组分享的经验，进一步优化实现的步骤。

_____

(2) 检查自己不足的地方。

_____

°∘○── **任务工作单 5：语音数据采集实施** ──○∘°

组号：_____　　姓名：_____　　学号：_____　　检索号：_____

引导问题：

(1) 按照正确的流程和实现方法，完成声音录制并保存到本地电脑硬盘。

_____

(2) 自查语音数据采集过程中出现的错误并分析原因。

_____

评价反馈

个人评价表

组号：_____　　　姓名：_____　　　学号：_____　　　检索号：_____

班级			组名		日期	
评价指标		评价内容			分数	得分
资源使用	能有效利用网络、图书资源查找有用的相关信息等；能将查到的信息有效地传递到工作中				10分	
感知课堂生活	是否掌握利用麦克风进行语音数据采集的方法，认同工作价值；在学习实践中是否能获得满足感				10分	
交流沟通	积极主动与教师、同学交流，相互尊重、理解、平等相待；与教师、同学之间是否能够保持多向、丰富、适宜的信息交流				15分	
	能处理好合作学习和独立思考的关系，做到有效学习；能提出有意义的问题或能发表个人见解				15分	
学习方法	学习方法得体，是否获得了进一步学习的能力				15分	
辩证思维	是否能发现问题、提出问题、分析问题、解决问题、创新问题				10分	
学习效果	按时按要求完成了任务；较好地掌握了知识点；具有较强的信息分析能力和理解能力；具有较为全面严谨的思维能力并能条理清楚明晰表达成文和汇报				25分	
自评分数						
有益的经验和做法						
总结反馈建议						

小组内互评表

组号：_____　　　姓名：_____　　　学号：_____　　　检索号：_____

班级			组名		日期	
评价指标		评价内容			分数	得分
资源使用	该同学能有效利用网络、图书资源查找有用的相关信息等；能将查到的信息有效地传递到工作中				10分	
感知课堂生活	该同学是否已经掌握至少一种语音数据采集的方法，认同工作价值；在工作中是否能获得满足感				10分	
学习态度	该同学能否积极主动与教师、同学交流，相互尊重、理解、平等相待；与教师、同学之间是否能够保持多向、丰富、适宜的信息交流				15分	
	该同学能否处理好合作学习和独立思考的关系，做到有效学习；能提出有意义的问题或能发表个人见解				15分	
学习方法	该同学学习方法得体，是否获得了进一步学习的能力				15分	
思维态度	该同学是否能发现问题、提出问题、分析问题、解决问题、创新问题				10分	
学习效果	该同学是否能按时按质完成任务；较好地掌握了知识点；具有较强的信息分析能力和理解能力；具有较为全面严谨的思维能力并能条理清楚明晰表达成文或汇报				25分	
评价分数						
该同学的不足之处						
有针对性的改进建议						

小组间互评表

被评组号：_____　　　　检索号：_____

班级		评价小组		日期	
评价指标	评 价 内 容			分数	得分
汇报 表述	表述准确			15 分	
	语言流畅			10 分	
	准确反映该组完成情况			15 分	
流程完整正确	语音采集的过程完整			10 分	
	语音采集的环节正确			20 分	
	语音文件格式和存储正确			10 分	
	录音文件内容清晰、时长与要求一致(内容不违法违规)			20 分	
	互评分数				
简要评述					

教师评价表

组号：_____　　姓名：_____　　学号：_____　　检索号：_____

班级		组名		姓名	
出勤情况					
评价内容	评价要点	考察要点		分数	评分
资料利用情况	任务实施过程中资源查阅	(1) 是否查阅资源资料		20 分	
		(2) 正确运用信息资料			
互动交流情况	组内交流，教学互动	(1) 积极参与交流		30 分	
		(2) 主动接受教师指导			
任务完成情况	规定时间内的完成度	(1) 在规定时间内完成任务		20 分	
	任务完成的正确度	(2) 任务完成的正确性		30 分	
总分					

任务 2.1.2　语音转文字

任务描述

请用 Python 语言调用百度 API 实现语音输入功能，即实现通过麦克风输入语音，在 PC 端输出对应的文字内容，如图 2.1.2.1 所示。

图 2.1.2.1　语音文件转换成中文文本

学习目标

知识目标	能力目标	素质素养目标
(1) 掌握利用官方文档调用 API 的方法。 (2) 理解语音转文本 ASR 方法中参数的意义。 (3) 理解转换后的数据字典文件信息。	(1) 能调用 API 将本地的语音文件转换成文本信息数据字典。 (2) 能从数据字典中获取文本的内容。	(1) 培养遵守规范的意识； (2) 培养学生人文关怀的意识； (3) 培养学生技术服务的意识。

任务分析

重　　点	难　　点
调用百度API的ASR函数实现将语音文件转换文本信息。	从 ASR 转换后的结果中获取 result 关键字的值。

知识链接

一、语音识别的概念

语音识别，又称为自动语音识别(Automatic Speech Recognition，

语音识别认知

ASR)、语音转文本(Speech to Text，STT)，其核心任务就是将人类的语音转换成对应的文字，让机器"听懂"人类的语音。语音识别技术的出现为人机交互的发展提供了新的方向。随着人工智能的发展，智能语音功能早已在车载、智能家居、手机端等场景中实现，语音对话机器人、语音助手、互动工具等智能产品也走进了人们的日常生活。

二、　语音识别的原理

语音识别可分为"输入—编码—解码—输出"四个步骤。

(1) 通过硬件输入声音信号。声音是一种波，输入声音信号其实就是输入一段声波文件。常见的音频文件如 mp3；其文件格式都是压缩格式，因此必须将其转成非压缩的纯波形文件来处理，比如 Windows PCM 文件，也就是 WAV 文件。WAV 文件里存储的除了一个文件头以外，就是声音波形的一个个点了，如图 2.1.2.2 所示。

图 2.1.2.2　声波

(2) 对输入的音频进行信号处理，即进行帧(毫秒级)拆分。图 2.1.2.3 中每个竖条是一帧，将拆分出的小段波形按照人耳特征转换成多维向量信息，将若干帧的信息组合并识别为相应的状态。这个过程叫做声学特征提取。

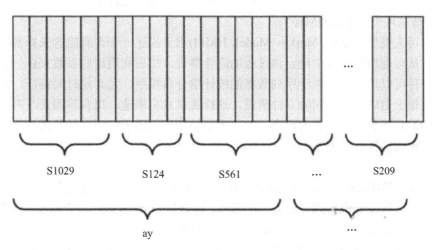

图 2.1.2.3　声学特征提取

(3) 将第(2)步中的状态组合形成音素，通常 3 个状态可组合成 1 个音素。

(4) 将音素组成字词并串连成句。

经过以上四个步骤就实现将语音转换成文字了。

三、语音识别技术

1. 端点检测

端点检测(Voice Activity Detection，VAD)主要用于区分一段声音是有效的语音信号还是非语音信号。VAD 是语音识别中检测句子之间停顿的主要方法，通常采用信号处理和基于机器学习的方法来实现。

2. 特征提取

特征提取就是从时域的声音原始信号中通过某类方法提取出固定的特征序列，为训练声学模型准备输入。事实上，深度学习训练的模型不会脱离物理的规律，只是把幅度、相位、频率以及各个维度的相关性进行了更多的特征提取。

3. 声学模型

声学模型是语音识别中最为关键的部分，以特征提取部分生成的特征作为输入序列，并为可变长的特征序列生成声学模型分数。声学模型的核心是要解决特征向量的可变长问题和声音信号的多变性问题。事实上，语音识别的发展基本上都是指声学模型的发展。声学模型经过了多年迭代，已经有了很多模型，比较有代表性的是高斯混合模型(GMM)、隐马尔可夫模型(HMM)和深度学习，除此之外还包括语言模型和解码搜索。

(1) 高斯混合模型(GMM)。

高斯混合模型(Gaussian Mixture Model，GMM)是基于傅里叶频谱语音特征的统计模型，可以通过不断迭代优化求取加权系数及各个高斯函数的均值与方差。GMM 模型训练速度较快，声学模型参数量小，适合离线终端应用。深度学习应用到语音识别之前，GMM-HMM 混合模型一直都是优秀的语音识别模型。但是 GMM 不能有效对非线性或近似非线性的数据进行建模，很难利用语境的信息，扩展模型比较困难。

(2) 隐马尔可夫模型(HMM)。

隐马尔可夫模型(Hidden Markov Model，HMM)用于描述一个含有隐含未知参数的马尔可夫过程，从可观察的参数中确定该过程的隐含参数，然后利用这些参数来进一步分析。HMM 是一种可以估计语音声学序列数据的统计学分布模型，尤其是时间特征，但是这些时间特征依赖于 HMM 的时间独立性假设，这样就很难将语速、口音等因素与声学特征关联起来。HMM 还有很多扩展的模型，但是大部分还只适用于小词汇量的语音识别，对于大规模语音识别仍然非常困难。

(3) 深度学习。

深度神经网络(Deep Neural Network，DNN)，是较早用于声学模型的神经网络，DNN 可以提高基于高斯混合模型的数据表示的效率，特别是 DNN-HMM 混合模型，该模型大幅度地提升了语音识别率。由于 DNN-HMM 只需要有限的训练成本便可得到较高的语音识别率，因此其目前仍然是语音识别工业领域常用的声学模型。循环神经网络(RNN)和卷积神经网络(CNN)在语音识别领域的应用，主要是解决如何利用可变长度语境信息的问题，CNN/RNN 比 DNN 在语速鲁棒性方面的表现更好一些。

(4) 语言模型。

最常见的通过训练语料学习词之间的关系来估计词序列的可能性的语言模型是

N-Gram 模型。近年来，深度神经网络的建模方式也被应用到语言模型中，比如基于 CNN 及 RNN 的语言模型。

(5) 解码搜索。

解码是决定语音识别速度的关键因素，解码过程通常是将声学模型、词典以及语言模型编译成一个网络，基于最大后验概率的方法，选择一条或多条最优路径作为语音识别结果。解码过程一般可以划分动态编译和静态编译，或者同步与异步的两种模式。目前比较流行的解码方法是基于树拷贝的帧同步解码方法。

4. 语音识别开源平台和开放平台

语音识别的开源平台很多，但是部署应用相当复杂，特别是基于深度学习的开源平台，需要大量的计算和数据以训练引擎，这对于一般的用户来说也是一个非常高的技术门槛。因此对于一般的创业型公司，显然自己部署语音识别引擎也不划算，而且语音识别技术需要强大的算力支撑，很难离线部署到本地进行应用开发。科大讯飞、百度等企业的开放平台提供了 API 免费供开发者使用，所以一般企业都选择通过开放平台的 API 进行语音识别产品开发，下面对其中的一些典型进行简单介绍。

(1) Nuance 公司是语音识别领域的老牌劲旅，除了语音识别技术外，还专注于语音合成、声纹识别等技术。Nuance Voice Platform(NVP)是 Nuance 公司推出的语音互联网平台，是一个开放的、基于统一标准的语音平台产品，它支持在客户公司已有的 IT 投资和基础设备上同时可以加入语音的应用。

(2) Microsoft Speech API(SAPI)是微软推出的包含语音识别(SR)和语音合成(SS)引擎的应用编程接口。SAPI 支持多种语言的识别和朗读，包括英文、中文、日文等。

(3) 语音识别领域自然少不了苹果和谷歌两个大公司，但是国内的众多创业用户却难以使用或访问。如果开发的产品主要部署在国外，则 Google Speech API 是可以备选的，因为在这种情况下这个 API 调用起来更加方便。

(4) 科大讯飞于 1999 年成立，作为中国最大的智能语音技术提供商，其在智能语音技术领域有着长期的研究积累，并在中文语音合成、语音识别、口语评测等多项技术上拥有国际领先的成果。科大讯飞目前提供语音识别、语音合成、声纹识别等全方位的语音交互技术，也是目前国内创业团队使用的最为广泛的开放语音识别平台。

(5) 百度语音自从和中科院声学所合作以后，在贾磊的带领下短时间内便建立起来了自己的引擎，而且打出了永久免费的口号，在很多领域抢占了一定的市场。

国内的语音识别开放平台还有很多，并且和国外有所不同，这些开放平台的公司都是专注于语音识别的专业公司，比如云之声、思必驰、捷通华声等。

四、 语音识别实现

语音识别技术需要强大的算力支撑，所以很难离线部署到本地进行应用开发，但是科大讯飞、百度等企业的开放平台提供了 API 免费供开发者使用。这里我们利用 Python 语言调用百度 API 实现将采集的语音文件转换成中文文本输出。

(1) 进入百度 AI 官网(https://cloud.baidu.com)，注册账号并领取语音识别服务资源，创建语音识别应用。

① 通过点击百度 AI 官网(https://cloud.baidu.com)首页右上角的"免费注册"(如图 2.1.2.4 所示)进入用户注册页面(如图 2.1.2.5 所示)，填写注册信息完成注册。

图 2.1.2.4　百度 AI 官网首页

图 2.1.2.5　百度 AI 官网注册页面

② 注册成功后请登录，单击页面右上角的"管理控制台"(如图 2.1.2.6 所示)进入管理中心页面，接着打开左侧产品服务列表，选择"人工智能"→"语音技术"(如图 2.1.2.7 所示)，进入"语音技术-概览"页面，选择"创建应用"(如图 2.1.2.8 所示)。

图 2.1.2.6　登录后的百度 AI 官网首页

图 2.1.2.7 管理中心页面"产品服务"列表

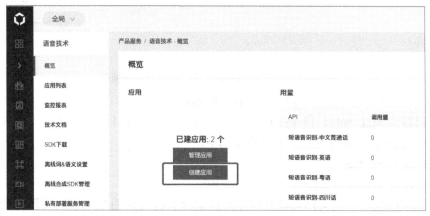

图 2.1.2.8 语音技术-概览页面

③ 在创建应用页面(如图 2.1.2.9 所示)填写新应用的信息完成应用创建。创建成功后单击左侧的"应用列表"可以查看列表信息，包括应用的 ID、Key 和 Secret Key，这些信息后面调用 API 的时候需要用到。应用列表页面如图 2.1.2.10 所示。

图 2.1.2.9 语音技术-应用列表/创建应用页面

图 2.1.2.10 应用列表页面

④ 在"语音技术-概览"页面领取语音识别和语音合成的免费资源额度，可通过单击图 2.1.1.11 中方框标记的地方来实现。

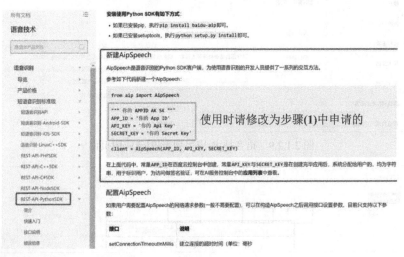

图 2.1.2.11　语音识别和语音合成免费资源领取

(2) 安装 python 依赖包 baiduaip 和 SpeechReconition。

前面已经安装过 wave 和 pyaudion 库了，此处我们就可以直接引用，但还需要安装baiduaip 和 SpeechReconition 包，参考命令如下：

pip install baidu-aip

pip install SpeechRecognition

(3) 学习百度的官方文档，根据官方文档简介和接口说明编写代码实现语音转文本功能。

① 新建 AipSpeech 对象。打开"语音技术-技术文档"页面，在左侧列表中选择"语音识别-短语音识别标准版"下的"Rest-API-PythonSDK"，这是 Python 语言开发的技术文档。在"快速入门"页面提供了新建 AipSpeech 的参考代码，如图 2.1.2.12 所示，其中的APP_ID、APP_KEY 和 SECRET_KEY 就是步骤(1)中创建的应用中的信息，复制过来替换即可。

图 2.1.2.12　新建 AipSpeech

② 读取保存的语音文件并调用 ASR 函数实现将语音文件转换为中文。ASR 函数中包括 6 个参数，前 3 个是必须要填写的，后 3 个选填，可参考官方文档信息(详见图 2.1.1.13) 。第 1 个参数是本地读取的语音文件(格式可以是 pcm、wav、amr 中的一种)，第 2 个参数是第 1 个参数中的语音文件格式(字符串格式)，第 3 个参数是语音文件采样率(只能是 16 000 或 8000，知道为什么我们在任务 2.1.1 中采集声音用 16 000 的采样率了吗?)。除了这 3 个必须要填的参数，一般我们要转换成简体中文还需要添加 dev_pid 参数，参考示例添加方式为{ 'dev_pid': 1537，}。

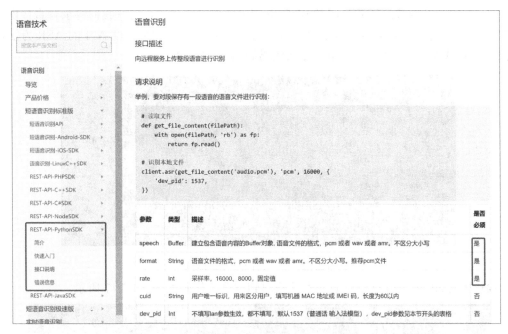

图 2.1.2.13　语音识别接口说明

③ 编写代码，导入 AipSpeech 和 speech_recognition，创建 AipSpeech 对象(client)，参考代码如图 2.1.2.14 所示，图中马赛克部分为步骤(1)中创建的应用中对应的信息。

```
from aip import AipSpeech
import speech_recognition as sr

#填写自己申请的语音识别应用ID,API_KEY和SECRET_KEY
APP_ID='
API_KEY = '
SECRET_KEY = '
client = AipSpeech(APP_ID, API_KEY, SECRET_KEY) #新建AipSpeech对象
```

图 2.1.2.14　创建自己应用的 AipSpeech 对象

④ 将任务 2.1.1 的录音功能封装到 rec()函数，参考代码如图 2.1.2.15 所示，其中 filePath 为存储声音文件的路径和文件名。

```
#录音
def rec():
    rec_audio=sr.Recognizer()

    with sr.Microphone(sample_rate=16000) as source:
        print("***开始录音***")
        audio=rec_audio.record(source,duration=10)
    with open(filePath,'wb') as fw:
        fw.write(audio.get_wav_data())
        print("***录音结束")
```

图 2.1.2.15 封装录音函数

⑤ 调用录音函数录音并存储到 filePath 定义的路径文件中，这里我们将录音直接保存到当前目录下的 recording.wav 文件中。读取录音文件，然后调用百度 API 的 ASR 方法，将录音转换成文本并存储到 result。详细代码如图 2.1.2.16 所示。

```
filePath='recording.wav'
#读取文件
def get_file_content(filePath):
    with open(filePath, 'rb') as fp:
        return fp.read()

rec() #开始录音，持续10秒

# 识别本地语音文件，并保存到result
result=client.asr(get_file_content(filePath), 'wav', 16000, {
    'dev_pid': 1537,
})
```

图 2.1.2.16 录音并转化为文本

(4) 从 result 中提取转换后的文本并输出到屏幕，代码如图 2.1.2.17 所示。

```
#输出转换后的文本到屏幕
print(result['result'][0])
```

图 2.1.2.17 提取转换后的文本信息并输出

result 是数据字典类型，图 2.1.2.18 中分别是成功返回和失败返回的样例信息，其中 key 为"result"中存储了语音转换后的文本内容，其中"result"的数据类型是列表，所以 result['result'][0]就是我们语音对应的文本内容。

```
返回样例：

// 成功返回
{
    "err_no": 0,
    "err_msg": "success.",
    "corpus_no": "15984125203285346378",
    "sn": "481D633F-73BA-726F-49EF-8659ACCC2F3D",
    "result": ["北京天气"]
}

// 失败返回
{
    "err_no": 2000,
    "err_msg": "data empty.",
    "sn": null
}
```

图 2.1.2.18 百度 AI 官网 result 样例

(5) 在输出文本后，播放录音进行校对。

支持python3的playsound模块可以很方便地播放 wav、mp3 等格式的音频文件，安装和import playsound 模块后，利用 playsound 函数就可以了，如图 2.1.2.19 所示，这里的 filePath 就是保存的录音文件。

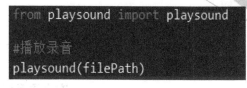

```
from playsound import playsound

#播放录音
playsound(filePath)
```

图 2.1.2.19　播放录音

完成以上步骤后，电脑就可以实现输入声音，输出你说话的内容文本和录音了，完整代码如图 2.1.2.20 所示。

```
from aip import AipSpeech
import speech_recognition as sr
from playsound import playsound
import time

timer = time.perf_counter
#你个人申请的语音识别应用ID,API_KEY和SECRET_KEY
APP_ID='23172482'
API_KEY = 'wAneyesn87Fcerjfbydui47B'
SECRET_KEY = 'lIB0dDbG0YoFtHZu5ApnOpuHlDydzWik'
filePath='recording.wav'
client = AipSpeech(APP_ID, API_KEY, SECRET_KEY) #新建AipSpeech对象

#录音
def rec():
    rec_audio=sr.Recognizer()

    with sr.Microphone(sample_rate=16000) as source:
        print("开始录音***")
        audio=rec_audio.record(source,duration=10)
    with open(filePath,'wb') as fw:
        fw.write(audio.get_wav_data())
        print("***录音结束")

# 读取文件
def get_file_content(filePath):
    with open(filePath, 'rb') as fp:
        return fp.read()
rec() #开始录音，时长10秒

#识别本地文件，保存为result
result=client.asr(get_file_content(filePath), 'wav', 16000, {
    'dev_pid': 1537,
})

#输出转换后的文本列表第一条
print(result['result'][0])

#播放录音
playsound(filePath)
```

图 2.1.2.20　录音转文本并输出

◆ **任务拓展** ◆

任务 2.1.2 中我们完成了普通话的文本转换功能。那么英语、四川话、粤语是否可以转换呢？我们一起来查看百度语音识别技术中的接口说明里面的 dev_pid 参数说明(见图 2.1.2.21) 。1537 对应普通话，1637 对应粤语，还可以对远场录音进行普通话文本转换。

dev_pid 参数列表

dev_pid	语言	模型	是否有标点	备注
1537	普通话(纯中文识别)	输入法模型	有标点	支持自定义词库
1737	英语		无标点	不支持自定义词库
1637	粤语		有标点	不支持自定义词库
1837	四川话		有标点	不支持自定义词库
1936	普通话远场	远场模型	有标点	不支持

图 2.1.2.21　百度语音识别接口 dev_pid 参数列表

AI_记_事_本

方言语音识别尽显人文关怀

　　方言语音识别的应用可以方便那些不会使用普通话，或者普通话使用的不太好的人进入互联网领域。想想那些不会拼音、不会打字，并且只讲方言的老年人，现在可以通过方言语音识别输入文字，几乎无障碍地和亲友实现沟通。如果这种人工智能产品的推广效果良好，实现从城市到广袤农村的普及，从语言采集的角度来看对方言研究意义重大。

方言语音识别
尽显人文关怀

◆ 素质素养养成 ◆

　　(1) 在按照百度语音转文字技术文档的要求准备语音数据、填写要求的参数过程中培养学生遵守规范的意识；

　　(2) 从语音转文本技术可帮助人类更好地交流这一主题中培养学生人文关怀的意识；

　　(3) 从方言转文本中培养学生技术服务的意识。

◆ 任务分组 ◆

学生任务分配表

班级		组号		指导教师	
分工明细	姓名(组长填在第1位)		学号	任务分工	

◆　**任务实施**　◆

°°◦── **任务工作单 1：创建百度语音识别应用** ──◦°°

组号：_____　姓名：_____　学号：_____　检索号：_____

引导问题：

(1) 进入百度 AI 官网(https://cloud.baidu.com)注册账号，利用注册好的账号登录。

_____

_____

(2) 登录后创建语音识别应用，进入应用列表，获取语音识别应用。请截图展示你的应用信息。

_____

_____

(3) 领取语音识别和语音合成资源。请截图展示成功领取的页面信息。

_____

_____

°°◦── **任务工作单 2：创建 AipSpeech 对象** ──◦°°

组号：_____　姓名：_____　学号：_____　检索号：_____

引导问题：

(1) 安装依赖包 baiduaip 和 SpeechReconition。展示你的 baiduaip 和 SpeechRecognition 版本信息。

_____

(2) 导入 AipSpeech 和 speech_recognition，创建 AipSpeech 对象并保存为 client。将完成的代码截图展示。

_____

°°◦── **任务工作单 3：语音转文本** ──◦°°

组号：_____　姓名：_____　学号：_____　检索号：_____

引导问题：

(1) 将录音功能封装到 rec( )中。

_____

_____

(2) 你的录音文件的存储路径是什么？

_____

_____

(3) 你的录音文件的文件名是什么？

_____

_____

(4) 读取录音文件，然后调用百度 API 的 ASR 方法，将录音转换成文本并存储到 result 中。请问你用 print 输出 result 的结果是什么？

_____

_____

∘∘∘── 任务工作单 4：提取转换后的文本信息 ──∘∘∘

组号：_____ 姓名：_____ 学号：_____ 检索号：_____

引导问题：

(1) 百度语音转文本样例中失败和成功的结果分别是什么类型？内容分别是什么？

_____

(2) 百度语音转文本样例中要获取成功结果中的"北京天气"文本应该如何引用？

_____

(3) 从你完成的任务工作单 3 的 result 中提取录音内容的文本信息并输出结果。结果请截图展示。

_____

(4) 在输出文本后，播放录音进行校对，并说明实现过程。

_____

∘∘∘── 拓展任务工作单 5：方言转文本 ──∘∘∘

组号：_____ 姓名：_____ 学号：_____ 检索号：_____

引导问题：

(1) 请问百度语音识别技术中的接口说明里面的 dev_pid 参数的作用是什么？

_____

(2) 普通话和粤语与哪个参数对应？参数值分别是什么？

_____

(3) 请录一段粤语(或者其他可以识别的方言)"奋斗的青春最美丽！"，并将其转换为文本试试，截图展示你的程序运行结果，如果成功了请录制展示视频。

_____

_____

°°○——　**任务工作单 6：语音转文本优化(讨论)**　——○°°

组号：＿＿＿＿＿＿　　姓名：＿＿＿＿＿＿　　学号：＿＿＿＿＿＿　　检索号：＿＿＿＿＿＿

引导问题：

(1) 小组交流讨论，确定语音转文本功能的完整流程和每个环节的实现方法。

＿＿＿＿＿＿＿＿＿＿＿＿＿＿＿＿＿＿＿＿＿＿＿＿＿＿＿＿＿＿＿＿＿＿＿＿

＿＿＿＿＿＿＿＿＿＿＿＿＿＿＿＿＿＿＿＿＿＿＿＿＿＿＿＿＿＿＿＿＿＿＿＿

(2) 请记录自己在进行语音转文本功能过程中出现的错误。

＿＿＿＿＿＿＿＿＿＿＿＿＿＿＿＿＿＿＿＿＿＿＿＿＿＿＿＿＿＿＿＿＿＿＿＿

＿＿＿＿＿＿＿＿＿＿＿＿＿＿＿＿＿＿＿＿＿＿＿＿＿＿＿＿＿＿＿＿＿＿＿＿

°°○——　**任务工作单 7：语音转文本过程优化(展示)**　——○°°

组号：＿＿＿＿＿＿　　姓名：＿＿＿＿＿＿　　学号：＿＿＿＿＿＿　　检索号：＿＿＿＿＿＿

引导问题：

(1) 每小组推荐一位小组长，汇报任务工作单 1 至任务工作单 5 的实现过程，借鉴各组分享的经验，进一步完善实现的步骤。

＿＿＿＿＿＿＿＿＿＿＿＿＿＿＿＿＿＿＿＿＿＿＿＿＿＿＿＿＿＿＿＿＿＿＿＿

＿＿＿＿＿＿＿＿＿＿＿＿＿＿＿＿＿＿＿＿＿＿＿＿＿＿＿＿＿＿＿＿＿＿＿＿

(2) 检查自己不足的地方。

＿＿＿＿＿＿＿＿＿＿＿＿＿＿＿＿＿＿＿＿＿＿＿＿＿＿＿＿＿＿＿＿＿＿＿＿

＿＿＿＿＿＿＿＿＿＿＿＿＿＿＿＿＿＿＿＿＿＿＿＿＿＿＿＿＿＿＿＿＿＿＿＿

°°○——　**任务工作单 8：语音转文本方案实施**　——○°°

组号：＿＿＿＿＿＿　　姓名：＿＿＿＿＿＿　　学号：＿＿＿＿＿＿　　检索号：＿＿＿＿＿＿

引导问题：

(1) 按照正确的流程和实现方法，实现一边录音一边输出录音的文本内容，同时播放你的录音并进行校对。

＿＿＿＿＿＿＿＿＿＿＿＿＿＿＿＿＿＿＿＿＿＿＿＿＿＿＿＿＿＿＿＿＿＿＿＿

＿＿＿＿＿＿＿＿＿＿＿＿＿＿＿＿＿＿＿＿＿＿＿＿＿＿＿＿＿＿＿＿＿＿＿＿

(2) 自查语音转文本中出现的错误及原因。

＿＿＿＿＿＿＿＿＿＿＿＿＿＿＿＿＿＿＿＿＿＿＿＿＿＿＿＿＿＿＿＿＿＿＿＿

＿＿＿＿＿＿＿＿＿＿＿＿＿＿＿＿＿＿＿＿＿＿＿＿＿＿＿＿＿＿＿＿＿＿＿＿

评价反馈

个人评价表

组号：＿＿＿＿＿＿　　姓名：＿＿＿＿＿＿　　学号：＿＿＿＿＿＿　　检索号：＿＿＿＿＿＿

班级		组名		日期	
评价指标	评 价 内 容			分数	得分
资源使用	能有效利用网络、图书资源查找有用的相关信息等；能将查到的信息有效地传递到工作中			10 分	
感知课堂生活	是否掌握利用百度 API 创建语音识别应用实现语音转文本并获取文本信息，认同工作价值；在学习实践中是否能获得满足感			10 分	
交流沟通	积极主动与教师、同学交流，相互尊重、理解、平等相待；与教师、同学之间是否能够保持多向、丰富、适宜的信息交流			15 分	
	能处理好合作学习和独立思考的关系，做到有效学习；能提出有意义的问题或能发表个人见解			15 分	
学习方法	学习方法得体，是否获得了进一步学习的能力			15 分	
辩证思维	是否能发现问题、提出问题、分析问题、解决问题、创新问题			10 分	
学习效果	按时按要求完成了任务；较好地掌握了知识点；具有较强的信息分析能力和理解能力；具有较为全面严谨的思维能力并能条理清楚明晰表达成文和汇报			25 分	
自 评 分 数					
有益的经验和做法					
总结反馈建议					

小组内互评表

组号：＿＿＿＿＿＿　　姓名：＿＿＿＿＿＿　　学号：＿＿＿＿＿＿　　检索号：＿＿＿＿＿＿

班级		组名		日期	
评价指标	评 价 内 容			分数	得分
资源使用	该同学能有效利用网络、图书资源查找有用的相关信息等；能将查到的信息有效地传递到工作中			10 分	
感知课堂生活	该同学是否已经掌握将语音转文本的方法，认同工作价值；在工作中是否能获得满足感			10 分	
学习态度	该同学能否积极主动与教师、同学交流，相互尊重、理解、平等相待；与教师、同学之间是否能够保持多向、丰富、适宜的信息交流			15 分	
	该同学能否处理好合作学习和独立思考的关系，做到有效学习；能提出有意义的问题或能发表个人见解			15 分	
学习方法	该同学学习方法得体，是否获得了进一步学习的能力			15 分	
思维态度	该同学是否能发现问题、提出问题、分析问题、解决问题、创新问题			10 分	
学习效果	该同学是否能按时按质完成任务；较好地掌握了知识点；具有较强的信息分析能力和理解能力；具有较为全面严谨的思维能力并能条理清楚明晰表达成文或汇报			25 分	
评 价 分 数					
该同学的不足之处					
有针对性的改进建议					

小组间互评表

被评组号：_____　　　　检索号：_____

班级		评价小组		日期	
评价指标	评　价　内　容			分数	得分
汇报表述	表述准确			15 分	
	语言流畅			10 分	
	准确反映该组完成情况			15 分	
流程完整正确	语音转文本实现的过程完整			10 分	
	语音转文本功能实现的环节正确			30 分	
	能通过播放录制的语音文件进行文本内容的校对			10 分	
	能理解重要参数的作用，通过修改参数值实现方言的文本转换等功能			15 分	
价值观	完成任务过程中录制的语音内容不违法不违规，传达积极向上的正能量			5 分	
互　评　分　数					
简要评述					

教师评价表

组号：_____　　姓名：_____　　学号：_____　　检索号：_____

班级		组名		姓名	
出勤情况					
评价内容	评价要点	考察要点		分数	评分
资料利用情况	任务实施过程中资源查阅	(1) 是否查阅资源资料		20 分	
		(2) 正确运用信息资料			
互动交流情况	组内交流，教学互动	(1) 积极参与交流		30 分	
		(2) 主动接受教师指导			
任务完成情况	规定时间内的完成度	(1) 在规定时间内完成任务		20 分	
	任务完成的正确度	(2) 调用正确的方法、设置合适的参数实现语音转文本功能；获取并输出文本信息内容；方言转文本功能		30 分	
总分					

任务 2.1.3 语音合成——语音助手

任务描述

"把文字转换成声音，让你的应用开口说话"就是指利用语音合成技术将文本内容转换成音频内容。请输入图 2.1.3.1 中的文字，调用百度 API 将输入的文字转换成 mp3 音频文件并播报这段音频。

> 2021 年 7 月 1 日，庆祝中国共产党成立100 周年大会在天安门广场隆重举行，习近平总书记庄严宣告"我们实现了第一个百年奋斗目标，在中华大地上全面建成了小康社会"。

图 2.1.3.1 文本转音频

学习目标

知识目标	能力目标	素质素养目标
(1) 掌握语音合成技术的原理； (2) 熟悉我国具有语音合成技术 API 服务的企业； (3) 理解语音合成方法中的参数的含义； (4) 了解语音合成技术的应用场景。	(1) 能将文字转换成语音文件并存储； (2) 能正确播放语音文件。	(1) 培养学生技术服务人类的意识； (2) 培养学生的职业认同感； (3) 培养遵守规范的意识； (4) 培养学生政治认同意识。

任务分析

重　　点	难　　点
调用百度语音应用中的 synthesis 方法将文本转换成音频。	朗读 Word 文档中的文字。

知识链接

文字与音频的互相转换是自然语言处理中很关键的技术点。语音就是人说的话，它的记录形式是一段一段的波形，是最自然便捷的沟通方式，在信息播报、人机交互上有着大量刚性需求。

一、语音

语音包括三大关键部分——语音信息、语音音色和语音韵律。语音信息是指说话的内容，就是要转换成语言的文本信息的内容。语音音色是指说话者声音的特色、个性，俗话说的"未见其人先闻其声"就说明了音色的重要性。对于语音合成来说，音色的选择与内容要匹配，比如播报新闻联播的声音用动漫里面的"娃娃音"就不合适。韵律就是说话的方式，即说话时声音的高低、快慢等。

二、语音合成技术原理

语音合成又称文语转换(Text To Speech，TTS)，是一种通过电子方法人造语音的技术，可以将给定文字转换成对应的人类语言声音。语音合成过程是通过计算机的数字信号去模拟生成一个连续的语音波形信号，类似于人说话，将想要表达的内容用对应的音色、韵律进行发声。

语音合成技术按照工作过程主要分为语言分析部分和声学系统部分，也称为前端部分和后端部分。前端部分通过对输入的文字信息进行分析生成对应的语言学规格书，策划好怎么读；后端部分通过语音分析部分生成语音学规格书，完成对应的音频，实现发声的功能。

1. 语言分析部分

语言分析部分包括文本结构与语种判断、文本标准化、文本转音素、句读韵律预测四个部分。

(1) 文本结构与语种判断。当需要合成的文本输入后，先要判断是什么语种，例如中文、英文、藏语等，再根据对应语种的语法规则，把整段文字切分为单个的句子，并将切分好的句子传到后面的处理模块。

(2) 文本标准化。在输入需要合成的文本中，若有阿拉伯数字或字母，则需要将其转化为文字，根据设置好的规则，使合成文本标准化。例如，"请问您是尾号为 8967 的机主吗？"中的"8967"为阿拉伯数字，需要转化为汉字"八九六七"，这样便于进行文字标音等后续的工作；再如，对于数字的读法，刚才的"8967"为什么没有转化为"八千九百六十七"呢？因为在文本标准化的规则中，设定了"尾号为+数字"的格式规则，这种情况下数字将按照这种方式被播报。这就是文本标准化中设置的规则。

(3) 文本转音素。在汉语的语音合成中，基本上是以拼音对文字标注的，所以我们需要把文字转化为相对应的拼音，但是有些字是多音字，怎么区分当前是哪个读音，就需要通过分词及词性句法分析，判断当前是哪个读音，并且是几声的音调。例如，"南京市长 江大桥"为"nan2jing1shi4zhang3jiang1da4qiao2"或者"南京市 长江大桥""nan2jing1shi4chang2jiang1da4qiao2"。

(4) 句读韵律预测。人类在语言表达的时候总是附带着语气与感情，TTS 合成的音频是为了模仿真实的人声，所以需要对文本进行韵律预测，什么地方需要停顿，停顿多久，哪个字或者词语需要重读，哪个词需要轻读等，实现声音的高低曲折，抑扬顿挫。

2. 声学系统部分

语音合成技术中的声学系统合成从最初只能合成元音和单音到现在已经与真人发声无异的效果，科学家们经过了长期的努力，根据其技术实现方式大致可以分为以下六类。

(1) 机械模拟阶段：18 世纪到 19 世纪，科学家们通过制作精巧的气囊和风箱等机械装置来模拟人的发声，这种发声系统只能合成一些元音和单音。

(2) 电子合成器阶段：20 世纪初，科学家们利用电子合成器来模拟人的发声。最具代表性的就是贝尔实验室推出的名为"VODER"的电子发声器，这种电子发生器通过电子器件来模拟声音的谐振从而模拟人的声音。

(3) 共振峰合成器阶段：20 世纪 80 年代，随着集成电路技术的发展，出现了比较复杂的组合型的电子发生器，科学家们利用组合型的电子发生器来合成人的声音。比较具有代表性的是 KLATT 在 1980 年发布的串/并联混合共振峰合成器。

(4) 单元挑选拼接合成阶段：20 世纪 80、90 年代，随着基音同步叠加(PSOLA)算法的提出和计算机能力的发展，单元挑选和波形拼接技术逐渐走向成熟，图 2.1.3.2 就是一个典型拼接方法语音合成过程。20 世纪 90 年代末，刘庆峰博士提出了听感量化思想，首次将中文语音合成技术做到了实用化的地步。单元挑选和波形拼接的关键技术是语料库设计及标注、目标代价计算和连接代价计算。

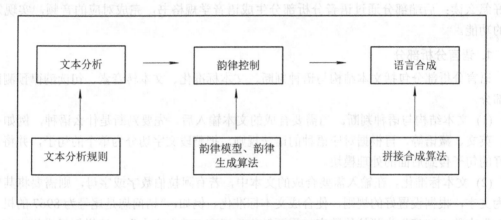

图 2.1.3.2　拼接合成示意图

(5) 基于 HMM 参数合成阶段：20 世纪末期，基于 HMM 的参数合成技术开始应用于语音合成领域。这种方法通过数学方法对已有录音进行频谱特性参数建模，构建文本序列映射到语音特征的映射关系，生成参数合成器。输入文本后，先要将文本序列映射出对应的音频特征，再通过声学模型(声码器)将音频特征转化为人类的声音。整个工作流程包括训练流程和合成流程两个部分，关键技术有高质量语音声码器以及基于上下文的决策树模型。HMM 语言合成过程如 2.1.3.3 所示。

训练流程：将录制好的音库，提取出相应的语音参数，然后将标注数据和声学提取数据一同构建为 HMM 的训练模型，通过上下文属性和问题集的决策树模型，构建训练后的 HMM 模型。

合成流程：对输入文本进行分析，来进行上下文相关 HMM 训练的序列决策，再将生成后的语音送入参数合成器中，最后输出合成之后的语音。

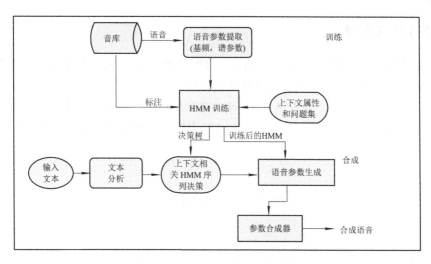

图 2.1.3.3　HMM 语音合成过程

(6) 基于深度学习的语音合成阶段：随着 AI 技术的不断发展，DNN/CNN/RNN 等各种神经网络模型开始用于语音合成系统的训练，这也是当前主流的语音合成技术。深度学习算法可以更好地模拟人声变化规律，实现直接输入文本或者注音字符，中间为黑盒部分，然后输出合成音频，复杂的语言分析部分得到了极大的简化。基于深度学习的语音合成技术大大降低了对语言学知识的要求，且可以实现多种语言的语音合成，不再受语言学知识的限制。Deepmind 提出的波形点建模方法，在整个语音合成技术发展史上都是具有里程碑意义的。

三、语音合成技术 API 服务

现在我国各大 AI 企业都有对应的免费开放的 API 为开发者提供应用服务，例如，百度 2018 年 6 月份就发布了百度语音识别无限量使用。表 2.1.3.1 列举了部分我国提供语音合成技术 API 的企业和语音合成技术优势。

表 2.1.3.1　我国主要语音合成技术头部企业及其优势

企业	语音合成技术优势
科大讯飞	科大讯飞的语音合成技术在全球范围内也是数一数二的，合成的音频效果自然度高，讯飞官网挂接的音库是最多的，且涉及很多的场景，以及很多的外语音库
阿里巴巴	在阿里云官网的音库中，有几个音库的合成效果非常棒，例如艾夏，合成的音频播报时带有气息感，拟人化程度相当高
百度	百度的语音合成技术采用领先国际的流式端到端语音语言一体化建模方法，融合百度自然语言处理技术，近场中文普通话识别准确率达 98%
灵伴科技	灵伴的音库合成音效果也非常棒，它有一个东北大叔的音库，主要是偏东北话，对整体的韵律、停顿、重读等掌握得很好，很到位
标贝科技	标贝科技和灵伴科技一样，是语音合成领域不可小觑的企业，其 TTS 合成的音频效果拟人化程度很高，每个场景的风格也很逼真
捷通华声	捷通华声是一家老牌的人工智能企业，合成的音频效果整体还是不错的，且支持多种语种的音库

四、 语音合成实现

下面我们使用任务 2.1.2 中已经申请的百度账号调用百度 API 实现语音合成功能，在进行以下操作之前请先领取语音合成的免费资源额度。

(1) 与任务 2.1.2 一样，导入 AipSpeech，再利用百度应用账号创建一个 client 对象。参考代码如图 2.1.3.4 所示，其中 APP_ID、API_KEY 和 SECRET_KEY 的值为任务 2.1.2 创建的应用中的信息。

新建 AipSpeech

AipSpeech是语音合成的Python SDK客户端，为使用语音合成的开发人员提供了一系列的交互方法。

参考如下代码新建一个AipSpeech：

```
from aip import AipSpeech

""" 你的 APPID AK SK """
APP_ID = '你的 App ID'
API_KEY = '你的 Api Key'
SECRET_KEY = '你的 Secret Key'

client = AipSpeech(APP_ID, API_KEY, SECRET_KEY)
```

图 2.1.3.4 新建 AipSpeech

(2) 定义变量 text，用来存储从键盘输入的文本内容，也就是我们需要转换为语音的文本内容。参考代码如图 2.1.3.5 所示。

```
text=input('请输入：')
```

图 2.1.3.5 定义 text 存储输入文本

(3) 参考官网技术文档中的"接口说明"，调用 synthesis 方法将 text 转换成音频并以 mp3 文件保存到本地，参考代码如图 2.1.3.6 所示，将图中的'你好百度'修改为 text 即可。sysnthesis()函数中的参数详见图 2.1.3.7，"per"参数可以用来设置合成语音的不同声音模式，"spd"用来设置语速，"vol"用来设置语调，这些参数虽然是可选设置，但是可以根据不同内容设置多样化的语音表达。

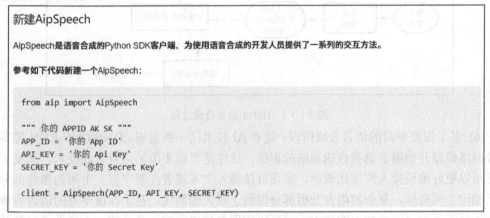

- 合成文本长度必须小于1024字节，如果本文长度较长，可以采用多次请求的方式。文本长度不可超过限制

举例，要把一段文字合成为语音文件：

```
result  = client.synthesis('你好百度', 'zh', 1, {
    'vol': 5,
})

# 识别正确返回语音二进制 错误则返回dict 参照下面错误码
if not isinstance(result, dict):
    with open('audio.mp3', 'wb') as f:
        f.write(result)
```

图 2.1.3.6 语音合成并写入 mp3 文件

参数	类型	描述	是否必须
tex	String	合成的文本，使用UTF-8编码， 请注意文本长度必须小于1024字节	是
cuid	String	用户唯一标识，用来区分用户， 填写机器 MAC 地址或 IMEI 码，长度为60以内	否
spd	String	语速，取值0-9，默认为5中语速	否
pit	String	音调，取值0-9，默认为5中语调	否
vol	String	音量，取值0-15，默认为5中音量	否
per	String	发音人选择，0为女声，1为男声， 3为情感合成-度逍遥，4为情感合成-度丫丫，默认为普通女	否

图 2.1.3.7　语音合成函数 synthesis 中的参数列表释义

（4）利用 playsound 播报 MP3 音频文件。

① 使用 pip install 命令安装 playsound，如图 2.1.3.8 所示。

② 导入 playsound 并调用 playsound 播放 mp3 声音文件，参考代码如图 2.1.3.9 所示。
这里的 audio.mp3 就是文本进行语音合成后的语音文件。

```
pip install playsound
```

```
from playsound import playsound
#播放audio.mp3文件
playsound('audio.mp3')
```

图 2.1.3.8　安装 playsound　　　　　图 2.1.3.9　使用 playsound 播放 mp3

本任务中 result 存储的是文字合成语音的二进制代码，可以用在 result ＝ client.synthesis()之后增加一句 print(result)语句，运行出现类似图 2.1.3.10 中的二进制码则表明文本合成语音成功了。

调用百度 API 实现语音合成功能完整参考代码如图 2.1.3.11 所示。

```
请输入：good morning
b'\xff\xf3(\xc4\x00\x0c@FT\x15[\x00\x00\x80\xc9\t\x03\xee\xef
\xc6\x90\xc0\xc1\x84\x8c\x89\x10\xe0*\x8e0\xf0\xc7\xc2@@\xe5\xc7Z\xf4\xcda\x88C\x87%
\xdf\xff\xfd\x9f\x90\xff\xff\xec\xbf\xfd\x7f\xdb\xfe\xff\xee\x90\xe3\x96*\x04\xea
\x0e\x92\xd3\xca\xff\xff\xf3(\xc4\n\x0e\xab\n\xbc\x01\x8b8\x00\x92>\xf8\xe12\x1f\xec
\xf6\xfe\xd9\xca:\x83\xff\xb6\xd9Q\x10\x17\x8dF\xc4\x7f\xb7\xe2I\xdb\xb1\xbf\xff\xfb
\x1cs\xe6\x9cw\xff\xff\xfd\x7f\xff\xff\x1f\xf5J\x0f\x99R\xfc\xabk/\xbe\xec\x99$
\x9b9\xf3(\xc4\n\x0f(\xfe\xac\x01\xd9@\x00\x8f-\x1f\xa2\xa6\x8e\xca
\xa3\xa9\x86\x154\x04\xbb\x9fI\x9f;\x96\x00\xe0\x01\x01a\xb7\xff\xbb\xbf\xff\xc5RM
\xce\xe8Z\x16\xc5\x8e\x97\xb0\xa1g\xa7\xff\xff\xff\xff\xff\xfc\xe4\x85\x15\x96T
\xb6\xdbm\xb6\x81\xff\xf3(\xc4\x08\x0e\xf0\xcf\x02^SJr\xed\x8a\xe2\x04+\x01\x1d
\x14\xba\xe5\xc0\xb9\x9fn\xa5\x0e\xe1\xce\x05\x10\x94oR\x88\x01\xcf\xf3\t\t
```

图 2.1.3.10　语音二进制代码

```
from aip import AipSpeech
from playsound import playsound

#填写自己申请应用所创建的应用ID,API_KEY和SECRET_KEY
APP_ID=
API_KEY =
SECRET_KEY =

client = AipSpeech(APP_ID, API_KEY, SECRET_KEY)
text=input('请输入：')
result  = client.synthesis(text, 'zh', 1, {
    'vol': 5,'per':0
})

print(result)
# 识别正确返回语音二进制 错误则返回dict 参照下面错误码
if not isinstance(result, dict):
    with open('audio1.mp3', 'wb') as f:
        f.write(result)
playsound('audio1.mp3')
```

图 2.1.3.11　百度 api 语音合成代码

AI 记 事 本

农家书屋"听书"

　　"读者数字农家书屋"是基于百度语音服务的惠农扶贫项目，该项目融合了文化与科技，最大限度地满足了基层用户的阅读需求。针对农村留守老人、儿童、残疾人士等不便阅读的人群，特推出"听书"功能，集成百度语音后端资源进行云语音识别，通过情感语音合成，有效保证优质的听书体验。

百度语音合成助推『数字农家书屋』，解决农村基层读者"听书"阅读的需求

农家书屋"听书"

素质素养养成

　　(1) 在完成朗读 Word 文档中了解服务三农的"有声书屋"的应用，培养学生技术服务人类的意识；

　　(2) 在了解和总结语音合成技术应用场景中培养学生的职业认同感；

　　(3) 在调用百度 API 要设置合适的参数才能出现满意的语音合成效果中培养学生遵守规范的意识；

　　(4) 通过将党史等内容融入学生实践项目中培养学生的政治认同意识。

◆ 任务分组 ◆

学生任务分配表

班级		组号		指导教师	
分工明细	姓名(组长填在第 1 位)		学号	任务分工	

◆ 任务实施 ◆

°°○—— **任务工作单 1：语音合成工作准备** ——○°°

组号：_____　　姓名：_____　　学号：_____　　检索号：_____

引导问题：

(1) 语音合成技术按照工作过程主要分为_____和_____两个部分。

(2) 百度语音合成用的是什么技术？

_____

(3) 除了百度，你还知道哪些提供语音合成技术 API 服务的企业及其优势吗？

_____

(4) 请登录百度开发者账号，领取语音合成资源。

_____

°°○—— **任务工作单 2：认识百度语音合成方法** ——○°°

组号：_____　　姓名：_____　　学号：_____　　检索号：_____

引导问题：

(1) 创建一个你自己的百度语音应用 AipSpeech 对象，保存为 client。

_____

(2) 百度语音合成方法是什么？

_____

(3) 百度语音合成方法中的"per""spd""vol"分别具有什么功能？

_____

(4) 调用百度语音合成方法，试试将"强国有我，请党放心"这段文字进行语音合成并将返回的结果保存到 result，并输出 result。将代码和运行结果截图展示。

_____

°°○—— **任务工作单 3：语音合成结果保存和播放** ——○°°

组号：_____ 姓名：_____ 学号：_____ 检索号：_____

引导问题：

(1) 将任务工作单 2 中的 result 保存为 mp3。

_____

(2) 播放你保存的 mp3。

_____

(3) 请修改参数，试试将输入的文字合成一段方言语音并播放。

_____

°°○—— **任务工作单 4：朗读 Word 文档** ——○°°

引导问题：

组号：_____ 姓名：_____ 学号：_____ 检索号：_____

(1) Python-docx 库有什么功能？

_____

(2) 安装 Python-docx，填写你安装的版本信息。

_____

(3) 下载"伟人故里中山.docx"文件保存到本地，编写 Python 代码读取文档段落并保存到 text。

_____

(4) 调用百度语音合成方法，设置参数，完成 Word 文档的朗读。将运行过程和效果录制视频。

_____

°°○—— **任务工作单 5：语音合成操作过程优化(讨论)** ——○°°

组号：_____ 姓名：_____ 学号：_____ 检索号：_____

引导问题：

(1) 小组交流讨论，确定调用百度 API 进行语音合成的实现方法，合理设置参数的值。

_____

(2) 小组交流讨论，利用 Python 打开和读取本地文档的操作流程和方法。

_____

(3) 请记录自己在进行语音合成实践过程中的问题。

_____

(4) 请列举语音合成技术应用场景，最好将图文、视频等素材整理成 PPT。你们小组计划将语音合成技术应用到哪里？

_____

○○—— **任务工作单 5：语音合成技术应用优化(展示)** ——○○

组号：_____ 姓名：_____ 学号：_____ 检索号：_____

引导问题：

(1) 每小组推荐一位小组长，汇报从键盘输入和文档获取文本进行语音合成并播报的实现过程，展示语音合成技术应用场景和本小组的规划。互相借鉴经验优化自己的实现步骤，激发语音合成技术应用创新思维。

_____

(2) 检查自己不足的地方。

_____

○○—— **任务工作单 6：语音合成应用实施** ——○○

组号：_____ 姓名：_____ 学号：_____ 检索号：_____

引导问题：

(1) 根据优化后的步骤和方法，完成从键盘输入和文档获取文本进行语音合成并播报。

_____

(2) 自查语音合成技术应用过程中出错的原因。

_____

◆ **评价反馈** ◆

个人评价表

组号：_____ 姓名：_____ 学号：_____ 检索号：_____

班级		组名		日期	
评价指标	评 价 内 容			分数	得分
资源使用	能有效利用网络、图书资源查找有用的相关信息等；能将查到的信息有效地传递到工作中			10 分	
感知课堂生活	是否掌握调用 API 实现语音合成效果，认同工作价值；在学习实践中是否能获得满足感			10 分	
交流沟通	积极主动与教师、同学交流，相互尊重、理解、平等相待；与教师、同学之间是否能够保持多向、丰富、适宜的信息交流			15 分	
	能处理好合作学习和独立思考的关系，做到有效学习；能提出有意义的问题或能发表个人见解			15 分	

续表

评价指标	评价内容	分数	得分
学习方法	学习方法得体，是否获得了进一步学习的能力	15分	
辩证思维	是否能发现问题、提出问题、分析问题、解决问题、创新问题	10分	
学习效果	按时按要求完成了任务；较好地掌握了知识点；具有较强的信息分析能力和理解能力；具有较为全面严谨的思维能力并能条理清楚明晰表达成文和汇报	25分	
自 评 分 数			
有益的经验和做法			
总结反馈建议			

小组内互评表

组号：_____ 姓名：_____ 学号：_____ 检索号：_____

班级		组名		日期	
评价指标	评 价 内 容			分数	得分
资源使用	该同学能有效利用网络、图书资源查找有用的相关信息等；能将查到的信息有效地传递到工作中			10分	
感知课堂生活	该同学是否已经掌握一种语音合成方法，合成的语音文件播放清晰能听懂，认同工作价值；在工作中是否能获得满足感			10分	
学习态度	该同学能否积极主动与教师、同学交流，相互尊重、理解、平等相待；与教师、同学之间是否能够保持多向、丰富、适宜的信息交流			15分	
	该同学能否处理好合作学习和独立思考的关系，做到有效学习；能提出有意义的问题或能发表个人见解			15分	
学习方法	该同学学习方法得体，是否获得了进一步学习的能力			15分	
思维态度	该同学是否能发现问题、提出问题、分析问题、解决问题、创新问题			10分	
学习效果	该同学是否能按时按质完成任务；较好地掌握了知识点；具有较强的信息分析能力和理解能力；具有较为全面严谨的思维能力并能条理清楚明晰表达成文或汇报			25分	
评 价 分 数					
该同学的不足之处					
有针对性的改进建议					

小组间互评表

被评组号：_____　　　检索号：_____

班级	评价小组		日期	年　月　　日
评价指标	评 价 内 容		分数	分数评定
汇报表述	表述准确		15 分	
	语言流畅		10 分	
	准确反映该组完成情况		15 分	
流程完整正确	能正确配置语音合成应用需要的环境		10 分	
	语音合成方法参数设置合理		20 分	
	语音合成的音频文件格式正确，播放效果内容清晰		20 分	
	语音技术应用场景了解全面，应用规划具有可行性		10 分	
互 评 分 数				
简要评述				

教师评价表

组号：_____　　姓名：_____　　学号：_____　　检索号：_____

班级	组名		姓名	
出勤情况				
评价内容	评价要点	考察要点	分数	分数评定
查阅文献情况	任务实施过程中文献查阅	(1) 是否查阅信息资料	20 分	
		(2) 正确运用信息资料		
互动交流情况	组内交流，教学互动	(1) 积极参与交流	30 分	
		(2) 主动接受教师指导		
任务完成情况	规定时间内的完成度	(1) 在规定时间内完成任务	20 分	
	任务完成的正确度	(2) 任务完成的正确性	30 分	
合　　计			100 分	

任务2.1.4 聊天机器人

任务描述

聊天机器人以自然语言处理为主，自然语言处理在聊天机器人中的作用是对输入的语句进行分析，提取出实体、意图等关键信息。自然语言处理同样是一个需要大量算力的算法，我们可以通过图灵、百度等 API 实现。在本任务中，我们使用 YunGe API 编写一个对话机器人。

学习目标

知识目标	能力目标	素质素养目标
(1) 掌握调用 API 设计聊天机器人的方法； (2) 理解 API 参数列表的含义。	(1) 能传递正确的参数； (2) 能根据需要获取所需要的数据。	(1) 培养学生关注产品质量的职业素养； (2) 培养学生用词文明的意识； (3) 培养学生遵守规范的意识； (4) 培养学生热爱劳动的意识。

任务分析

重　点	难　点
掌握调用 API 开发聊天机器人的方法。	能根据需要获取所需要的数据。

知识链接

一、聊天机器人

聊天机器人是通过人类口头语音或书面文字进行交谈的计算机程序。聊天机器人是很有实用价值，而且成本低，又能高效持续工作的智能数字化助手，通常用来解决客户问题，如客户服务或资讯获取。有些聊天机器人会搭载自然语言处理系统，但很多简单的系统是通过提取输入的关键字然后从数据库中找寻最合适的应答来完成交流聊天的。工业

聊天机器人

界和学术界都十分关注聊天系统的研发，主要原因有两方面：一方面，聊天技术应用能够极大地缩减人力资源；另一方面，聊天技术代表了自然语言处理的最高水平之一，是许多科学家向往突破的难题。根据聊天系统目的及功能的不同，聊天机器人

可分成三大类型：① 闲聊式机器人，较有代表性的有微软小冰、微软小娜、苹果的 Siri、小 i 机器人等，主要用于娱乐；② 知识问答型机器人，比如 Watson 系统最早在 2011 年的问答节目 Jeopardy 上击败了所有人类选手，赢得了百万美元奖金；③ 任务型聊天机器人，该类机器人以完成某一领域的具体任务为导向，在工业界应用较广泛，如订票系统、订餐系统等。聊天机器人目前在电商平台有最广泛的应用，最常用于客户服务领域，例如京东客服 JIMI、阿里云小蜜等。很多基本的问题不需要联系人工客服来解决，通过智能客服可以排除大量的用户问题，比如商品质量投诉、商品的基本信查询、快递邮费问题等程序化或固定答案的问题，一些询问率比较高的问题机器人能准确高效地回复而且 24 小时在线，不仅提升了服务质量，还能节省大量的人工成本。

2014 年，北京光年无限科技有限公司推出了图灵机器人，它是中文语境下智能度较高的机器人，具有全球领先的中文语义与认知计算平台。图灵机器人对中文语义的理解准确率高达 90%，可为智能化软硬件产品提供中文语义分析、自然语言对话、深度问答等人工智能技术服务。图灵机器人根据应用场景可以分为智能客服、虚拟机器人、智能手表、智能车载和智能家居几类。其中虚拟机器人可接入微信、QQ 等平台，搭建聊天机器人，与用户流畅交流。图灵机器人具有自然的中文对话能力和精准的中文语义分析能力，能够准确判断用户意图，同时还具有丰富的上下文场景及强大的自我学习能力。

除了应用于电商领域的智能客服机器人，还有很多应用于医疗、家庭生活、刑侦等领域的机器人。

1. Endurance——痴呆症患者的伴侣

许多患有阿尔茨海默病的人都会伴有短期记忆丧失，即使是简单的对话互动，对他们也非常困难——很难进行有意义的对话，但是他们聊天交流的需求和正常人一样，这就造成了这些阿尔茨海默患者跟亲密的家人朋友进行日常交流时经常因为前言不搭后语而感到非常沮丧和自卑。因此俄罗斯科技公司 Endurance 开发了伴侣聊天机器人，通过机器人采集聊天记录，医生和家人可以通过患者与机器人的聊天记录来判断患者识别记忆功能的潜在退化和患者病情恶化的交流障碍。Endurance 可以帮助研究人员和护理团队更好地了解阿尔茨海默病是如何影响大脑的。目前俄罗斯版本的 Endurance 聊天机器人已经上市。

2. Casper——帮助失眠者度过漫漫长夜

这个世界上其他人都安静地休息，而失眠患者却辗转反侧无法入眠的那种痛苦，如果你也患有失眠症，一定知道这是一种几乎令人窒息的孤独感。Casper 是一个旨在让失眠者与其他人交谈的网络聊天机器人，可驱散失眠者的孤独，陪伴其度过漫漫长夜。

3. Disney——用虚构人物解决犯罪问题

迪士尼使用聊天机器人来扮演动画电影中的角色，邀请电影的粉丝一起解决电影中的犯罪问题。粉丝们可以通过与机器人交互来帮助机器人调查电影中的谜团，在交谈中为调查提出建议，聊天机器人对此做出回应并探究解谜。

4. 联合国儿童基金会——帮助边缘化社区

国际儿童倡导非营利组织联合国儿童基金会开发了一个名叫 U-Report 聊天机器人，通过社区调查社会问题帮助生活在发展中国家的人民。这款机器人专注于通过民意调查收集大规模数据，定期发布针对一系列紧急社会问题的民意调查，用户(即"U-Reporters")可以回复他们的意见。然后，儿童基金会将这一反馈作为潜在政策建议的基础。U-Report 曾向利比里亚的用户发送了一份民意调查，以验证教师是否以换取更好的成绩强迫学生进行性行为。在接受调查的 13000 名利比里亚儿童中，大约 86％的人回答说，他们的教师正在从事这种卑鄙的做法，因此联合国儿童基金会立即决定结束与利比里亚教育部长之间的合作项目。

二、 聊天机器人 API

聊天机器人应用越来越普遍，主要原因是创建聊天机器人的技术门槛越来越低，开发者不需要掌握复杂的编程知识和其他高度专业化的技术技能就可以快速地开发一个聊天机器人。这是由于很多公司提供了开放的聊天机器人 API 接口供开发者使用。

1. 图灵机器人 API

图灵机器人具有智能对话、知识库、技能服务三种核心功能，它能准确地对中文语义进行理解，人们可以借助图灵机器人的 API 接口，根据自己的需要创建聊天机器人、客服机器人、领域对话问答机器人、儿童陪伴机器人等在线服务，给人们的生活、工作、客户咨询和售后服务带来便利。图灵机器人提供了自动解析文字的 API 接口。用户据此创建一个机器人，就可以得到一个 Key 值，作为访问 API 的身份标识。图灵机器人官网为 http://www.tuling123.com/，需要注册账号，网站提供了免费版和标准版，个人认证之后每天可以免费使用 100 条基本的语料库，可设置的选项也不多，标准版需付费使用，可以自定义语料库，可设置的选项也更多。图灵机器人开放 API 接入文档参考官方网站的参数和方法：http://docs.turingos.cn/api/apiV2/。

2. 青云客 API

青云客提供了聊天机器人的调用接口，并提供了 API 文档，目前不需要注册，完全免费，官方网址为 http://api.qingyunke.com/。接入 API 的方法和参数设置如图 2.1.4.2 左侧所示。官网提供了聊天机器人 DEMO，可以闲聊、问天气、查歌词、搜笑话等，图 2.1.4.1 右侧是问天气的示例。

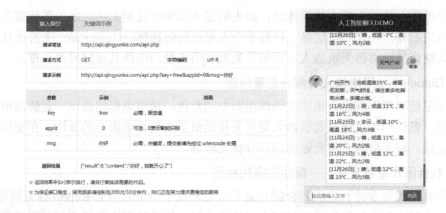

图 2.1.4.1　接入 API 的方法和参数设置

3. 腾讯闲聊机器人

腾讯闲聊机器人基于 AI Lab 领先的 NLP 引擎能力、数据运算能力和千亿级互联网语料数据的支持，同时集成了广泛的知识问答能力，可实现上百种自定义属性配置，以及男、女不同的语言风格及说话方式，从而让聊天变得更睿智、简单和有趣。腾讯闲聊机器人 API 需要注册和申请，还需要加密处理。

三、　使用 API 开发聊天机器人

这里我们使用广州云歌科技有限公司提供的聊天机器人 API 完成开发简易聊天机器人。其中用到的地址为 url='https:Lltestapi.smartyg.com/apilpost_gossip' 和 keys='5f15a18f3f03f7e88020acblc2f8c93c'。下面是完整的开发流程和相关参数的解释。

(1) 导入 requests、json、time 和 random 依赖库，参考代码如图 2.1.4.2 所示。

```
import requests
import json
import time
import random
```

图 2.1.4.2　步骤(1)的参考代码

(2) 利用 random 函数和 time 方法创建一个随机字符串，用来区分每一次对话的对象，参考代码如图 2.1.4.3 所示。

```
random_str=str(time.time()+random.randint(0,100))
print(random_str)
```

图 2.1.4.3　步骤(2)的参考代码

(3) 定义一个函数 xiaoxin，调用 Yunge API，发送 text 然后获得回复，参考代码如图 2.1.4.4 所示。

```
def xiaoxin(text):
    res=''
    url='https://testapi.smartyg.com/api/post_gossip'
    keys='5f15a18f3f03f7e88020acb1c2f8c93c'
    result=requests.post(url,json.dumps({'keys':keys,
                        "question":text,
                        "id":"1",
                        'random_str':random_str,
                        "state":True})).text
    data=json.loads(result)
    #print(data)
    if data['flag']=='success':
        res=data['answay']
    return res
```

图 2.1.4.4　步骤(3)的参考代码

代码中 requests 的参数含义如表 2.1.4.1 所示。

表 2.1.4.1　requests 参数列表释义

keys	请求的 keys
question	传输的语句
id	默认是 1
random_str	随机字符串(时间+随机数的组合)
state	默认 true

(4) 调用 xiaoxin,创建闲聊机器人,为了不间断聊天,我们循环输入问题并调用 xiaoxin,参考代码如图 2.1.4.5 所示。

```
while True:
    question = input('我：')
    answay=xiaoxin(question)
    print('robot:',answay)
```

图 2.1.4.5　步骤(4)的参考代码

本次任务通过调用 Yunge API 创建聊天机器人,完整参考代码如图 2.1.4.6,所示。

```
import requests
import json
import time
import random

random_str=str(time.time()+random.randint(0,100))
print(random_str)

def xiaoxin(text):
    res=''
    url='https://testapi.smartyg.com/api/post_gossip'
    keys='5f15a18f3f03f7e88020acb1c2f8c93c'
    result=requests.post(url,json.dumps({'keys':keys,
                                         "question":text,
                                         "id":"1",
                                         'random_str':random_str,
                                         "state":True})).text

    data=json.loads(result)
    #print(data)
    if data['flag']=='success':
        res=data['answay']
    return res

while True:
    question = input('我：')
    answay=xiaoxin(question)
    print('robot:',answay)
```

图 2.1.4.6　调用 Yunge API 创建聊天机器人的完整参考代码

◆◆ **素质素养养成** ◆◆

(1) 在总结聊天机器人的应用中了解聊天机器人节省人工、帮助痴呆失眠患者、帮助发展中国家等,培养学生技术服务人类的意识;

(2) 通过 API 调用的基本流程和参数设置培养学生遵守规则和流程的职业素养;

(3) 在调用百度 API 要设置合适的参数才能出现满意的语音合成效果中培养学生遵守规范的意识;

(4) 通过图灵机器人在中文聊天机器人中文语境中的领先优势,树立学生国家意识和民族归属;

(5) 通过实验记录和统计准确率引导学生关注产品质量和开发效率,提升职业素养。

◆ **任务分组** ◆

学生任务分配表

班级		组号		指导教师	
分工明细	姓名(组长填在第1位)		学号	任务分工	

◆ **任务实施** ◆

∘∘○── **任务工作单 1：认知聊天机器人** ──○∘∘

组号：_____　　姓名：_____　　学号：_____　　检索号：_____

引导问题：

(1) 什么是聊天机器人？

_____

(2) 聊天机器人按照功能可以分为哪几类？每个类别请至少列举一个典型代表及其应用情况。

_____

(3) 你觉得聊天机器人有哪些应用价值？结合具体的应用案例说明。

_____

(4) 将以上三个回答制作成展示汇报 PPT。

_____

∘∘○── **任务工作单 2：认知聊天机器人 API** ──○∘∘

组号：_____　　姓名：_____　　学号：_____　　检索号：_____

引导问题：

(1) 请列举 3 个以上为开发者提供聊天机器人 API 接口的平台名称和网址。

_____

(2) 写出任一个开放的聊天机器人 API 接口调用的地址、请求方法、编码方式、请求参数说明。

_____

°°○── **任务工作单 3：聊天机器人 API 调用实践** ──○°°

组号：_____ 姓名：_____ 学号：_____ 检索号：_____

引导问题：

(1) YunGe 聊天机器人 API 的 url 和 key 分别是什么？

_____

(2) 定义一个函数，通过参数输入问题(question)，调用 YunGe 聊天机器人 API，返回与问题对应的回答(answer)。提交代码和至少三次问答的测试截图。

_____

°°○── **任务工作单 4：聊天机器人认知和应用(展示)** ──○°°

组号：_____ 姓名：_____ 学号：_____ 检索号：_____

引导问题：

(1) 每小组推荐一位小组长，展示汇报聊天机器人和聊天机器 API 的总结，互相分享学习成果。展示汇报调用 YunGe 聊天机器人开发流程和经验总结。

_____

(2) 查漏补缺，检查自己不足的地方。

_____

°°○── **任务工作单 5：聊天机器人开发实践** ──○°°

组号：_____ 姓名：_____ 学号：_____ 检索号：_____

引导问题：

(1) 使用 Python 按照正确的流程和方法，调用 API 创建一个聊天机器人。

_____

(2) 调试聊天机器人，和机器人对话 20 次以上，记录问题和回答，计算一下机器人的正确率，分析误差的原因。

_____

(3) 拓展：试试将聊天机器人文字输入升级为语音输入。

_____

(4) 拓展：试试将聊天机器人的回答升级为语音回答。

_____

◆　**评价反馈**　◆

个人评价表

组号：_____　　姓名：_____　　学号：_____　　检索号：_____

班级			组名		日期	
评价指标	评 价 内 容				分数	得分
资源使用	能有效利用网络、图书资源查找有用的相关信息等；能将查到的信息有效地传递到工作中				10 分	
感知课堂生活	是否掌握调用聊天机器人 API 开发聊天机器人的方法，认同工作价值；在学习实践中是否能获得满足感				10 分	
交流沟通	积极主动与教师、同学交流，相互尊重、理解、平等相待；与教师、同学之间是否能够保持多向、丰富、适宜的信息交流				15 分	
	能处理好合作学习和独立思考的关系，做到有效学习；能提出有意义的问题或能发表个人见解				15 分	
学习方法	学习方法得体，是否获得了进一步学习的能力				15 分	
辩证思维	是否能发现问题、提出问题、分析问题、解决问题、创新问题				10 分	
学习效果	按时按要求完成了任务；较好地掌握了知识点；具有较强的信息分析能力和理解能力；具有较为全面严谨的思维能力并能条理清楚明晰表达成文和汇报				25 分	
自 评 分 数						
有益的经验和做法						
总结反馈建议						

小组内互评表

组号：_____　　姓名：_____　　学号：_____　　检索号：_____

班级			组名		日期	
评价指标	评 价 内 容				分数	得分
资源使用	该同学能有效利用网络、图书资源查找有用的相关信息等；能将查到的信息有效地传递到工作中				10 分	
感知课堂生活	该同学是否已经掌握调用 API 接口开发聊天机器人的方法，认同工作价值；在工作中是否能获得满足感				10 分	
学习态度	该同学能否积极主动与教师、同学交流，相互尊重、理解、平等相待；与教师、同学之间是否能够保持多向、丰富、适宜的信息交流				15 分	
	该同学能否处理好合作学习和独立思考的关系，做到有效学习；能提出有意义的问题或能发表个人见解				15 分	
学习方法	该同学学习方法得体，是否获得了进一步学习的能力				15 分	
思维态度	该同学是否能发现问题、提出问题、分析问题、解决问题、创新问题				10 分	
学习效果	该同学是否能按时按质完成任务；较好地掌握了知识点；具有较强的信息分析能力和理解能力；具有较为全面严谨的思维能力并能条理清楚明晰表达成文或汇报				25 分	
评 价 分 数						
该同学的不足之处						
有针对性的改进建议						

小组间互评表

被评组号：_____　　　检索号：_____

班级		评价小组		日期	
评价指标	评 价 内 容			分数	得分
汇报 表述	表述准确			10分	
	语言流畅			10分	
	准确反映该组完成情况			15分	
认知聊天机器人	聊天机器人功能分类正确，案例具有代表性			15分	
认知聊天机器人 API	聊天机器人API接口信息准确，对我们很有价值			15分	
聊天机器人API 应用实践	聊天机器人代码能运行，输入中文文字问题可以返回中文文字结果			15分	
	按照要求完成测试并计算准确率			5分	
	测试问答用词文明规范			5分	
	聊天机器人中语音输入问题			5分	
	聊天机器人中语音回答问题			5分	
互 评 分 数					
简要评述					

教师评价表

组号：_____　　姓名：_____　　学号：_____　　检索号：_____

班级		组名		姓名		
出勤情况						
评价内容	评价要点	考察要点			分数	评分
资料利用情况	任务实施过程中 资源查阅	(1) 是否查阅资源资料			20分	
		(2) 正确运用信息资料				
互动交流情况	组内交流，教学互动	(1) 积极参与交流			30分	
		(2) 主动接受教师指导				
任务完成情况	规定时间内的完成度	(1) 在规定时间内完成任务			20分	
	任务完成的正确度	(2) 任务完成的正确性			20分	
拓展任务 完成情况	正确完成拓展任务	(1) 实现聊天机器人中语音输入			10分	
		(2) 实现聊天机器人中语音回答				
总分						

任务 2.1.5 校园智能客服

◆ **任务描述** ◆

在智能客服的业务场景中,自动解答用户频繁问到的业务知识类问题(以下简称为FAQ)是一个非常关键的应用需求,可以说是智能客服最为核心的用户应用场景,该功能的实现可以显著降低人工客服的数量与成本。请各小组收集、整理新生入校常见问题和相应解答,并整理成语料库,编写代码实现用文字或者语音输入问题,系统给出文字或语音回答的简易校园智能客服。

◆ **学习目标** ◆

知识目标	能力目标	素质素养目标
(1) 掌握建立语料库的规则和方法; (2) 理解停用词(Stop Words)的含义和使用方法; (3) 了解 jieba(结巴)分词处理原理; (4) 掌握语言训练库的原理和用法。	(1) 能调用 API 实现简易校园智能客服的功能。 (2) 能利用 Python 代码进行分词处理,调用语言训练库实现简易校园客服功能。	(1) 培养学生遵守规范的意识; (2) 培养学生关注我国的语言文化的意识; (3) 培养学生人文关怀的意识; (3) 培养学生技术服务的意识。

◆ **任务分析** ◆

重 点	难 点
(1) 建立语料库; (2) 编写代码训练模型实现简易校园客服功能。	利用 Python 代码进行分词处理,调用语言训练库实现简易校园客服功能。

◆ **知识链接** ◆

智能客服机器人是指用电脑代替人工执行客服的任务的智能机器人,在如今的在线客服系统中日渐成为不可或缺的存在。随

校园客服机器人

着互联网技术、人工智能、大数据的发展，智能客服机器人经历了很多技术革新，其功能不断完善，已经广泛应用于我们的工作生活。智能客服系统一般包含语音识别、自然语言理解、对话管理、自然语言生成、语音转换等五个主要的功能模块，智能客服系统最大的优势是能降低企业客服运营成本，提升用户体验。影响智能客服的智能化水平的要素主要有以下三个：

(1) 基于问题集的语料库：通过人工经验总结构建问题集，依据此问题集建立一个高质量、高扩展性的语料库，并在此基础上通过各种渠道获取尽可能多的行业或相关主题的问答知识。语料库是客服机器人寻找答案的来源，语料库覆盖面越广，机器人可以回答的问题就越多。

(2) 问题归一化处理：语言文化博大精深，用户表达问题的方式通常都是非标准化的，同一问题的问法表达方式多样，因此必须扩展问题的表达形式，进行问题归一化，使其能匹配知识库中的标准问法。

(3) 问题检索方法：在大型语料库中快速高效地检索出正确的答案是一个技术关键。

以上三个要素的实现不仅需要如机器学习、自然语言处理、搜索技术等技术的支持，同样需要工作量巨大的如语料库建设、语义知识库等基础性建设。当前相关技术已相对成熟，反而这些基础性类库的规模和质量成了决定客服机器人的智能水平的关键因素。

1. 构建语料库

1) 建立问答库

FAQ(Frequently Asked Questions)指常见问题的解答，具体形式是问题和与问题相关的答案组成的问答对(QA pair)。下面我们基于中山职业技术学院新生常见问题集合构建校园智能客服的问答库。新建一个 txt 文件，输入问题答案对，问题和答案之间用 Tab 键隔开，一行一个问题答案对，期间不要手动换行。图 2.1.5.1 为校园客服机器人的初始问答库的部分问题答案对。利用图 2.1.5.2 中的方法获取问题列表 questionList[]、分词处理后的问题列表 list_kw[]和对应问题的回答列表 answerList[]，从而构建语料库。

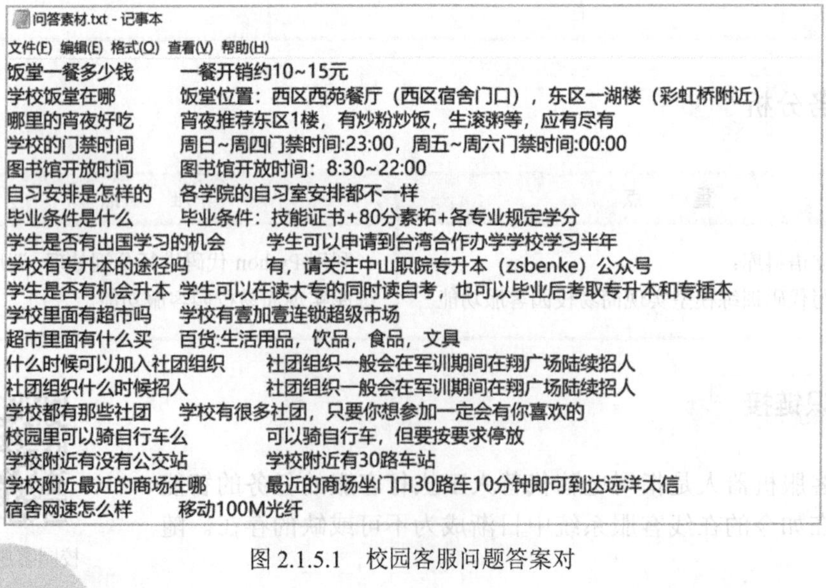

图 2.1.5.1 校园客服问题答案对

```
def get_que_pair(ques_file):
    # 读取问答素材
    questionList = []
    List_kw = []
    answerList = []
    data_ls = []
    with open(ques_file, 'r', encoding='utf-8') as f:
        for line in f.readlines():
            sent = line.strip().split('|t')
            data_ls.append(sent)

    new_data = data_augment(data_ls)

    # 语料库构建
    for t in new_data:
        questionList.append(t[0])
        List_kw.append(cut(t[0]))
        answerList.append(t[1])
    return questionList, answerList
```

图 2.1.5.2　构建语料库

2) 分词处理——jieba 库

自然语言处理技术的很多算法来源于国外，在英文中每个单词都是一个词，单个字母没有含义而单词可以准确表达出一定含义，一般是以词为单位进行分析的，因此在中文文本处理中，一般也要用词来作为最小单位进行文本分析。英文中每个单词间本来就是隔开的，但是中文的词与词之间是没有任何符号标志的，所以在分词处理方面中文比英文难度大很多，比如"已经结婚的和尚未结婚的同志都要计划生育。"，这句话分词不同可以产生以下两种不同的断句，这样含义也就完全不同了。

断句 1：已经结婚/的/和/尚未/结婚/的/同志/都/要/计划/生育。

断句 2：已经结婚/的/和尚/未/结婚/的/同志/都/要/计划/生育。

下面对 jieba 库及其使用作简单介绍。

(1) jieba 库简介。

中文自然语言分词处理中最简单实用的就是 jieba 分词处理，也称为 jieba 库，是完全"Made in China"的一个分词处理技术。jieba 分词属于概率语言模型分词，利用一个中文词库来确定汉字之间的关联概率，将关联概率大的汉字组成词组从而形成分词结果，另外除了分词，用户还可以添加自定义的词组。

(2) jieba 库的使用。

jieba 支持三种分词模式，分别是全模式、精确模式和搜索引擎模式。全模式是把句子中所有的可以成词的词语都扫描出来，该模式速度非常快，但是不能解决歧义。精确模式是试图将句子最精确地切开，非常适合文本分析。搜索引擎模式是在精确模式的基础上，对长词再次切分，从而提高召回率。表 2.1.5.1 为 jieba 分词处理的常用函数及其功能描述，推荐使用返回列表类型的切分函数。

表 2.1.5.1　jieba 分词处理常用函数及其功能描述

函　　数	功能描述
jieba.cut (s)	精确模式，返回一个可迭代的数据类型
jieba.cut(s, cut all=True)	全模式，输出文本 s 中所有可能单词
jieba.lcut(s)	精确模式，返回一个列表类型，推荐使用
jieba.lcut(s, cut all=True)	全模式，返回一个列表类型，推荐使用
jieba.lcut_for_search(s)	搜索引擎模式，返回一个列表类型，推荐使用
jieba.add word(w)	向分词词典中增加新词

　　jieba 库是第三方库，使用前需要先安装，推荐使用" pip install jieba"或者"pip3 install jieba"进行安装，安装完成后在 Python 代码中通过 import jieba 来引用。下面以"中华人民共和国是一个伟大的国家"来演示 jieba 分词三种模式的结果，图 2.1.5.3 是调用 jieba 分词函数三种模式的 Python 代码，图 2.1.5.4 是对应的分词结果。

```
import jieba

words=jieba.lcut("中华人民共和国是一个伟大的国家")
print("【精确模式】:",words)

words=jieba.lcut("中华人民共和国是一个伟大的国家",cut_all=True)
print("【全模式】:",words)

words=jieba.lcut_for_search("中华人民共和国是一个伟大的国家")
print("【搜索引擎模式】:",words)
```

图 2.1.5.3　jieba 分词函数 Python 代码

```
【精确模式】: ['中华人民共和国', '是', '一个', '伟大', '的', '国家']
【全模式】: ['中华', '中华人民', '中华人民共和国', '华人', '人民', '人民共和国', '共和', '共和国', '国是', '一个', '伟大', '的', '国家']
【搜索引擎模式】: ['中华', '华人', '人民', '共和', '共和国', '中华人民共和国', '是', '一个', '伟大', '的', '国家']
```

图 2.1.5.4　jieba 分词三种模式的结果

3) 分词过滤——停用词

　　在信息检索中，为节省存储空间和提高搜索效率，在处理自然语言数据(或文本)之前或之后会自动过滤掉某些字或词，这些字或词即被称为停用词(Stop Words)。人类语言中包含的语气助词、副词、介词、连接词等，通常自身并无明确的意义，只有将其放入一个完整的句子中才有一定的作用，如常见的"的""在""啊"之类。因此在进行中文自然语言处理的时候，分词是必不可少的环节，没有实际意义的词语必须在分词环节后进行过滤，即过滤停用词。可以根据主观判断来选择一些分类能力弱的词或针对某一领域选择该领域常用词来构造停用词表，中文的停用词表我们可以直接用公开的停用词表。目前网络上公开的使用比较多的停用词表有中文停用词表、哈工大停用词表、百度停用词表、四川大学机器智能实验室停用词库，大家可以到 https://github.com/goto456/stopwords 网站进行下载，名称和链接对应如图 2.1.5.5 所示。

词表名	词表文件
中文停用词表	cn_stopwords.txt
哈工大停用词表	hit_stopwords.txt
百度停用词表	baidu_stopwords.txt
四川大学机器智能实验室停用词库	scu_stopwords.txt

图 2.1.5.5　github 中文停用词表资源链接

有了中文停用词表后，我们首先读取停用词，这里我们定义了一个函数(如图 2.1.5.6 所示)来完成这个功能，函数中 stopword_file 参数指的就是本地停用词表文件。读取完停用词就可以将其用于过滤分词，使用方法参考图 2.1.5.7，代码中的 stopwords 就是读取停用词 get_stopword 函数返回的结果。

```python
# 读取停用词
def get_stopword(stopword_file):
    stopwords = set()
    file_obj = codecs.open(stopword_file, 'r', 'utf-8')
    while True:
        line = file_obj.readline()
        line=line.strip('\r\n')
        if not line:
            break
        stopwords.add(line)
    file_obj.close()
    return stopwords
```

图 2.1.5.6　读取停用词

```python
def cut_for_search(sentence, stopword=True):
    seg_list = jieba.cut_for_search(sentence)

    results = []
    for seg in seg_list:
        if stopword and seg in stopwords:
            continue
        results.append(seg)
    return results
```

图 2.1.5.7　过滤分词

2. 语料库训练

基于信息检索是实现智能问答系统的经典方法，词频—逆向文档频度(Term Frequency - Inverse Document Frequency，TF-IDF)就是其中常用的信息检索算法。TF-IDF 算法是一种针对关键词的统计分析方法，用来评估一个词对一个文件集或者一个语料库的重要程度。TF-IDF 算法认为一个词的重要程度跟它在文章中出现的次数成正比，但跟它在语料库中出现的次数成反比。TF-IDF 实际包含两层含义，一层是 TF(Term Frequency)，表示"词频"，另一层是 IDF(Inverse Document Frequency)，表示"逆向文档频率"。这里的词频 TF 指的是某词在文章中出现的总次数，即 TF=(某词在文档中出现的次数/文档的总词量)，而逆向文档频率 IDF 用来计算某词的区分能力,计算公式为 IDF=log(语料库中文档总数/包含该词的文档数+1) ,即语料库中包含某词语的文档越少 IDF 值越大,也就说明该词语具有很强的区分能力。计算完 TF 和 IDF 后,将两个数相乘就可以获得 TF-IDF 的值(即 TF-IDF=TFxIDF),TF-IDF 值越大表示该特征词在文档中越重要。所以通过计算语料库中词语的 TF-IDF 值就可以对这些词进行排序,排在前面的几个词就是该文档中的关键词,根据关键词就可以找到对应问题的答案了。TF-IDF 算法简单高效,工业领域常用它进行最开始的文本数据清洗。图 2.1.5.8 就是利用 TF-IDF 模型进行语料库训练的示例。

```python
# tfidf模型--语料库训练
def TfidfModel(min_frequency=1):

    texts = get_cuted_sentences(questionList)
    #删除低频词
    frequency = defaultdict(int)
    for text in texts:
        for token in text:
            frequency[token] += 1
    texts = [[token for token in text if frequency[token] > min_frequency] for text in texts]
    #制作词装
    dictionary = corpora.Dictionary(texts)
    #制作语料库
    corpus_simple = [dictionary.doc2bow(text) for text in texts]

    # 利用TF-IDF模型训练语料库
    model = models.TfidfModel(corpus_simple)
    corpus = model[corpus_simple]

    # 创建相似度矩阵
    index = similarities.MatrixSimilarity(corpus)
    return dictionary, model, index
```

图 2.1.5.8 TF-IDF 模型训练语料库

3. 句子相似度计算

句子相似度指的是两个句子之间相似的程度,在自然语言处理中有很大的用处,譬如在对话系统、文本分类、信息检索、语义分析等应用场景中,它可以提供更快的检索信息方式,并且得到的信息更加准确。若要快速为输入的问题找到对应的回答,就需要计算输入的句子与语料库中句子的相似度,找出相似度最高的几个句子从而为解答做准备。这里我们利用词袋模型来实现。词袋模型(Bag-of-Words Model)是在自然语言处理和信息检索(IR)下被简化的表达模型,在此模型下可以像用一个袋子装着组成句子的词一样的方式来表现句子,这种表现方式不考虑文法以及词的顺序。具体实现方法为:首先结合经过语料训练后的语料库字典,将输入的句子(比较的句子)转换成向量,从而得到词袋模型,实现代码如图 2.1.5.9 所示,其中的 dictionary 就是图 2.1.5.8 中返回的值。接下来,利用刚才得到的词袋模型来计算相似度,找出相似度最大的前 k 个句子并计算其得分,然后将其封装到 similarity_k 函数中,具体代码如图 2.1.5.10 所示。

```python
# 对新输入的句子(比较的句子)转换向量
def sentence2vec(sentence):
    vec_bow = dictionary.doc2bow(cut_for_search(sentence))
    return model[vec_bow]
```

图 2.1.5.9 句子的向量转换

```
# 求最相似的句子
def similarity_k(sentence, k):
    sentence_vec = sentence2vec(sentence)

    sims = index[sentence_vec]
    sim_k = sorted(enumerate(sims), key=lambda item: item[1], reverse=True)[:k]

    indexs = [i[0] for i in sim_k]
    scores = [i[1] for i in sim_k]
    return indexs, scores
```

图 2.1.5.10　寻找最相似的 k 个句子

4. 输入问题获取答案

在完成以上三个步骤后，我们就可以输入问题，计算句子的相似度，从而从语料库中搜索到最匹配的回答，参考代码如图 2.1.5.11 所示，这里找出了相似度值排名前三的回答，最终输出相似度最高(即排名第一)的回答。

```
# 获取停用词
stopwords = get_stopword('./stopword.txt')
# 获取问题列表和答案列表
questionList, answerList = get_que_pair('./问答素材.txt')
# 模型生成
dictionary, model, index = TfidfModel()

while True:
    question = input("请输入问题(q退出)：例如，食堂在哪，图书馆几点开门，宿舍环境怎么样\n")
    # quesiton_k=similarity_k(question, 3)
    if question == 'q':
        break
    question_k = similarity_k(question, 3)
    print("找到的答案是：{}".format(answerList[question_k[0][0]]))
    # for idx,score in zip(*question_k):
    #     print("similar questions: {},score: {}".format(questionList[idx],score))
```

图 2.1.5.11　输入问题获取回答

AI 记 事 本

语音交互应用前景广阔

　　让机器能听、能看、能说、能感觉，是未来人机交互的发展方向，其中语音成为未来最被看好的人机交互方式，语音比其他的交互方式有更多的优势。当前，语音对话机器人、语音助手、互动工具等层出不穷，许多互联网公司纷纷投入人力、物力和财力展开此方面的研究和应用，目的是通过语音交互的新颖和便利模式迅速占领客户群。

语音交互应
用前景广阔

◆ 素质素养养成 ◆

(1) 在整理问题和答案库、编写代码的过程中培养学生遵守规范的意识；

(2) 在中文分词处理中培养学生关注我国语言文化的意识；

(3) 在整理问题和答案库、构建语料库和测试的过程中培养学生语言文化上的人文关怀意识；

(4) 在了解智能客服对人类生产生活的意义中培养学生技术服务社会的意识。

◆◆ **任务分组** ◆◆

学生任务分配表

班级		组号		指导教师	
分工明细	姓名(组长填在第1位)	学号		任务分工	

◆◆ **任务实施** ◆◆

∘∘◦── **任务工作单 1：智能客服知识认知** ──◦∘∘

组号：_____ 姓名：_____ 学号：_____ 检索号：_____

引导问题：

(1) 智能客服主要分为几类？分别应用于哪些场景？

_____

(2) 分享你碰到过的智能客服或智能问答系统。

_____

(3) 为什么智能客服能明白你的意思并做出应答？

_____

∘∘◦── **任务工作单 2：确定校园智能客服开发流程** ──◦∘∘

组号：_____ 姓名：_____ 学号：_____ 检索号：_____

引导问题：

(1) 影响智能客服智能水平的因素有哪些？

_____

(2) 实现智能客服的流程有哪些？

_____

(3) 每个流程对应的 Python 库文件是什么？

_____

(4) 检查你的电脑是否已经安装所需要的库文件，如果没有请安装。

_____

∘∘◦—— **任务工作单 3：构建校园智能客服语料库** ——◦∘∘

组号：＿＿＿＿＿ 姓名：＿＿＿＿＿ 学号：＿＿＿＿＿ 检索号：＿＿＿＿＿

引导问题：

(1) 问答集合 txt 文件的规则是什么？

＿＿＿＿＿＿＿＿＿＿＿＿＿＿＿＿＿＿＿＿＿＿＿＿＿＿＿＿＿＿＿＿＿＿＿＿＿＿

(2) 小组讨论，在现有的问答集合中增加新的问答对，提交 txt 文件。

＿＿＿＿＿＿＿＿＿＿＿＿＿＿＿＿＿＿＿＿＿＿＿＿＿＿＿＿＿＿＿＿＿＿＿＿＿＿

(3) jieba 分词有哪几种模式？试试将问答集合中的问题如"学校有专升本的途径吗"进行分词处理，截图保存所有模式的分词结果。

＿＿＿＿＿＿＿＿＿＿＿＿＿＿＿＿＿＿＿＿＿＿＿＿＿＿＿＿＿＿＿＿＿＿＿＿＿＿

(4) 说说停用词的作用，并下载一个公开的中文停用词。

＿＿＿＿＿＿＿＿＿＿＿＿＿＿＿＿＿＿＿＿＿＿＿＿＿＿＿＿＿＿＿＿＿＿＿＿＿＿

(5) 利用下载的停用词过滤引导问题(3)中的分词处理结果，截图保存过滤前后的结果。

＿＿＿＿＿＿＿＿＿＿＿＿＿＿＿＿＿＿＿＿＿＿＿＿＿＿＿＿＿＿＿＿＿＿＿＿＿＿

∘∘◦—— **任务工作单 4：校园智能客服模型训练和问题检索** ——◦∘∘

组号：＿＿＿＿＿ 姓名：＿＿＿＿＿ 学号：＿＿＿＿＿ 检索号：＿＿＿＿＿

引导问题：

(1) 简述 TF-IDF 算法的作用和原理。

＿＿＿＿＿＿＿＿＿＿＿＿＿＿＿＿＿＿＿＿＿＿＿＿＿＿＿＿＿＿＿＿＿＿＿＿＿＿

(2) 编写 Python 代码，利用 TF-IDF 模型完成语料库训练。

＿＿＿＿＿＿＿＿＿＿＿＿＿＿＿＿＿＿＿＿＿＿＿＿＿＿＿＿＿＿＿＿＿＿＿＿＿＿

(3) 简述词袋模型的原理。

＿＿＿＿＿＿＿＿＿＿＿＿＿＿＿＿＿＿＿＿＿＿＿＿＿＿＿＿＿＿＿＿＿＿＿＿＿＿

(4) 编写 Python 代码，基于词袋模型和完成的语料库对输入的问题计算相似度，找出匹配的问题和答案。

＿＿＿＿＿＿＿＿＿＿＿＿＿＿＿＿＿＿＿＿＿＿＿＿＿＿＿＿＿＿＿＿＿＿＿＿＿＿

(5) 编写 main 函数，输入问题获取答案。

＿＿＿＿＿＿＿＿＿＿＿＿＿＿＿＿＿＿＿＿＿＿＿＿＿＿＿＿＿＿＿＿＿＿＿＿＿＿

∘∘◦—— **任务工作单 5：校园智能客服开发流程优化** ——◦∘∘

组号：＿＿＿＿＿ 姓名：＿＿＿＿＿ 学号：＿＿＿＿＿ 检索号：＿＿＿＿＿

引导问题：

(1) 每小组推荐一位小组长，汇报本组的问题集合、语料库的构建方法和过程、句子相似度的计算方法，借鉴各组分享的经验，进一步优化实现的步骤。

＿＿＿＿＿＿＿＿＿＿＿＿＿＿＿＿＿＿＿＿＿＿＿＿＿＿＿＿＿＿＿＿＿＿＿＿＿＿

(2) 检查自己不足的地方，说说从哪个组找到了优化的方法。

_____

(3) 针对同一问题的不同表述，对语料库进行扩展。

_____

°°°—— 任务工作单 6：校园智能客服开发实施 ——°°°

组号：_____ 姓名：_____ 学号：_____ 检索号：_____

引导问题：

(1) 按照正确的流程和实现方法，完成本地版校园智能客服的调试。

_____

(2) 自查实现过程中的错误。

_____

(3) 调试校园客服机器人，运行测试 20 个以上的问题，统计正确回答率。

_____

◆◆ **评价反馈** ◆◆

个人评价表

组号：_____ 姓名：_____ 学号：_____ 检索号：_____

班级		组名		日期	
评价指标	评 价 内 容			分数	得分
资源使用	能有效利用网络、图书资源查找有用的相关信息等；能将查到的信息有效地传递到工作中			10 分	
感知课堂生活	是否掌握构建语料库、语料训练的原理和方法，认同工作价值；在学习实践中是否能获得满足感			20 分	
交流沟通	积极主动与教师、同学交流，相互尊重、理解、平等相待；与教师、同学之间是否能够保持多向、丰富、适宜的信息交流			10 分	
	能处理好合作学习和独立思考的关系，做到有效学习；能提出有意义的问题或能发表个人见解			10 分	
学习方法	学习方法得体，是否获得了进一步学习的能力			15 分	
辩证思维	是否能发现问题、提出问题、分析问题、解决问题、创新问题			10 分	
学习效果	按时按要求完成了任务；较好地掌握了知识点；具有较强的信息分析能力和理解能力；具有较为全面严谨的思维能力并能条理清楚明晰表达成文和汇报			25 分	
自 评 分 数					
有益的经验和做法					
总结反馈建议					

小组内互评表

组号：_____　　姓名：_____　　学号：_____　　检索号：_____

班级			组名		日期	
评价指标	评 价 内 容				分数	得分
资源使用	该同学能有效利用网络、图书资源查找有用的相关信息等；能将查到的信息有效地传递到工作中				5 分	
感知课堂生活	该同学是否已经掌握构建语料库、进行语料库模型训练、计算句子相似度的方法，认同工作价值；在工作中是否能获得满足感				15 分	
学习态度	该同学能否积极主动与教师、同学交流，相互尊重、理解，平等相待；与教师、同学之间是否能够保持多向、丰富、适宜的信息交流				15 分	
	该同学能否处理好合作学习和独立思考的关系，做到有效学习；能提出有意义的问题或能发表个人见解				15 分	
学习方法	该同学学习方法得体，是否获得了进一步学习的能力				15 分	
思维态度	该同学是否能发现问题、提出问题、分析问题、解决问题、创新问题				10 分	
学习效果	该同学是否能按时按质完成任务；较好地掌握了知识点；具有较强的信息分析能力和理解能力；具有较为全面严谨的思维能力并能条理清楚明晰表达成文或汇报				25 分	
评 价 分 数						
该同学的不足之处						
有针对性的改进建议						

小组间互评表

被评组号：_____　　　　检索号：_____

班级		评价小组		日期	
评价指标	评 价 内 容			分数	得分
汇报表述	表述准确			15 分	
	语言流畅			10 分	
	准确反映该组完成情况			15 分	
流程完整正确	语料数据收集和整理符合要求，新增问答对 15 个以上			15 分	
	语料问题扩展了总数达到 20 个以上			15 分	
	模型训练和部署应用，按照要求完成测试并计算正确率			20 分	
	测试用语文明规范			5 分	
	实现了语音输入和输出功能			5 分	
互评分数					
简要评述					

教师评价表

组号：_____　　姓名：_____　　学号：_____　　检索号：_____

班级		组名		姓名	
出勤情况					
评价内容	评价要点	考察要点		分数	评分
资料利用情况	任务实施过程中资源查阅	(1) 是否查阅资源资料		20分	
		(2) 正确运用信息资料			
互动交流情况	组内交流，教学互动	(1) 积极参与交流		30分	
		(2) 主动接受教师指导			
任务完成情况	规定时间内的完成度	(1) 在规定时间内完成任务		20分	
	任务完成的正确度	(2) 任务完成的正确性		30分	
总分					

项目 2.2　图像识别技术应用——植物检测

项目情景

随着现代化工业的不断发展，土地资源匮乏和环境污染已成为现代农业面临的重大问题。植物生长柜使用 LED 灯代替自然光，采用营养液栽培技术，对植物生长发育过程中所需的温度、湿度、光照等进行智能调控，是一种高效无污染的新型农业生产方式。目前，市场上常见的植物生长柜大多处于人工现场检测阶段，无法实现对植物生长柜中植物的实时检测，从而进行智能调节。因此给植物的监控与生长环境调节带来极大的不便。为了实现对生长柜的智能升级，实时检测植物种类，记录植物生长全周期，及时作出相应的处理，本章将带大家一起完成植物生长柜智能升级的其中一个重要环节——植物检测。

项目导览

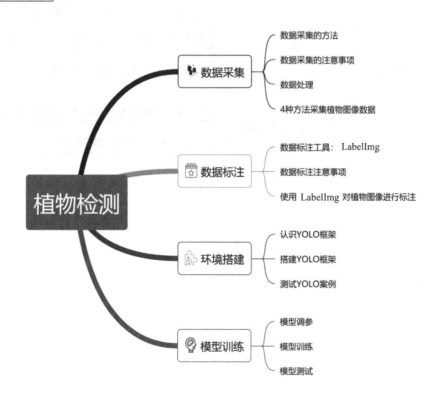

项目目标

- 了解目标检测的流程；
- 了解当前主流的目标检测的模型和框架；
- 能用 YOLO 框架实现植物种类检测功能。

思政聚焦

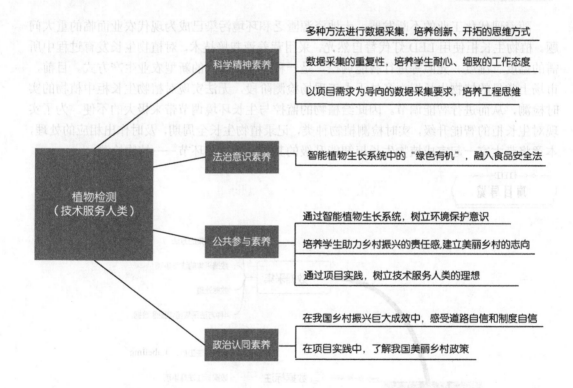

	科学精神素养	多种方法进行数据采集，培养创新、开拓的思维方式
		数据采集的重复性，培养学生耐心、细致的工作态度
		以项目需求为导向的数据采集要求，培养工程思维

植物检测（技术服务人类）

法治意识素养：智能植物生长系统中的"绿色有机"，融入食品安全法

公共参与素养：
- 通过智能植物生长系统，树立环境保护意识
- 培养学生助力乡村振兴的责任感，建立美丽乡村的志向
- 通过项目实践，树立技术服务人类的理想

政治认同素养：
- 在我国乡村振兴巨大成效中，感受道路自信和制度自信
- 在项目实践中，了解我国美丽乡村政策

任务 2.2.1　植物图像资源采集

　　获取四类植物(上海青、生菜、色拉菜、苦苣菜)的图片(JPEG 格式)，每一类植物图片不少于 1000 张，图片中可以只含有一种植物，也可以含有多种植物，如图 2.2.1.1 所示。

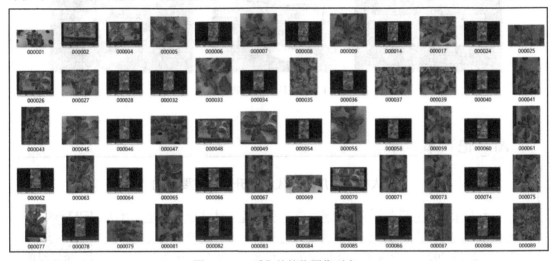

图 2.2.1.1　采集的植物图像列表

◆ **学习目标** ◆

知识目标	能力目标	素质素养目标
(1) 掌握常用数据采集的方法； (2) 掌握数据采集的注意事项。	(1) 能根据项目需求采用合理方法进行数据采集； (2) 会对采集后的数据进行简单处理。	(1) 培养学生耐心、细致的工作作风； (2) 培养学生工程思维方式； (3) 培养学生技术服务人类的意识； (4) 培养学生开拓思维的习惯。

◆ **任务分析** ◆

重　点	难　点
数据采集的方法。	根据工程需求选择合理方法进行数据采集。

知识链接

图 2.2.1.2 所示为 LED 智能植物生长柜，这是一种高效无污染的新型农业生产方式。

图 2.2.1.2　LED 智能植物生长柜

AI 记 事 本

无人植物工厂是现代农业升级的重要方向

　　无人化植物工厂是依靠智能化、数字化设备，对设施内环境进行高精度控制，实现农作物高效、连续生产的系统。新思界产业研究中心发布的《2021-2025 年中国无人化植物工厂市场可行性研究报告》显示，无人化植物工厂不依靠自然条件，通过人工智能对设施内的营养液、光照、温度、湿度、二氧化碳等进行控制，可以常年不间断进行生产，可以在自然条件下不能种植农作物的场景中进行农作物种植，人只需要在控制中心远程操控即可，是现代农业升级的重要方向。

无人植物工厂

一、目标检测算法——YOLO

　　植物检测属于目标检测范畴，属于机器学习中的监督学习，因此需要告诉机器有答案的数据，我们可以通过采集植物图片，进行数据标注，从而获得有答案的数据。目标检测有很多成熟的算法、框架，我们不需要自己搭建神经网络，可以选择目前效果比较好的 YOLO 实例，进行我们自己的植物种类学习，实现检测功能。

　　YOLO 算法也是 One-Stage 目标检测算法中的一种，它通过一个网络就可以输出类别、置信度、坐标位置等信息。目标检测是计算机视觉中比较简单的任务，用于识别物体的种类，同时标出这些物体的位置。

　　YOLO 的全称是 you only look once，指只需要浏览一次就可以识别出图中的物体的类别和位置。YOLO 的预测是基于整个图片的，并且它会一次性输出所有检测到的目标信息，包括类别和位置。YOLO 在 2016 年被提出，之后陆续推出了 4 个版本，每一个版本都是对上一版本的优化。下面分别对这 4 个版本进行简要介绍。

1. YOLOv1

YOLOv1 首先将 resize(图像大小)调整到 448×448 并输入 448×448×3 的一个彩色图像，然后输出 7×7×30 的多维向量。这里的 7×7×30 可分为两个部分：7×7 和 30。"7×7"是指将图片划分为 7×7 个网格(cell)，这里的每个网格分别用于预测该区域可能存在的目标。"需要注意的是：这里的划分不是指那种滑动窗口将每个单元格都输入到网络中进行预测，而是根据物体中心点位置来确定哪个网格负责预测，物体的中心落在哪个网格就由那个网格负责预测。因此图片划分的网格越多，预测就会越准确；"30"是指每个预测框都会对应一个 30 维的向量，这个 30 维向量是由 2×5+20 计算得来的，其中的 20 是指 20 个物体检测类别，其中的 2 代表的是两个边框，因为最开始每个网格会生成两个预测框，而其中的 5 则代表每个边框中有五个参数，分别是边框的中心坐标(x，y)、边框的宽 w 和高 h 以及边框的置信度。YOLOv1 的模型推导过程示意图如图 2.2.1.3 所示。

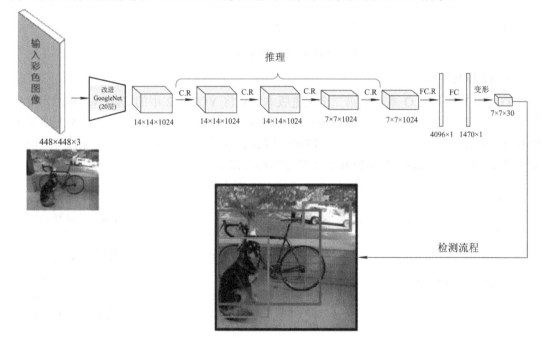

图 2.2.1.3　YOLOv1 的模型推导过程

YOLOv1 首先会将 ImageNet 作为训练集预训练模型，最终达到 88%的图像识别正确率，然后使用迁移学习将预训练的模型应用到当前标注的训练集进行训练。模型输出 5 维信息(x，y，w，h，score)，使用 Leaky Relu 作为激活函数，全连接层后添加 Dropout 层防止过拟合。在得到输出值之后，我们需要计算每个 box 与 ground true 的 Iou 值，然后通过非极大值抑制筛选 box。

2. YOLOv2

YOLOv2 是 YOLO 系列的第一个改进版本，它首次提出了以 DarkNet19 作为主干网络，并使用全卷积代替了全连接,解决了 YOLOv1 全连接的问题。还使用批量标准化替代了随机失活(dropout),提升了模型的泛化能力。受 faster-rcnn 的启发,YOLOv2 不再像 YOLOv1 那样直接预测 BBOX 的位置和大小,而是引入 anchor 的概念,直接预测 BBOX 相对于 anchor boxes 的偏移量。图 2.2.1.4 是 YOLOv2 的模型推导过程示意图。

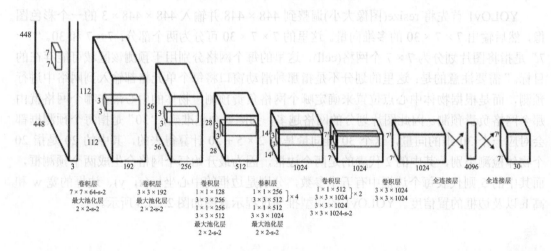

图 2.2.1.4　YOLO v2 的模型推导过程示意图

3. YOLOv3

YOLOv3 是 YOLO 系列的第二个改进版本,它将 YOLOv2 中的 DarkNet19 改为特征提出能力更强的 DarkNet53。YOLOv3 开始使用多尺度输出来预测数据,这大大增强了 YOLO 检测小目标的性能。此外,YOLOv3 还使用了特征金字塔结构,用于加强特征的提取。图 2.2.1.5 是 YOLOv3 与 YOLOv1 模型结构对比示意图。

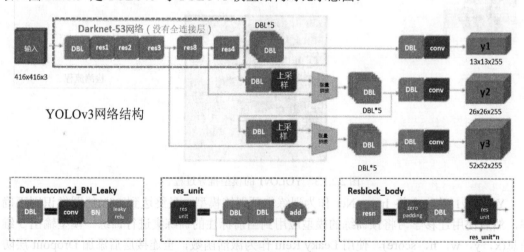

图 2.2.1.5　YOLOv3 与 YOLOv1 模型结构对比示意图

4. YOLOv4

YOLOv4 是 YOLO 系列的第三个改进版本,它将 YOLOv3 中的算法和目前主流的算法通过实验进行整合,例如使用 SPP 增大感受野,引入注意力机制,使用 Mosaics 数据增强方法等。正是这些修改，使得 YOLOv4 号称为最好用的目标检测框架，具体体现在"比它快的没它准，比他准的没它快"。图 2.2.1.6 是针对 COCO 数据集下不同 YOLO 模型不同版本的目标检测效果对比图，从图中可以看出 YOLOv4 的目标检测效果是最好的。

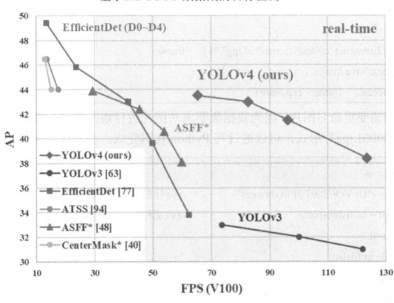

图 2.2.1.6　COCO 数据集目标检测 YOLO 不同版本效果对比图

二、植物检测中的数据采集

要实现目标检测，就需要对有答案的目标图片进行学习。本次植物检测项目需要检测四类植物，分别是上海青、生菜、色拉菜和苦苣菜，因此我们需要大量采集这四类植物不同生长状态、不同角度的图像数据，为后续的数据标注、机器学习做准备。

植物图像
数据采集

目前采集图像数据的方式有很多种，比如以下几种：

(1) 使用手机(相机)拍摄照片；

(2) 使用手机(相机)拍摄视频，然后转换为图像；

(3) 使用爬虫技术从网络上获取。

基于工程思维，数据采集的方式应该与产品使用方式一致，这样不仅可以提高目标检测的准确度，训练的模型也最符合应用场景，还可减少工作时间，提高工作效率。所以本项目通过在植物生长柜的每一层放置网络摄像头，获取原始照片数据。

把视频转换成图片的方式也有多种，我们可以用截图软件对视频进行截图，也可以使用现成的视频转图片的软件，还可以利用 OpenCV 自行写 Python 脚本进行按帧数截图。显然利用 OpenCV 自行写 Python 脚本进行按帧数截图的方法是最方便快捷的，具体实现的参考代码如下：

```
import cv2
cap = cv2.VideoCapture("C:\\video2img\\veg.mp4")
success，  frame = cap.read()
i = 0
while success :
    i = i + 1
    cv2.imwrite("c:\\test\\frames%d.jpg" % i，  frame)
    print('save image:'，i)
    success,  frame = cap.read()
```

最后我们需要重命名图片，因为数据集要求对图片进行规范命名。图片重命名为 VOC 数据集的"000001.jpg"形式，可以通过写 Python 代码完成，参考代码如下：

```
import os
path = r"D:\VOC2007\JPEGImages"              #路径根据实际修改
filelist = os.listdir(path)                  #该文件夹下所有的文件(包括文件夹)
count=0
for file in filelist:
    print(file)
for file in filelist:   #遍历所有文件
    Olddir=os.path.join(path，file)          #原来的文件路径
    if os.path.isdir(Olddir):               #如果是文件夹则跳过
        continue
    filename=os.path.splitext(file)[0]      #文件名
    filetype= '.jpg'                        #文件扩展名
    Newdir=os.path.join(path，str(count).zfill(6)+filetype)  #用字符串函数 zfill 以 0 补全所需
                                                           位数
    os.rename(Olddir，Newdir)               #重命名
```

此步骤结束后，所有图片的格式应该都为 JPG，并且以"00000*.jpg"格式命名好放在同一个文件夹里。

AI 记 事 本

工程思维：本项目是通过在植物生长柜每一层放置网络摄像头并通过摄像头拍摄的图像进行实时目标检测的。因此，我们在图像采集的时候就可以直接用放置在生物柜的网络摄像头采集视频，然后把视频转换成图片。

数据采集的方式跟你的产品使用方式要一致。这样做其实在减轻了工作量的同时也提高了产品的准确度。

工程思维

◆　**素质素养养成**　◆

(1) 在数据采集过程，引导学生充分利用网络资源，使用多种方法进行数据采集，并进行对比分析，开拓思维方式；

(2) 在重复采集数据的过程中，养成学生的耐心、对待工作认真细致的工作作风；

(3) 从智能植物生长系统的应用价值中，引导学生关注三农问题和智慧农业，培养技术服务人类的意识；

(4) 在实践过程中，以项目需求为导向采集符合项目的图像数据，逐渐培养工程思维的职业素养。

◆　**任务分组**　◆

学生任务分配表

班级		组号		指导教师	
分工明细	姓名(组长填在第 1 位)		学号	任务分工	
	...				
	姓名(组长填在第 1 位)		学号	任务分工	
	...				
	姓名(组长填在第 1 位)		学号	任务分工	

◆　**任务实施**　◆

°°○—— **任务工作单 1：图像数据采集方法探究** ——○°°

组号：_____　　姓名：_____　　学号：_____　　检索号：_____

引导问题：

(1) 通过个人思考或者网上查阅，找出三种以上图片数据的采集方法，并对比这些方法的优缺点。

序号	方法描述	优点	缺点

(2) 针对本项目的特点，在引导问题(1)中选取一种最优方案，并说出理由。

_____

°°◦—— **任务工作单 2：制订植物图像数据采集方案** ——◦°°

组号：_____ 姓名：_____ 学号：_____ 检索号：_____

引导问题：

根据任务 2.2.1，制定出植物图片数据采集的具体方案步骤。

步骤一：_____

步骤二：_____

步骤三：_____

步骤四：_____

步骤五：_____

步骤六：_____

°°◦—— **任务工作单 3：植物图像数据采集方案(讨论)** ——◦°°

组号：_____ 姓名：_____ 学号：_____ 检索号：_____

引导问题：

(1) 小组交流讨论任务 2.2.2 中的各种方案，教师参与，形成最适合本项目的图像数据采集方案。

_____

(2) 小组讨论，得出上述方案的注意事项。

_____

°°◦—— **任务工作单 4：植物图像采集** ——◦°°

组号：_____ 姓名：_____ 学号：_____ 检索号：_____

引导问题：

(1) 分组完成四种植物的图片采集。

_____

(2) 描述图片采集完成后的基本处理步骤。

_____

◆　**评价反馈**　◆

个人自评表

组号：_____　　　姓名：_____　　　学号：_____　　　检索号：_____

班级		组名		日期	年　月　日
评价指标	评　价　内　容			分数	分数评定
信息检索	能有效利用网络、图书资源查找有用的相关信息等；能将查到的信息有效地传递到工作中			10 分	
感知工作	是否熟悉图像数据采集的工作流程，能完成数据采集工作，认同工作价值；在工作中是否能获得满足感			10 分	
参与态度	积极主动与教师、同学交流，相互尊重、理解、平等相待；与教师、同学之间是否能够保持多向、丰富、适宜的信息交流			15 分	
	能处理好合作学习和独立思考的关系，做到有效学习；能提出有意义的问题或能发表个人见解			15 分	
学习方法	学习方法得体，是否获得了进一步学习的能力			15 分	
思维态度	是否能发现问题、提出问题、分析问题、解决问题、创新问题			10 分	
自评反馈	按时按质完成任务；较好地掌握了知识点；具有较强的信息分析能力和理解能力；具有较为全面严谨的思维能力并能条理清楚明晰表达成文			25 分	
自 评 分 数					
有益的经验和做法					
总结反馈建议					

小组内互评表

组号：_____　　　姓名：_____　　　学号：_____　　　检索号：_____

班级		组名		日期	年　月　日
评价指标	评价内容			分数	分数评定
信息检索	该同学能有效利用网络、图书资源查找有用的相关信息等；能将查到的信息有效地传递到工作中			10 分	
感知工作	该同学是否熟悉图像数据采集的工作流程，能完成数据采集工作，认同工作价值；在工作中是否能获得满足感			10 分	
参与态度	该同学能否积极主动与教师、同学交流，相互尊重、理解，平等相待；与教师、同学之间是否能够保持多向、丰富、适宜的信息交流			15 分	
	该同学能否处理好合作学习和独立思考的关系，做到有效学习；能提出有意义的问题或能发表个人见解			15 分	
学习方法	该同学学习方法得体，是否获得了进一步学习的能力			15 分	
思维态度	该同学是否能发现问题、提出问题、分析问题、解决问题、创新问题			10 分	
自评反馈	该同学是否能按时按质完成任务；较好地掌握了知识点；具有较强的信息分析能力和理解能力；具有较为全面严谨的思维能力并能条理清楚明晰表达成文			25 分	
评价分数					
该同学的不足之处					
有针对性的改进建议					

小组间互评表

被评组号：_____ 　　　检索号：_____

班级		评价小组		日期	
评价指标	评价内容			分数	得分
汇报表述	表述准确			10分	
	语言流畅			10分	
	准确反映该组完成情况			5分	
流程完整正确	数据采集方法选择恰当			15分	
	数据采集的类别正确			15分	
	图像数据文件命名规范、统一			15分	
	图像采集方法优劣总结正确合理			25分	
价值观	完成任务过程中涉及的图像、视频内容不违法不违规，传达积极向上的正能量			5分	
互评分数					
简要评述					

教师评价表

组号：_____ 　姓名：_____ 　学号：_____ 　检索号：_____

班级		组名		姓名	
出勤情况					
评价内容	评价要点	考察要点		分数	评分
资料利用情况	任务实施过程中资源查阅	(1) 是否查阅资源资料		20分	
		(2) 正确运用信息资料			
互动交流情况	组内交流，教学互动	(1) 积极参与交流		30分	
		(2) 主动接受教师指导			
任务完成情况	规定时间内的完成度	(1) 在规定时间内完成任务		20分	
	任务完成的正确度	(1) 能选择合理的方式完成四种植物图像数据的采集		30分	
		(2) 总结不同图像数据采集方法的优缺点			
总分					

任务 2.2.2　图像数据标注

◆　**任务描述**　◆

通过任务 2.2.1 我们获取了大量的目标植物图片，也了解到要实现监督学习，需要告诉机器数据的信息，包括正确的、错误的信息，因此我们要对采集的图片进行标注，使其具有目标种类、目标位置的信息，供机器学习使用。本任务使用 LabelImg 对采集的图像数据进行目标检测训练的数据标注——将图像中的四种菜分别框选，加上对应的标签并保存为 XML 格式，完成后的效果如图 2.2.2.1 所示。

图 2.2.2.1　标注后的图像数据

◆　**学习目标**　◆

知识目标	能力目标	素质素养目标
(1) 掌握图像标注常用工具及图片标注方法； (2) 掌握图像标注规则。	(1) 会使用 LabelImg 软件对图像进行数据标注； (2) 能制作达到项目要求的数据集。	(1) 培养学生重复性劳动的耐心及认真态度； (2) 培养学生严谨的工作态度； (3) 培养学生遵守规范的意识。

重　　点	难　　点
图像标注的方法。	VOC 数据集的概念、LabelImg 的安装。

知识链接

一、目标检测中的公开数据集

近年来，有许多知名的用于目标检测的数据集向大众免费公开，可供开发者进行人工智能实验，包括 PASCAL VOC Challenges(例如 VOC2007、VOC2012) 、ImageNet Large Scale Visual Recognition Challenge(例如 ILSVRC2014)、MS-COCO Detection Challenge 等。

1. VOC 数据集

VOC 数据集实际上是一个名为 PASCAL VOC 的世界级的计算机视觉挑战赛中的数据集，很多模型都基于此数据集推出，比如目标检测领域的 YOLO、SSD 等。PASCAL VOC 挑战赛 (The PASCAL Visual Object Classes)是一个世界级的计算机视觉挑战赛，PASCAL 的全称为 Pattern Analysis，Statical Modeling and Computational Learning，是一个由欧盟资助的网络组织，该组织提供一套检测和识别标准化的数据集，我们通常不直接使用这个数据集，而是按照它的格式来准备自己的数据集。此数据集的项目文件结构如图 2.2.2.2 所示，JPEGImages 里面存放的是我们已经采集好并统一规范命名的图像文件(即要进行标注的图像文件)，Annotations 里面存放的是我们标注好的 XML 图像文件，而 ImageSets 里面存放的是我们后面会切分的训练集、测试集、验证集的图片命名，其中 test.txt 是测试集，train.txt 是训练集，val.txt 是验证集，trainval.txt 是训练和验证集。

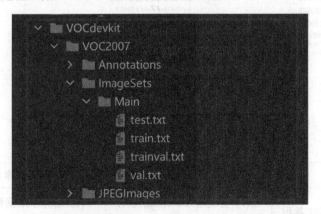

图 2.2.2.2　VOC 数据集项目文件结构图

2. COCO 数据集

COCO 数据集的英文全称为 Microsoft Common Objects in Context(MS COCO)，它是一

个包括大规模(Large-Scale)的对象检测(Object Detection)、分割(Segmentation)、关键点检测(Key-point Detection)和字幕(Captioning)数据集。

二、数据标注

LabelImg 是一款图形界面的图像标注软件，它是用 Python 语言编写的，其中的图形界面是基于 PyQt 框架技术实现的。在安装使用该软件前需配置 python + xml 环境。Faster R-CNN、YOL、SSD 等目标检测网络所需要的数据集均需要借此 LabelImg 标定图像中的目标来完成数据标注。通过 LabelImg 进行图像标注生成的 XML 文件遵循 PASCAL VOC 格式。

植物图像
数据标注

1. 安装 LabelImg 工具

在进行数据标注之前，需要先安装 LabelImg。在 Anaconda 中安装和启动 LabelImg 的方法如下：

(1) 打开 Anaconda prompt，输入命令 pip instal labelimg 进行安装。

(2) 安装成功后，直接输入命令 labelimg 即可打开 LabelImg 标注工具。LabelImg 软件界面如图 2.2.2.3 所示。

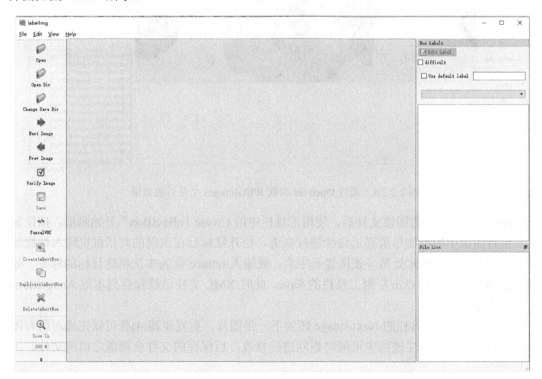

图 2.2.2.3　LabelImg 软件界面

2. 使用 LabelImg 标注并制作植物检测的数据集

具体步骤如下：

(1) 准备两个文件夹 JPEGImages 和 Annotations，将要进行标注的图片全部放到

JPEGImages 里面，Annotations 用来保存标注好的 xml 图像信息文件。

(2) 选择数据集格式。点击图 2.2.2.3 的工具栏中的第 8 个图标(Pascal VOC)可以切换 YOLO 格式标注和 Pascal Voc 格式标注，这里我们选择 Pascal Voc 格式。

(3) 加载数据和确定数据保存文件夹。点击 Open Dir，选择 JPEGImages 文件夹，点击 Change Save Dir，选择 Annotations 文件夹。点击 Open Dir 后会自动打开第一张图片，在 File List 下会显示 JPEGImages 文件下的所有文件，如图 2.2.2.4 所示。

图 2.2.2.4　通过 Open dir 加载 JPEGImages 文件后的效果

(4) 打开要标注的图像文件后，使用工具栏中的 Create 1nRectBox"开始画框，按住鼠标左键将图像中的植物尽量靠近边缘进行框选，松开鼠标后在出现的对话框里输入框选部分植物的名称，比如此处第一张图像是生菜，就输入 lettuce 作为本次框选目标的标签，如图 2.2.2.5 所示。然后点击左侧工具栏的 Save，此时 XML 文件已经保存到本地 Annotations 文件夹中了。

(5) 点击左侧工具栏的 Next Image 转到下一张图片。重复步骤(4)就可以完成对所有图像文件的标注。在标注过程中可随时返回进行修改，后保存的文件会覆盖之前的文件。

> **Tips**：图片后标注会自动生成一个 xml 文件并保存到 Annations 文件夹，Annotations 文件夹里面的 xml 文件名与 JPEGImages 文件夹里面的图片文件名一一对应，即 xml 文件名与对应的图片文件名一致，效果如图 2.2.2.6 所示。标注图片时，定义类别名称要使用小写字母，比如上海青使用 shanghai green，不要用 Shang Green。

图 2.2.2.5 "lettuce"类植物图像标注

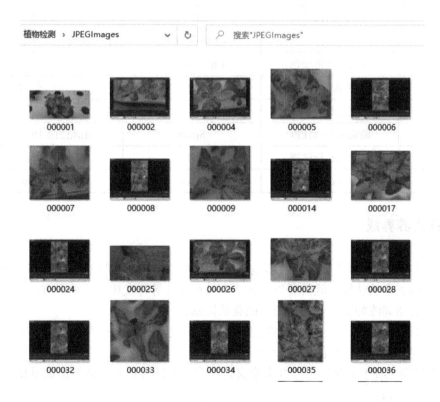

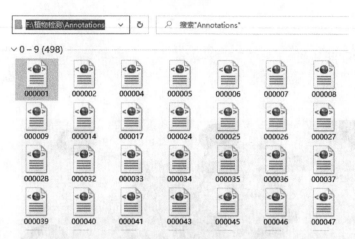

图 2.2.2.6　JPEGImages 文件夹内文件名与 Annotations 文件夹内的文件名一致

　　LabelImg 提供了快捷键，可辅助使用者提高工作效率，表 2.2.2.1 是 LabelImg 的快捷键汇总表。

表 2.2.1.1　LabelImg 快捷键汇总表

快捷键	功　能	快捷键	功　能
Ctrl+Q	退出软件	Ctrl + -	缩小
Ctrl+O	打开文件	Ctrl + =	原始大小
Ctrl+U	打开文件夹	Ctrl + F	全屏
Ctrl+R	改变保存路径	Ctrl + E	编辑标签
Ctrl+S	保存	Ctrl + Shift+O	打开的文件夹只显示 xml 文件
Ctrl+L	设置标注框颜色	Ctrl + Shift+F	适合宽度
Ctrl+J	移动和编辑标注框	D	下一张图片
Ctrl+D	复制标注框	A	上一张图片
Ctrl+H	隐藏所有标注框	Space	标记当前图片已标注
Ctrl+A	显示所有标注框	W	画框
Ctrl++	放大	Delete	删除框

◆◇ **素质素养养成** ◇◆

　　(1) 在数据采集过程中要明白机器是不会思考的，能思考的是机器的设计者和开发者，要让机器做出正确的计算，就需要数据标注人员在标注等开发环节注重细节，并以此培养学生对人工智能训练师新职业的认知和职业认同感；

　　(2) 通过了解数据标注与人工智能的应用之间的关系，认识到"不积跬步无以至千里"的道理，培养学生脚踏实地的职业素养。

　　(3) 引导学生理解数据标注的社会意义，明白重复的劳动是创造智能的基础，培养学生热爱劳动的意识。

任务分组

学生任务分配表

班级			组号		指导教师	
分工明细	姓名(组长填在第 1 位)	学号		任务分工		
	...					
	姓名(组长填在第 1 位)	学号		任务分工		
	...					
	姓名(组长填在第 1 位)	学号		任务分工		
	...					
	姓名(组长填在第 1 位)	学号		任务分工		
	...					
	姓名(组长填在第 1 位)	学号		任务分工		
	...					
	姓名(组长填在第 1 位)	学号		任务分工		
	...					

任务实施

∘∘— 任务工作单 1：植物图像标注方法探究 —∘∘

组号：_____　姓名：_____　学号：_____　检索号：_____

引导问题：

(1) 通过网上查阅，找出图像标注的常用软件，对比分析各软件的优缺点，并填入下表。

序号	方法描述	优点	缺点

(2) 针对本项目特点，在引导问题(1) 中选取一种最优方案，并说出理由。
_____

°∘○—— **任务工作单 2：植物图像标注方案确定(讨论)** ——○∘°

组号：_____ 姓名：_____ 学号：_____ 检索号：_____

引导问题：

(1) 小组交流讨论任务 2.2.2 中的各种方案，教师参与，形成最适合本项目的图像标注方案。
_____

(2) 讨论得出图像标注软件安装流程。
_____

°∘○—— **任务工作单 3：植物图像标注方案(展示)** ——○∘°

组号：_____ 姓名：_____ 学号：_____ 检索号：_____

引导问题：

(1) 每小组推荐一位小组长，汇报实现过程，总结图像标注软件的安装流程、使用方法及注意事项。
_____

(2) 借鉴各组分享的经验，进一步优化图像标注方案。
_____

(3) 检查自己不足的地方。
_____

°∘○—— **任务工作单 4：植物图像标注** ——○∘°

组号：_____ 姓名：_____ 学号：_____ 检索号：_____

引导问题：

(1) 完成所有采集图片的图像标注。
_____

(2) 形成 VOC 格式的数据集。
_____

◆ **评价反馈** ◆

个人自评表

组号：_____ 姓名：_____ 学号：_____ 检索号：_____

班级			组名		日期	年 月 日
评价指标	评 价 内 容				分数	分数评定
信息检索	能有效利用网络、图书资源查找有用的相关信息等；能将查到的信息有效地传递到工作中				10 分	
感知工作	是否熟悉数据标注员岗位，认同工作价值；在工作中是否能获得满足感				10 分	
参与态度	积极主动与教师、同学交流，相互尊重、理解，平等相待；与教师、同学之间是否能够保持多向、丰富、适宜的信息交流				15 分	
	能处理好合作学习和独立思考的关系，做到有效学习；能提出有意义的问题或能发表个人见解				15 分	
学习方法	学习方法得体，是否获得了进一步学习的能力				15 分	
思维态度	是否能发现问题、提出问题、分析问题、解决问题、创新问题				10 分	
自评反馈	按时按质完成任务；较好地掌握了知识点；具有较强的信息分析能力和理解能力；具有较为全面严谨的思维能力并能条理清楚明晰表达成文				25 分	
自 评 分 数						
有益的经验和做法						
总结反馈建议						

小组内互评表

组号：_____ 姓名：_____ 学号：_____ 检索号：_____

班级			组名		日期	年 月 日
评价指标	评 价 内 容				分数	分数评定
信息检索	该同学能有效利用网络、图书资源查找有用的相关信息等；能将查到的信息有效地传递到工作中				10 分	
感知工作	该同学是否熟悉数据标注员岗位，认同工作价值；在工作中是否能获得满足感				10 分	
参与态度	该同学能否积极主动与教师、同学交流，相互尊重、理解，平等相待；与教师、同学之间是否能够保持多向、丰富、适宜的信息交流				15 分	
	该同学能否处理好合作学习和独立思考的关系，做到有效学习；能提出有意义的问题或能发表个人见解				15 分	
学习方法	该同学学习方法得体，是否获得了进一步学习的能力				15 分	
思维态度	该同学是否能发现问题、提出问题、分析问题、解决问题、创新问题				10 分	
自评反馈	该同学是否能按时按质完成任务；较好地掌握了知识点；具有较强的信息分析能力和理解能力；具有较为全面严谨的思维能力并能条理清楚明晰表达成文				25 分	
评 价 分 数						
该同学的不足之处						
有针对性的改进建议						

小组间互评表

被评组号：＿＿＿＿＿＿＿＿ 检索号：＿＿＿＿＿＿＿＿

班级		评价小组		日期	
评价指标		评 价 内 容		分数	得分
汇报表述		表述准确		10分	
		语言流畅		10分	
		准确反映该组完成情况		5分	
流程完整正确		能客观清楚地总结图像标注软件的安装流程、使用方法及注意事项		20分	
		使用 LabelImg 完成所有采集图片的图像标注		25分	
		制作 VOC 数据集		25分	
价值观		完成任务过程中涉及的图像、视频内容不违法不违规，传达积极向上的正能量		5分	
互 评 分 数					
简要评述					

教师评价表

组号：＿＿＿＿＿ 姓名：＿＿＿＿＿ 学号：＿＿＿＿＿ 检索号：＿＿＿＿＿

班级		组名		姓名	
出勤情况					
评价内容	评价要点	考察要点		分数	评分
资料利用情况	任务实施过程中资源查阅	(1) 是否查阅资源资料		20分	
		(2) 正确运用信息资料			
互动交流情况	组内交流，教学互动	(1) 积极参与交流		30分	
		(2) 主动接受教师指导			
任务完成情况	规定时间内的完成度	在规定时间内完成任务		20分	
	任务完成的正确度	(1) 能客观清楚地总结图像标注软件的安装流程，使用方法及注意事项		30分	
		(2) 使用 LabelImg 完成所有采集图片的图像标注			
		(3) 制作 VOC 数据集			
总分					

任务 2.2.3 搭建 YOLOv3 环境

◆ **任务描述** ◆

前面两个任务完成后，我们获得了标注好的植物图像数据集，可以用于训练植物检测模型。我们并不需要搭建自己的人工神经网络，毕竟有很多成熟的、效果好的框架和案例。本项目将使用 YOLO 框架(如图 2.2.3.1 所示)，复用 keras-yolo3 官方案例，只需完成数据标注进行训练即可，在此之前，需要搭建好 YOLOv3 虚拟环境。

图 2.2.3.1 YOLO 框架

◆ **学习目标** ◆

知识目标	能力目标	素质素养目标
(1) 掌握 YOLOv3 虚拟环境的搭建； (2) 掌握 Anaconda Prompt 基本命令的使用。	能利用 Anaconda 及 Pycharm 搭建 YOLOv3 的运行环境。	(1) 培养学生不怕困难、认真细致的工作作风； (2) 培养学生工程思维意识； (3) 培养学生遵守规范的意识。

◆ **任务分析** ◆

重　点	难　点
YOLOv3 虚拟环境的搭建。	YOLOv3 虚拟环境的搭建。

一、 植物检测模型训练平台搭建

搭建植物检测模型训练平台需要用到 Anaconda、PyCharm 和 Keras。

Anaconda 使用的是一个开源的 Python 发行版本，包含了 conda、Python 等 180 多个科学包及其依赖项，比如 numpy、pandas 等。conda 是一个开源的科学包，也是环境管理器，用于在同一个机器上安装不同版本的软件包及其依赖项，并能够在不同的环境之间切换。由于包含了大量的科学包，因此 Anaconda 的下载文件比较大(约 457 MB)，如果只需要某些包，或者需要节省带宽或存储空间，也可以使用 Miniconda 这个较小的发行版(仅包含 conda 和 Python)。Anaconda 官方下载页面为 https://www.anaconda.com/products/individual，页面如图 2.2.3.2 所示，用户可根据自己电脑的操作系统选择适合版本的安装包进行下载和安装。

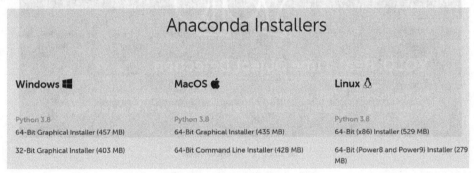

图 2.2.3.2　Anaconda 官网下载页面

PyCharm 是由 JetBrains 打造的一款 Python IDE，带有一整套可以帮助用户在使用 Python 语言开发时提高其效率的工具，比如调试、语法高亮、Project 管理、代码跳转、智能提示、自动完成、单元测试、版本控制。此外，该 IDE 提供了一些高级功能，用于支持 Django 框架下的专业 Web 开发。PyCharm 下载网址为 https://www.jetbrains.com/pycharm/。

Keras 是一个用 Python 编写的高级神经网络 API，它能够以 TensorFlow、CNTK 或者 Theano 作为后端运行平台，进行深度学习模型的设计、调试、评估、应用和可视化。Keras 的开发重点是支持快速的人工智能深度学习实验，能够以最少的时间把开发者的想法转换为实验结果。

二、 搭建 YOLOv3 虚拟环境

1. 创建虚拟环境

本项目需要用到官方 karas-yolo3 进行训练，它与 Python 版本以及其他库的版本有严格的对应关系，因此不管你的电脑是否已经安装了 Anaconda 或者 PyCharm，为了在后续步骤中不发生冲突，建议创建一个专门的虚拟环境。

> **工程思维**：利用小代价解决不可预测的问题，从而集中精力解决核心问题。

步骤 1：打开 Anaconda Prompt，输入 conda create -n tf_115 python==3.7 指令，即创建一个名字为 tf_115 的虚拟环境，如图 2.2.3.3 所示。

```
(base) C:\Users\44010>conda create -n tf_115 python==3.7
```

图 2.2.3.3　创建一个名字为 tf_115 的虚拟环境

接着会提示是否继续，选"y"继续安装，如图 2.2.3.4 所示。

```
The following packages will be downloaded:

    package                    |            build
    certifi-2020.12.5          |   py37haa95532_0         141 KB
    pip-21.0.1                 |   py37haa95532_0         1.8 MB
    python-3.7.0               |       hea74fb7_0        16.6 MB
    setuptools-52.0.0          |   py37haa95532_0         711 KB
    vc-14.2                    |        h21ff451_1           8 KB
    vs2015_runtime-14.27.29016 |        h5e58377_2        1007 KB
    wheel-0.36.2               |     pyhd3eb1b0_0          33 KB
    wincertstore-0.2           |            py37_0          14 KB

                                              Total:       20.3 MB

The following NEW packages will be INSTALLED:

    certifi            pkgs/main/win-64::certifi-2020.12.5-py37haa95532_0
    pip                pkgs/main/win-64::pip-21.0.1-py37haa95532_0
    python             pkgs/main/win-64::python-3.7.0-hea74fb7_0
    setuptools         pkgs/main/win-64::setuptools-52.0.0-py37haa95532_0
    vc                 pkgs/main/win-64::vc-14.2-h21ff451_1
    vs2015_runtime     pkgs/main/win-64::vs2015_runtime-14.27.29016-h5e58377_2
    wheel              pkgs/main/noarch::wheel-0.36.2-pyhd3eb1b0_0
    wincertstore       pkgs/main/win-64::wincertstore-0.2-py37_0

Proceed ([y]/n)?
```

图 2.2.3.4　选"y"继续安装

成功安装后，会显示如图 2.2.3.5 所示的画面，接着输入指令 conda activate tf_115，进入创建好的虚拟环境。

```
done
#
# To activate this environment, use
#
#     $ conda activate tf_115
#
# To deactivate an active environment, use
#
#     $ conda deactivate

(base) C:\Users\44010>conda activate tf_115

(tf_115) C:\Users\44010>
```

图 2.2.3.5　进入创建好的虚拟环境

步骤 2：安装 tensorflow-gpu1.15 版本，并测试 tensorflow 是否成功调用 GPU。输入命令 pip install tensorflow-gpu==1.15，如图 2.2.3.6 所示。注意：本项目对应的是 tensorflow-gpu1.15 版本。

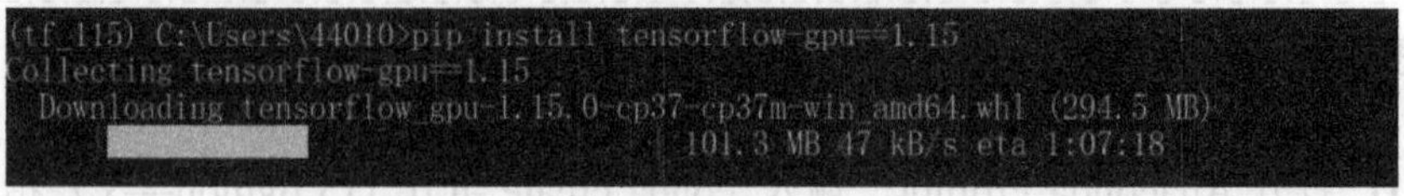

图 2.2.3.6　安装 tensorflow-gpu1.15 版本

安装完成后，输入以下三行命令：

python

import tensorflow as tf

tf.test.is_gpu_available()

执行后，如果显示 False，如图 2.2.3.7 所示，可能是显卡驱动问题，需要更新驱动。也可能你的电脑使用的是集成显卡，并没有 GPU，而是用 CPU 运行的。这种情况下需要换一台带 GPU 的电脑进行本项目的操作。如果只能使用 CPU，把安装命令改为 pip install tensorflow==1.15 即可。

图 2.2.3.7　显示 False 画面

如果显示 True，如图 2.2.3.8 所示，说明 tensorflow 能够成功调用 GPU，并显示了本台机器 GPU 的算力。

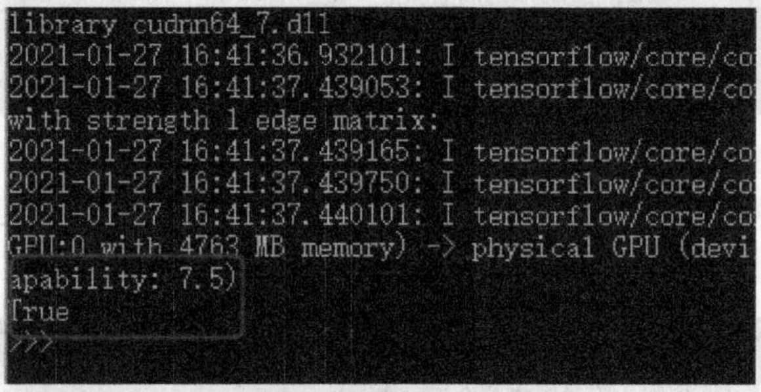

```
library cudnn64_7.dll
2021-01-27 16:41:36.932101: I tensorflow/core/co
2021-01-27 16:41:37.439053: I tensorflow/core/co
with strength 1 edge matrix:
2021-01-27 16:41:37.439165: I tensorflow/core/co
2021-01-27 16:41:37.439750: I tensorflow/core/co
2021-01-27 16:41:37.440101: I tensorflow/core/co
GPU:0 with 4763 MB memory) -> physical GPU (devi
apability: 7.5)
True
>>>
```

图 2.2.3.8　显示 True 的界面

> **Tips：**研究深度学习和神经网络大都离不开 GPU，在 GPU 的加持下，我们可以更快地获得模型训练的结果。那么使用 GPU 和使用 CPU 的差别在哪里？为什么需要 GPU？这是由于深度学习和神经网络的每个计算任务都是独立于其他计算的，任何计算都不依赖于任何其他计算的结果，可以采用高度并行的方式进行计算。而 GPU 相比于 CPU 拥有更多独立的大吞吐量计算通道，较少的控制单元使其不会受到计算以外的更多任务的干扰，拥有比 CPU 更纯粹的计算环境，所以深度学习和神经网络模型在 GPU 的加持下会更高效地完成计算任务。

2. 安装本项目需要的其他库

安装本项目需要的其他库如表 2.2.3.1 所示。

表 2.2.3.1　安装本项目需要的其他库

序号	库 名 称	版 本
1	opencv(计算机视觉和机器学习软件库)	不限版本
2	keras(开源人工神经网络库)	2.1.5
3	PIL(图像处理库)	不限版本
4	matplotlib(绘图库)	不限版本
5	NumPy(开源的数值计算扩展库)	不限版本

打开 Anaconda Prompt,注意要先进入之前创建的 tf_115 的虚拟环境(即输入命令 conda activate tf_115),然后分别输入以下命令:

```
pip install opencv-python
pip install keras==2.1.5
pip install pillow
pip install matplotlib
pip install numpy
pip install h5py==2.10
```

命令运行后的效果如图 2.2.3.9 所示。

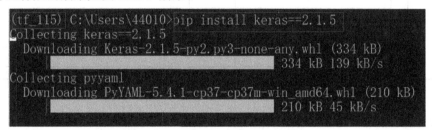

图 2.2.3.9　打开 Anaconda Prompt 的显示界面

至此,我们已经成功搭建好软件运行环境,下一任务将测试官方 keras-yolo3 实例。

◆　**素质素养养成**　◆

(1) 通过创建专门的虚拟环境培养学生工程思维方式——利用小代价解决不可预测的问题,学习集中精力解决重要问题的方法。

(2) 在实践过程中,会遇到很多不可预计的问题,碰到问题时不要慌乱,可从提示中寻找答案,在一步步解决问题的过程中提升职业能力,养成不折不挠的工作作风。

(3) 充分利用开源的资源提升学习效率,正确使用网络资源,养成优质资源共享的互联网思维意识。

◆◆◆ **任务分组** ◆◆◆

学生任务分配表

班级			组号		指导教师	
分工明细	姓名(组长填在第1位)		学号		任务分工	
	...					
	姓名(组长填在第1位)		学号		任务分工	
	...					
	姓名(组长填在第1位)		学号		任务分工	
	...					
	姓名(组长填在第1位)		学号		任务分工	
	...					
	姓名(组长填在第1位)		学号		任务分工	
	...					
	姓名(组长填在第1位)		学号		任务分工	
	...					

◆◆◆ **任务实施** ◆◆◆

1. 工作准备

°○─── **任务工作单 1：YOLOv3 环境认知** ───○°

组号：_____ 姓名：_____ 学号：_____ 检索号：_____

引导问题：

(1) 请通过资料搜索，查找本项目(YOLOv3 官方示例)所需要装的库主要有哪些？它们分别有什么作用？

序号	库名称	作 用

○∘○—— **任务工作单 2：确定搭建 YOLOv3 环境的流程(讨论)** ——∘○∘

组号：_____　　姓名：_____　　学号：_____　　检索号：_____

引导问题：

　　小组交流讨论，教师参与，确定搭建 YOLOv3 环境的流程。

_____

○∘○—— **任务工作单 3：搭建虚拟环境** ——∘○∘

组号：_____　　姓名：_____　　学号：_____　　检索号：_____

引导问题：

(1) 搭建 YOLOv3 官方案例的虚拟环境。

_____

(2) 分析实训室电脑及个人电脑在搭建虚拟环境中的区别。

_____

(3) 总结在搭建虚拟环境中碰到的问题及解决方案。

_____

◆　**评价反馈**　◆

个人自评表

组号：_____　　姓名：_____　　学号：_____　　检索号：_____

班级		组名		日期	年　月　日
评价指标	评价内容			分数	分数评定
信息检索	能有效利用网络、图书资源查找有用的相关信息等；能将查到的信息有效地传递到工作中			10 分	
感知工作	是否掌握 YOLO 模型训练环境搭建方法，认同工作价值；在工作中是否能获得满足感			10 分	
参与态度	积极主动与教师、同学交流，相互尊重、理解、平等相待；与教师、同学之间是否能够保持多向、丰富、适宜的信息交流			15 分	
	能处理好合作学习和独立思考的关系，做到有效学习；能提出有意义的问题或能发表个人见解			15 分	
学习方法	学习方法得体，是否获得了进一步学习的能力			15 分	
思维态度	是否能发现问题、提出问题、分析问题、解决问题、创新问题			10 分	
自评反馈	按时按质完成任务；较好地掌握了知识点；具有较强的信息分析能力和理解能力；具有较为全面严谨的思维能力并能条理清楚明晰表达成文			25 分	
自评分数					
有益的经验和做法					
总结反馈建议					

小组内互评表

组号：_____　　　姓名：_____　　　学号：_____　　　检索号：_____

班级		组名		日期	年　月　日
评价指标	评价内容			分数	分数评定
信息检索	该同学能有效利用网络、图书资源查找有用的相关信息等；能将查到的信息有效地传递到工作中			10分	
感知工作	该同学是否掌握 YOLO 模型训练环境搭建方法，认同工作价值；在工作中是否能获得满足感			10分	
参与态度	该同学能否积极主动与教师、同学交流，相互尊重、理解，平等相待；与教师、同学之间是否能够保持多向、丰富、适宜的信息交流			15分	
	该同学能否处理好合作学习和独立思考的关系，做到有效学习；能提出有意义的问题或能发表个人见解			15分	
学习方法	该同学学习方法得体，是否获得了进一步学习的能力			15分	
思维态度	该同学是否能发现问题、提出问题、分析问题、解决问题、创新问题			10分	
自评反馈	该同学是否能按时按质完成任务；较好地掌握了知识点；具有较强的信息分析能力和理解能力；具有较为全面严谨的思维能力并能条理清楚明晰表达成文			25分	
评价分数					
该同学的不足之处					
有针对性的改进建议					

小组间互评表

被评组号：_____　　　检索号：_____

班级		评价小组		日期	
评价指标	评价内容			分数	得分
汇报表述	表述准确			10分	
	语言流畅			10分	
	准确反映该组完成情况			5分	
流程完整正确	能正确搭建虚拟环境			25分	
	能正确启动 GPU			15分	
	能用正确的步骤搭建 YOLOv3 训练环境			25分	
价值观	完成任务过程中碰到问题不急躁，协作互助解决问题			10分	
互评分数					
简要评述					

教师评价表

组号：_____　　　姓名：_____　　　学号：_____　　　检索号：_____

班级		组名		姓名	
出勤情况					
评价内容	评价要点	考察要点		分数	评分
资料利用情况	任务实施过程中资源查阅	(1) 是否查阅资源资料		20分	
		(2) 正确运用信息资料			
互动交流情况	组内交流，教学互动	(1) 积极参与交流		30分	
		(2) 主动接受教师指导			
任务完成情况	规定时间内的完成度	在规定时间内完成任务		20分	
	任务完成的正确度	(1) 能正确搭建虚拟环境		30分	
		(2) 能正确启动 GPU 参与训练			
		(3) 能用正确的步骤搭建 YOLOv3 训练环境			
总分					

任务 2.2.4 测试 keras-yolo3 实例

◆◆ **任务描述** ◆◆

YOLO 有自己训练好的数据集，YOLO 的检测类别和使用的数据集类型有关系，例如：VOC 数据集可以检测 21 个类别，COCO 数据集可以检测 80 个类别，而且官方有训练好的模型(优化好的权重和偏向)，我们可以直接拿来测试。请下载 VOC 数据集和目标检测视频 test.mp4，在任务 2.2.3 的环境下对 test.mp4 视频进行目标检测实验，参考效果如图 2.2.4.1 所示。

图 2.2.4.1 yolo3 目标检测效果图

◆◆ **学习目标** ◆◆

知识目标	能力目标	素质素养目标
(1) 掌握 keras-yolo3 官方案例的测试方法； (2) 掌握 Pycharm 环境 Python Interpreter 的设置方法。	能利用 Anaconda 及 Pycharm 搭建 YOLOv3 的运行环境并进行官方案例测试。	(1) 培养学生不怕困难、认真细致的工作作风； (2) 培养学生的工程思维意识； (3) 培养学生遵守规范的意识。

◆◆ **任务分析** ◆◆

重　点	难　点
keras-yolo3 官方案例的测试。	keras-yolo3 官方案例的测试。

◆◆ **知识链接** ◆◆

Darknet 是一个轻量级深度学习训练框架，用 C 和 cuda 语言编写，支持 GPU 加速。

Darknet 和 Tensorflow、Pytorch、Caffe、Mxnet 一样，是用于跑模型的底层框架。

YOLO(从 YOLOv1~YOLOv3) 系列是目标检测领域比较优秀的网络模型，类似的模型还有 SSD、R-CNN、Faster R-CNN 等。

Joseph Chet Redmon 开发了一个深度学习框架 Darkent，并且设计了多种 YOLO 系列模型，因此本项目就采用 Darkent 来跑 YOLO 模型，下面我们来创建虚拟环境测试官方 YOLOv3 模型案例。

1. 下载官方 keras- yolo3 项目文件并在 Pycharm 中打开

keras- yolo3 项目文件 GitHub 下载网址为 https://github.com/qqwweee/ keras-yolo3.git，下载解压之后使用 Pycharm 打开。

2. 为项目创建 tf_115 虚拟环境

创建 tf_115 虚拟环境的步骤如下：

(1) 我们需要在 PyCharm 里面设置之前在 Anaconda Prompt 里创建的 tf_115 虚拟环境。单击图 2.2.4.2 中框选的地方，会出现图 2.2.4.3 所示的列表，点击这个列表中的"Interpreter Settings"进行设置。

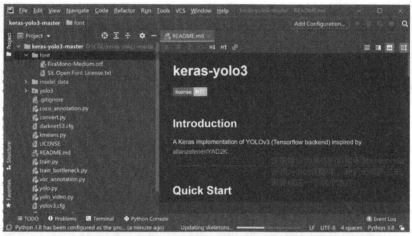

图 2.2.4.2　keras-yolo3 切换环境 1

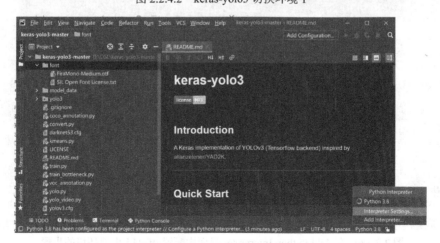

图 2.2.4.3　keras-yolo3 切换环境 2

(2) 点开图 2.2.4.4 中的 Python Interpreter，然后再点击"Show All..."选项，打开 Python Interp 窗口(如图 2.2.4.5 所示)，并点击其中的"+"按钮进入 Add Python Interpreter 界面。

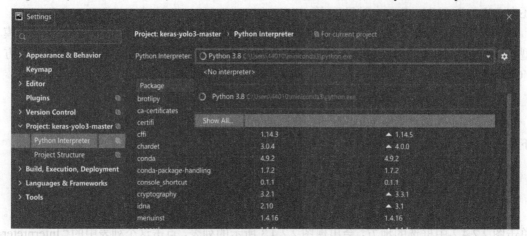

图 2.2.4.4　keras-yolo3 Settings 界面

图 2.2.4.5　Python Interpreters 界面

(3) 进入 Add Python Interpreter 界面，按图 2.2.4.6 中标注的步骤进行操作，最后单击"OK"按钮保存更改。

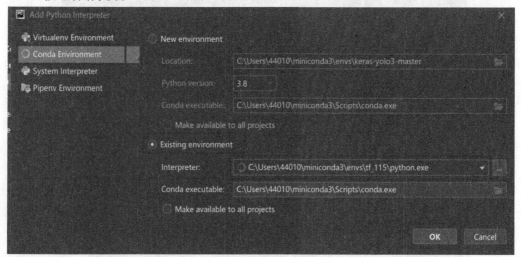

图 2.2.4.6　在 Add Python Interpreter 界面中配置 ttf_115 虚拟环境的步骤

经过以上三个步骤就能保证该项目使用的是我们之前创建的 tf_115 的虚拟环境。

3. 下载官方权重并测试

(1) 在网址 https://pjreddie.com/media/files/yolov3.weights 中下载官方权重，并将权重放在 keras-yolo3-master 文件夹下，如图 2.2.4.7 所示。

图 2.2.4.7 keras-yolo3 中添加权重文件

(2) 接着使用 PyCharm 终端输入命令 python convert.py yolov3.cfg yolov3.weights model_data/yolo.h5，把 darknet 下的 yolov3 配置文件转换成 keras 适用的.h5 文件。如图 2.2.2.4.8 所示。

```
Terminal: Local  +
Microsoft Windows [版本 10.0.19041.746]
(c) 2020 Microsoft Corporation. 保留所有权利。

(tf_115) D:\CGL\keras-yolo3-master>python convert.py yolov3.cfg yolov3.weights model_data/yolo.h5
Using TensorFlow backend.
2021-02-24 16:09:11.343645: W tensorflow/stream_executor/platform/default/dso_loader.cc:55] Could not load dyn
amic library 'cudart64_100.dll'; dlerror: cudart64_100.dll not found
2021-02-24 16:09:11.343833: I tensorflow/stream_executor/cuda/cudart_stub.cc:29] Ignore above cudart dlerror i
f you do not have a GPU set up on your machine.
Loading weights.
Weights Header:  0 2 0 [32013312]
Parsing Darknet config.
Creating Keras model.
WARNING:tensorflow:From C:\Users\44010\miniconda3\envs\tf_115\lib\site-packages\keras\backend\tensorflow_backe
nd.py:68: The name tf.get_default_graph is deprecated. Please use tf.compat.v1.get_default_graph instead.

WARNING:tensorflow:From C:\Users\44010\miniconda3\envs\tf_115\lib\site-packages\keras\backend\tensorflow_backe
nd.py:507: The name tf.placeholder is deprecated. Please use tf.compat.v1.placeholder instead.

Parsing section net_0
Parsing section convolutional_0
 TODO   Problems   Terminal   Python Console
```

图 2.2.4.8 转换.h5 文件

(3) 测试运行 yolo.py。

打开 yolo.py 文件，在末尾加上创建 YOLO 模型对象代码，调用 YOLO 模型测试本地的 test.mp4 视频，参考代码如下，这里是把测试视频 test.mp4 放在项目文件夹根目录下了。

```
yolo=YOLO()
detect_video(yolo，'test.mp4')
```

运行项目，若看见如图 2.2.4.9 所示的目标检测框和标签则说明运行成功。

图 2.2.4.9　keras-yolo3 实例测试效果图

◆◆◆ 素质素养养成 ◆◆◆

（1）本任务涉及很多复杂的人工智能的相关术语及概念，但都不要求学生掌握，只会应用即可，在此过程中培养学生面对新知识的学习能力及思考能力，引导学生认同终生学习的理念；

（2）在实践过程中，会遇到很多不可预计的问题，在搭建虚拟环境中的过程培养学生遵守规则的职业素养；

（3）通过目标检测示例效果的置信度和检测到的物体展示培养学生探索未知、追求真理、勇攀科学高峰的责任感和使命感。

◆◆◆ 任务分组 ◆◆◆

学生任务分配表

班级			组号		指导教师	
分工明细	姓名(组长填在第 1 位)		学号		任务分工	
	...					
	姓名(组长填在第 1 位)		学号		任务分工	
	...					
	姓名(组长填在第 1 位)		学号		任务分工	
	...					
	姓名(组长填在第 1 位)		学号		任务分工	
	...					
	姓名(组长填在第 1 位)		学号		任务分工	
	...					

∘∘∘—— **任务工作单 1：keras-yolo3 官方案例测试** ——∘∘∘

组号：_____　姓名：_____　学号：_____　检索号：_____

引导问题：

(1) 通过分析讨论，阐述本任务在实施过程中的注意事项，以及与任务 2.2.3 之间的联系。

_____

_____

(2) 通过网络搜索 keras-yolo3 官方项目资源以及权重文件。

_____

_____

∘∘∘—— **任务工作单 2：yolo3 官方案例测试** ——∘∘∘

组号：_____　姓名：_____　学号：_____　检索号：_____

引导问题：

(1) 测试 keras-yolo3 官方案例并记录结果。

_____

_____

(2) 总结在测试 keras-yolo3 官方案例时碰到的问题及解决方案。

_____

_____

_____

(3) 总结在完成本任务时引发你思考的问题，以及从网络中找到的相应答案。

_____

_____

_____

评价反馈

个人自评表

组号：_____　　姓名：_____　　学号：_____　　检索号：_____

班级		组名		日期	年　月　日
评价指标	评　价　内　容			分数	分数评定
信息检索	能有效利用网络、图书资源查找有用的相关信息等；能将查到的信息有效地传递到工作中			10分	
感知工作	是否掌握 keras-yolo3 进行目标检测的方法，认同工作价值；在工作中是否能获得满足感			10分	
参与态度	积极主动与教师、同学交流，相互尊重、理解、平等相待；与教师、同学之间是否能够保持多向、丰富、适宜的信息交流			15分	
	能处理好合作学习和独立思考的关系，做到有效学习；能提出有意义的问题或能发表个人见解			15分	
学习方法	学习方法得体，是否获得了进一步学习的能力			15分	
思维态度	是否能发现问题、提出问题、分析问题、解决问题、创新问题			10分	
自评反馈	按时按质完成任务；较好地掌握了知识点；具有较强的信息分析能力和理解能力；具有较为全面严谨的思维能力并能条理清楚明晰表达成文			25分	
自　评　分　数					
有益的经验和做法					
总结反馈建议					

小组内互评表

组号：_____　　姓名：_____　　学号：_____　　检索号：_____

班级		组名		日期	年　月　日
评价指标	评　价　内　容			分数	分数评定
信息检索	该同学能有效利用网络、图书资源查找有用的相关信息等；能将查到的信息有效地传递到工作中			10分	
感知工作	该同学是否掌握 keras-yolo3 进行目标检测的方法，认同工作价值；在工作中是否能获得满足感			10分	
参与态度	该同学能否积极主动与教师、同学交流，相互尊重、理解、平等相待；与教师、同学之间是否能够保持多向、丰富、适宜的信息交流			15分	
	该同学能否处理好合作学习和独立思考的关系，做到有效学习；能提出有意义的问题或能发表个人见解			15分	
学习方法	该同学学习方法得体，是否获得了进一步学习的能力			15分	
思维态度	该同学是否能发现问题、提出问题、分析问题、解决问题、创新问题			10分	
自评反馈	该同学是否能按时按质完成任务；较好地掌握了知识点；具有较强的信息分析能力和理解能力；具有较为全面严谨的思维能力并能条理清楚明晰表达成文			25分	
评　价　分　数					
该同学的不足之处					
有针对性的改进建议					

小组间互评表

被评组号：_____　　　　检索号：_____

班级		评价小组		日期	
评价指标		评 价 内 容		分数	得分
汇报 表述	表述准确			10 分	
	语言流畅			10 分	
	准确反映该组完成情况			5 分	
流程完整 正确	能找到 keras-yolo3 官方项目资源以及权重文件			15 分	
	理解 keras-yolo3 官方项目与 keras-yolo3 环境的关系			15 分	
	能正确测试 keras-yolo3 官方案例并记录结果			25 分	
	能客观完整总结在测试 keras-yolo3 官方案例时碰到的问题及解决方案			15 分	
价值观	完成任务过程中涉及的图像、视频内容不违法不违规，传达积极向上的正能量			5 分	
互 评 分 数					
简要评述					

教师评价表

组号：_____　　姓名：_____　　　学号：_____　　　检索号：_____

班级		组名		姓名	
出勤情况					
评价内容	评价要点	考 察 要 点		分数	评分
资料利用情况	任务实施过程中资源查阅	(1) 是否查阅资源资料		20 分	
		(2) 正确运用信息资料			
互动交流情况	组内交流，教学互动	(1) 积极参与交流		30 分	
		(2) 主动接受教师指导			
任务完成情况	规定时间内的完成度	在规定时间内完成任务		20 分	
	任务完成的正确度	(1) 能找到 keras-yolo3 官方项目资源以及权重文件		30 分	
		(2) 理解 keras-yolo3 官方项目与 keras-yolo3 环境的关系			
		(3) 能正确测试 yolo3 官方案例并记录结果			
		(4) 能客观完整总结在测试 keras-yolo3 官方案例时碰到的问题及解决方案			
总分					

任务 2.2.5　训练植物检测模型

◆ **任务描述** ◆

利用 keras-yolo3，根据植物数据集对上海青、生菜、色拉菜、苦苣菜四类植物的目标检测模型，完成后的植物检测，效果如图 2.2.5.1 所示。

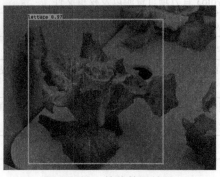

图 2.2.5.1　植物检测效果

◆ **学习目标** ◆

知识目标	能力目标	素质素养目标
(1) 掌握训练模型时数据集划分的方法及依据。 (2) 掌握复用 keras-yolo3 官方案例训练自己的数据集的方法。	能复用 keras-yolo3 官方案例训练自己的数据集并进行测试。	(1) 培养学生的人工智能训练师的职业认同感，体验智能改变生活； (2) 培养学生的工程思维意识； (3) 培养学生遵守规范的意识。

◆ **任务分析** ◆

重　点	难　点
数据集划分概念以及 YOLO 模型训练参数的调整。	用 keras-yolo3 训练植物检测模型。

◆ **知识链接** ◆

数据集知识

在深度学习中需要将数据集划分为训练集(Training Set)、验证集(Development Set/Validation Set)和测试集(Test Set)。

训练模型

(1) 训练集。训练集顾名思义，指的是用于训练的样本集合，主要用来训练神经网络中的参数。

(2) 验证集。验证集从字面意思理解即为用于验证模型性能的样本集合。不同神经网络在训练集上训练结束后，通过验证集来比较判断各个模型的性能。这里的不同模型主要是指对应不同超参数的神经网络，也可以指完全不同结构的神经网络。

(3) 测试集。对于训练完成的神经网络，测试集用于客观地评价神经网络的性能。

我们可以简单地来理解三个数据集之间的关系：训练集就好像平时老师上课时举的每一个例子，带同学们做的每一个练习，用于让同学们巩固并掌握知识；验证集就好像这个学期的小测，通过小测结果，老师可以及时调整教学内容和教学方法；测试集则类似期末考试，期末考试的内容通常是同学们没见过的题目，但是在知识范围里面，用来检查同学们这个学期的学习效果。

二、制作数据集

在进行模型训练之前，我们需要将标注好的数据集划分为训练集和测试集。一般测试集和训练集的比例为 2∶8，当数据规模比较小时，也可以调整为 1∶9，让训练数据尽可能多一些。

制作数据集的步骤如下：

(1) 把数据集文件夹放在项目文件夹的根目录下，如图 2.2.5.2 所示。

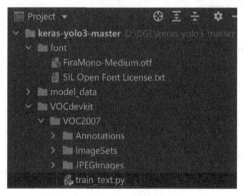

图 2.2.5.2　数据集文件夹

(2) 回到 Pycharm 中，在 VOC2007 文件夹中新建 train_text.py，并写入如下代码，目的是将我们的 xml 文件切分为训练集和测试集，这里设置的两者比例是 8∶2。

```
import os
import random
#训练和测试的比值为 8∶2，当数据规模小的时候，可以调整为 9∶1
trainval_percent = 0.2
train_percent = 0.8
xmlfilepath = 'Annotations'
txtsavepath = 'ImageSets\Main'
total_xml = os.listdir(xmlfilepath)
```

```
    num = len(total_xml)
    list = range(num)
    tv = int(num * trainval_percent)
    tr = int(tv * train_percent)
    trainval = random.sample(list，tv)
    train = random.sample(trainval，tr)
    #分别写入如下文件
    ftrainval = open('ImageSets/Main/trainval.txt'，'w')
    ftest = open('ImageSets/Main/test.txt'，'w')
    ftrain = open('ImageSets/Main/train.txt'，'w')
    fval = open('ImageSets/Main/val.txt'，'w')
    for i in list:
        name = total_xml[i][:-4] + '\n'
        if i in trainval:
            ftrainval.write(name)
            if i in train:
                ftest.write(name)
            else:
                fval.write(name)
        else:
            ftrain.write(name)
    ftrainval.close()
    ftrain.close()
    fval.close()
    ftest.close()
```

（3）此时，test.txt、train.txt、val.txt 这几个文件并不能直接被 YOLOv3 读取，需要再进行一次转换。修改 voc_annotation.py 文件，转换为相应的训练集、测试集和验证集，如图 2.2.5.3 所示。

图 2.2.5.3   voc_annotation.py 中的 classes 列表

(4) 运行 voc_annotation.py，会得到 3 个后缀为.txt 的文件，如图 2.2.5.4 所示，它们对应的是训练集、测试集以及验证集的图片的名称。这 3 个文件都记录着 3 个信息：图像文件地址、标注的坐标，以及标注名称的索引(与步骤 3 中修改的 voc_annotation.py 文件中的 classes 相对应)，如图 2.2.5.5 所示。

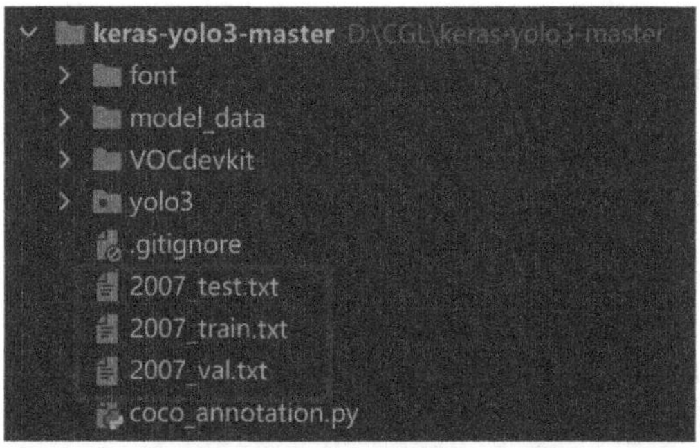

如图 2.2.5.4　划分数据集成功效果

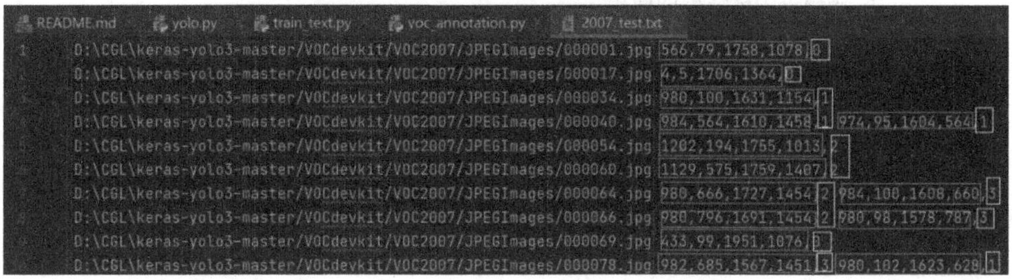

图 2.2.5.5　划分后的数据集的文件信息

(5) 修改 model_data 文件夹下的 voc_classes.txt 文件，将类别修改为植物检测中的四类标注信息，如下所示：

```
lettuce
shanghai green
salad green
sonchus
```

至此，我们的数据集就制作好了。程序运行时，会分别读取 txt 文件中的路径信息和标注信息。

三、使用 Kmeans 算法获得先验框 anchor_box

事实上，制作完数据集后就可以对其进行训练了。但是由于当前的 anchor_box 是原作者在 coco 数据集上通过 Kmeans 得到的，并不一定适合我们现在的植物检测数据集。所以我们需要在植物检测数据上使用 Kmeans 得到 9 个适合当前数据集的 anchor_box，以得到最好的检测框。具体做法为新建 kmeans.py 并写入如下代码：

```
import numpy as np


class YOLO_Kmeans:
```

```python
    def __init__(self, cluster_number, filename):
        self.cluster_number = cluster_number
        self.filename = filename

    # 获得 iou
    def iou(self, boxes, clusters):  # 1 box -> k clusters
        '''
        boxes:[[weight, height], ]
        clusters:k 个中心点
        '''
        n = boxes.shape[0]
        k = self.cluster_number

        # 获得每个标注框的面积
        box_area = boxes[:, 0] * boxes[:, 1]
        box_area = box_area.repeat(k)
        box_area = np.reshape(box_area, (n, k))

        # 获得 9 个标注框的面积，并将 2 个数组填充为维度一样的数组
        cluster_area = clusters[:, 0] * clusters[:, 1]
        cluster_area = np.tile(cluster_area, [1, n])
        cluster_area = np.reshape(cluster_area, (n, k))

        # 对 2 个数组进行匹配，取出小的那个边长
        box_w_matrix = np.reshape(boxes[:, 0].repeat(k), (n, k))
        cluster_w_matrix = np.reshape(np.tile(clusters[:, 0], (1, n)), (n, k))
        min_w_matrix = np.minimum(cluster_w_matrix, box_w_matrix)

        box_h_matrix = np.reshape(boxes[:, 1].repeat(k), (n, k))
        cluster_h_matrix = np.reshape(np.tile(clusters[:, 1], (1, n)), (n, k))
        min_h_matrix = np.minimum(cluster_h_matrix, box_h_matrix)
        # 计算小边长的面积
        inter_area = np.multiply(min_w_matrix, min_h_matrix)
        # 计算 iou
        result = inter_area / (box_area + cluster_area - inter_area)
        print(result.shape)
        return result
    # 计算准确率
    def avg_iou(self, boxes, clusters):
```

```python
        accuracy = np.mean([np.max(self.iou(boxes, clusters), axis=1) ])
        return accuracy

def kmeans(self, boxes, k, dist=np.median):
    '''
    boxes:标注框的宽高
    k: 需要取到的中心个数
    '''
    # shape : (标注框个数, 2)
    box_number = boxes.shape[0]
    last_nearest = np.zeros((box_number, ))
    np.random.seed()
    # 随机在标注框中取出 k 个点作为中心
    clusters = boxes[np.random.choice(
        box_number, k, replace=False)]   # init k clusters
    while True:
        # 由于 iou 是越大越好，而聚类到中心的距离又是越小越好的，所以
        # 在论文中，作者使用 1-iou 可以保证距离越小，iou 越大
        distances = 1 - self.iou(boxes, clusters)

        current_nearest = np.argmin(distances, axis=1)
        if (last_nearest == current_nearest).all():
            break   # clusters won't change
        for cluster in range(k):
            clusters[cluster] = dist(   # update clusters
                boxes[current_nearest == cluster], axis=0)

        last_nearest = current_nearest

    return clusters
# 将 anchors 写入 txt 文件
def result2txt(self, data):
    f = open("model_data/anchors.txt", 'w')
    row = np.shape(data)[0]
    for i in range(row):
        if i == 0:
            x_y = "%d, %d" % (data[i][0], data[i][1])
        else:
            x_y = ", %d, %d" % (data[i][0], data[i][1])
```

```
                    f.write(x_y)
                f.close()
        # 加载图片路径得到标注框的宽高
        def txt2boxes(self):
            f = open(self.filename,  'r')
            dataSet = []
            for line in f:
                infos = line.split(" ")
                length = len(infos)
                for i in range(1,  length):
                    # 标注框的四个坐标为 xmin，ymin，xmax，ymax
                    # width=xmax-xmin  height=ymax-ymin
                    width = int(infos[i].split(",  ")[2]) - \
                        int(infos[i].split(",  ")[0])
                    height = int(infos[i].split(",  ")[3]) - \
                        int(infos[i].split(",  ")[1])
                    dataSet.append([width,  height])
            result = np.array(dataSet)
            f.close()
            return result


        def txt2clusters(self):
            all_boxes = self.txt2boxes()
            result = self.kmeans(all_boxes,  k=self.cluster_number)
            result = result[np.lexsort(result.T[0,  None])]
            self.result2txt(result)
            print("K anchors:\n {}".format(result))
            print("Accuracy: {:.2f}%".format(
                self.avg_iou(all_boxes,  result) * 100))


    if __name__ == "__main__":
        cluster_number = 9
        filename = "2007_train.txt"
        kmeans = YOLO_Kmeans(cluster_number,  filename)
        kmeans.txt2clusters()
```

运行结果如下，我们得到了 9 个 anchor_box，只需要修改一下 train.py 中的 anchors_path 的路径，即可开始训练了。

```
422,181, 444,215, 480,200, 505,228, 578,265, 761,50, 785,62, 789,81, 845,105
```

四、模型训练

模型训练的具体步骤如下：

(1) 制作生成器。

在开始训练之前，我们需要把数据集制作成一个生成器的结构，以便一边训练，一边读取数据，可以大大减轻内存的压力。我们将 train.py 中的代码删除，并添加如下代码，用于制作生成器。

```python
import numpy as np
import keras.backend as K
from keras.layers import  Input，Lambda
from keras.models import Model
from keras.callbacks import TensorBoard，ModelCheckpoint，ReduceLROnPlateau
from yolo3.model import preprocess_true_boxes，yolo_body，yolo_loss
from yolo3.utils import get_random_data
import keras
# 数据生成器
def data_generator(annotation_lines，
                   batch_size，input_shape，
                   anchors，num_classes):
    '''
    annotation_lines:图片地址、区域、类别
    batch_size:批次大小
    input_shape:模型输入大小
    anchors:anchors_box
    num_classes:类别数量
    '''
    while True:
        image_data=[]
        box_data=[]
        for i in annotation_lines:
            # 获得随机截取，图片增强，并且缩放到416*416的图片以及相应的标注框
            image，box=get_random_data(i，input_shape，random=True)
            image_data.append(image)
            box_data.append(box)
            # 数据达到一个批次时返回
            if len(image_data)==batch_size:
                image_data=np.array(image_data)
                box_data=np.array(box_data)
                y_true=preprocess_true_boxes(
```

```
                    box_data, input_shape,
                    anchors, num_classes)
            # 组装数据
            yield [image_data, *y_true], np.zeros(batch_size)
            image_data=[]
            box_data=[]
```

(2) 编写其他函数用来读取 txt 文件中的数据以及构建训练模型。具体内容包括获取数据标注的标签名称、获取 anchors_box、创建模型结构，参考代码如下：

```
#获取标签名称
def get_classes(path):
    with open(path) as f:
        class_names=f.readlines()
    class_names=[c.strip() for c in class_names]
    return class_names


# 获取 anchors_box
def get_anchors(path):
    with open(path) as f:
        anchors=f.readline()
    anchors=[float(x) for x in anchors.split(', ')]
    return np.array(anchors).reshape(-1, 2)


# 创建模型结构
def create_model(input_shape, anchors, num_classes,
        load_weight=False, weight_path='logs/000/wetghts.h5'):
    K.clear_session()
    image_input=Input(shape=(None, None, 3))
    h, w=input_shape #(416, 416)
    num_anchors=len(anchors)#9

    # 分别对应 YOLOv3 的 3 个输出 13*13  26*26  52*52
    y_true=[Input(shape=(h//{0:32, 1:16, 2:8}[l],
                        w//{0:32, 1:16, 2:8}[l],
                        num_anchors//3, num_classes+5)) for l in range(3)]

    model_body=yolo_body(image_input, num_anchors//3, num_classes)
    print('yolo3 model with %s anchors and %s classes'%(num_anchors, num_classes))
    # 是否加载权重
    if load_weight:
```

```
            model_body.load_weights(weight_path, by_name=True,
                                     skip_mismatch=True)
    model_loss=Lambda(yolo_loss, output_shape=(1, ), name='yolo_loss',
                    arguments={'anchors':anchors,
                               'num_classes':num_classes,
                               'ignore_thresh':0.7})\
    ([*model_body.output, *y_true])
    model=Model([model_body.input, *y_true], model_loss)

    return model
```

(3) 编写训练函数。我们在训练时还可以使用回调函数对训练过程进行控制。比如，使用 ModelCheckpoint()函数可以自动保存最佳的模型，使用 ReduceLR0nPlateau()函数可以控制学习自动率衰减。参考代码如下：

```
    # 训练函数
    def train(model, annotation_path, test_path, input_shape, anchors, num_classes,
log_dir='logs/'):
        '''
        model:模型
        annotation_path, test_path:训练路径和测试路径
        input_shape:模型输入
        anchors:anchors_box
        num_classes:类别个数
        '''
        # 编译模型
        model.compile(optimizer=keras.optimizers.Adam(lr=3e-4),
                      loss={'yolo_loss': lambda y_true, y_pred: y_pred})

        # 定义自动保存最佳模型
        checkpoint = ModelCheckpoint(log_dir +
'ep{epoch:03d}-loss{loss:.3f}-val_loss{val_loss:.3f}.h5',
                                     monitor='val_loss', save_weights_only=True,
                                     save_best_only=True, period=1)
        # 学习率衰减
        reduce_lr = ReduceLROnPlateau(monitor='val_loss', factor=0.2, patience=10,
                        min_lr=1e-7, verbose=1)

        # 批次大小，训练集和验证集的划分比例
        batch_size = 6
        val_split = 0.1
```

```
with open(annotation_path) as f:
    train_lines = f.readlines()
with open(test_path) as f:
    test_lines = f.readlines()


# 打乱数据
lines = train_lines + test_lines
np.random.shuffle(lines)
num_val = int(len(lines) * val_split)
num_train = len(lines) - num_val


print('train on %s , test on %s , batch_size: %s' % (num_train, num_val, batch_size))


# 训练


model.fit_generator(data_generator(lines[:num_train],
                            batch_size, input_shape,
                            anchors, num_classes),
                steps_per_epoch=num_train // batch_size,
                validation_data=data_generator(lines[num_train:],
                                    batch_size, input_shape,
                                    anchors, num_classes),
                validation_steps=num_val // batch_size,
                callbacks=[reduce_lr, checkpoint],
                epochs=500)
model.save_weights(log_dir + 'wetghts.h5')
```

(4) 定义一个 main 函数, 并对其进行调用。

```
def _main():
    # 定义路径
    annotation_path = '2007_train.txt'
    test_path = '2007_test.txt'
    log_dir = 'logs/000/'
    classes_path = 'model_data/voc_classes.txt'
    anchors_path = 'model_data/yolo_anchors.txt'
    # 获取类别
    class_names = get_classes(classes_path)
    # 获取 anchor_box
    anchors = get_anchors(anchors_path)
```

```
            input_shape = (416,   416)
            # 搭建模型
            model = create_model(input_shape,   anchors,   len(class_names))
            # keras.utils.plot_model(model, 'yolo.png', show_shapes=True)
            # 训练
            train(model,   annotation_path,   test_path,   input_shape,
                  anchors,   len(class_names),   log_dir=log_dir)
    if __name__ == '__main__':
        _main()
```

（5）在 keras-yolo3-master 文件夹下建立文件夹目录 logs/000，如图 2.2.5.6 所示，用于保存训练生成的模型。运行 train.py 文件进入模型训练，设置训练 500 周期，如图 2.2.5.7 所示，训练结束后即可获得植物检测模型。

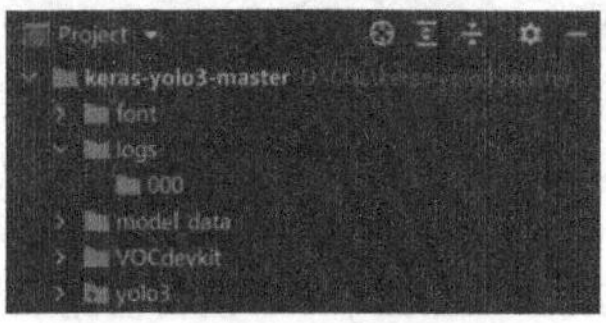

图 2.2.5.6　创建保存模型的文件夹

图 2.2.5.7　训练植物检测模型

五、测试模型

植物检测模型训练完成后，我们就可以使用它来预测植物类型了。首先打开 yolo.py 文件，修改 _defaults 配置中的 model_path、anchors_path 以及 classes_path 为自己项目的路径，本项目的设置如图 2.2.5.8 所示。

图 2.2.5.8　yolo.py 文件配置

在 yolo.py 文件的最后加上以下代码，加完后运行 yolo.py 文件，结果如图 2.2.5.9 所示。

```
yolo=YOLO()
img=Image.open('00407.jpg')
img_obj=yolo.detect_image(img)
img_obj.show()
```

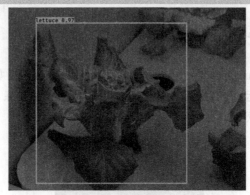

图 2.2.5.9　keras-yolo3 植物检测效果图

对视频进行检测也很简单，只需要写入如下 2 行代码即可。因为视频实际上是由一帧一帧的图片组成的，所以以视频检测本质上也是对图片的检测。

```
yolo=YOLO()
detect_video(yolo, 'test.mp4')
```

> **Tips**：yolo 中 loss 值有 4 个，分别是中心点位置、宽高、置信度、类别。在刚开始训练的时候，这些数据都是随机的，所以 loss 会很大，但是同时找到更接近实际值的参数也就更容易，所以 loss 就收敛得快，不过后期则会收敛得很慢。一个正常训练的模型，其 loss 曲线在后期收敛会比较慢，并且会伴随着波动。

AI 记事本

LED 智能植物工厂可四季生产绿色蔬菜

国家电投甘泉智能植物工厂由国家电力投资集团有限公司打造，一期种植面积约 3500 平方米，二期建成后总种植面积可达 9000 平方米。项目建设完毕后，可年产生菜 500 余吨，年产其他高附加值有机农作物 300 余吨，可实现盈利 1100 万元。工厂里植物的生长不受外界条件的影响，不受季节变化的影响，可以实现周年连续的生长，具有免洗即食，无重金属、无污染等特点。该智能植物工厂是延安地区目前唯一以绿电生产绿色蔬菜的现代化植物工厂，同时也是西北地区最大的智能植物工厂。

LED 智能植物工厂可四季生产绿色蔬菜

◆ **素质素养养成** ◆

(1) 通过植物检测项目实践,培养学生服务农业现代化的意识,服务乡村全面振兴的使命感和责任感,以及培养学生知农爱农的创新意识;

(2) 在模型训练的过程中,引导学生学会举一反三,拓展思维方式,培养基于实际场景需求的技术服务素养。

◆ **任务分组** ◆

学生任务分配表

班级			组号		指导教师	
分工明细	姓名(组长填在第 1 位)		学号	任务分工		
	...					
	姓名(组长填在第 1 位)		学号	任务分工		
	...					
	姓名(组长填在第 1 位)		学号	任务分工		
	...					
	姓名(组长填在第 1 位)		学号	任务分工		
	...					
	姓名(组长填在第 1 位)		学号	任务分工		
	...					
	姓名(组长填在第 1 位)		学号	任务分工		
	...					

◆ **任务实施** ◆

°°—— **任务工作单 1:训练自己的数据集环境准备** ——°°

组号:_____   姓名:_____   学号:_____   检索号:_____

引导问题:

请通过网络搜索资料,查找复用 keras-yolo3 官方案例训练自己的数据集所需要调整的参数,并填入下表。

序号	修改内容	修改目的

°°°—— **任务工作单 2：确定训练自己的数据集的流程(讨论)** ——°°°

组号：_____ 姓名：_____ 学号：_____ 检索号：_____

引导问题：

    小组交流讨论，教师参与，确定训练自己的数据集的流程。

_____

°°°—— **任务工作单 3：训练自己的数据集并测试(展示)** ——°°°

组号：_____ 姓名：_____ 学号：_____ 检索号：_____

引导问题：

  (1) 每组推荐一个代表，展示分享本组进行数据集划分、植物检测模型训练的步骤和测试模型的方法。

_____

(2) 自查本组的问题，学习其他组的正确或更好的方法。

_____

°°°—— **任务工作单 4：植物检测实验和总结** ——°°°

组号：_____ 姓名：_____ 学号：_____ 检索号：_____

引导问题：

(1) 训练自己的数据集并测试，记录结果。

_____

(2) 记录调整的参数。

_____

(3) 总结训练的结果是否理想。

_____

◆◆　**评价反馈**　◆◆

个人自评表

组号：_____　　姓名：_____　　学号：_____　　检索号：_____

班级			日期	年　月　日
评价指标	评　价　内　容		分数	分数评定
信息检索	能有效利用网络、图书资源查找有用的相关信息等；能将查到的信息有效地传递到工作中		10 分	
感知工作	是否掌握植物检测模型训练和验证的方法，认同工作价值；在工作中是否能获得满足感		10 分	
参与态度	积极主动与教师、同学交流，相互尊重、理解、平等相待；与教师、同学之间是能够保持多向、丰富、适宜的信息交流		15 分	
	能处理好合作学习和独立思考的关系，做到有效学习；能提出有意义的问题或能发表个人见解		15 分	
学习方法	学习方法得体，是否获得了进一步学习的能力		15 分	
思维态度	是否能发现问题、提出问题、分析问题、解决问题、创新问题		10 分	
自评反馈	按时按质完成任务；较好地掌握了知识点；具有较强的信息分析能力和理解能力；具有较为全面严谨的思维能力并能条理清楚明晰表达成文		25 分	
自　评　分　数				
有益的经验和做法				
总结反馈建议				

小组内互评表

组号：_____　　姓名：_____　　学号：_____　　检索号：_____

班级			日期	年　月　日
评价指标	评　价　内　容		分数	分数评定
信息检索	该同学能有效利用网络、图书资源查找有用的相关信息等；能将查到的信息有效地传递到工作中		10 分	
感知工作	该同学是否掌握植物检测模型训练和验证的方法，认同工作价值；在工作中是否能获得满足感		10 分	
参与态度	该同学能积极主动与教师、同学交流，相互尊重、理解、平等相待；与教师、同学之间是否能够保持多向、丰富、适宜的信息交流		15 分	
	该同学能否处理好合作学习和独立思考的关系，做到有效学习；能提出有意义的问题或能发表个人见解		15 分	
学习方法	该同学学习方法得体，是否获得了进一步学习的能力		15 分	
思维态度	该同学是否能发现问题、提出问题、分析问题、解决问题、创新问题		10 分	
自评反馈	该同学是否能按时按质完成任务；较好地掌握了知识点；具有较强的信息分析能力和理解能力；具有较为全面严谨的思维能力并能条理清楚明晰表达成文		25 分	
评　价　分　数				
该同学的不足之处				
有针对性的改进建议				

小组间互评表

被评组号：_____　　　　　检索号：_____

班级		评价小组		日期	
评价指标		评 价 内 容		分数	得分
汇报表述		表述准确		10分	
		语言流畅		10分	
		准确反映该组完成情况		5分	
流程完整正确		正确划分数据集		15分	
		正确设置植物类别标签列表		15分	
		模型训练步骤正确		25分	
		正确利用图像和视频进行模型验证效果		15分	
价值观		完成任务过程中涉及的图像、视频内容不违法不违规，传达积极向上的正能量		5分	
		互 评 分 数			
简要评述					

教师评价表

组号：_____　　姓名：_____　　学号：_____　　检索号：_____

班级		组名		姓名	
出勤情况					
评价内容	评价要点	考察要点		分数	评分
资料利用情况	任务实施过程中资源查阅	(1) 是否查阅资源资料		20分	
		(2) 正确运用信息资料			
互动交流情况	组内交流，教学互动	(1) 积极参与交流		30分	
		(2) 主动接受教师指导			
任务完成情况	规定时间内的完成度	在规定时间内完成任务		20分	
	任务完成的正确度	(1) 制作植物检测数据集正确		30分	
		(2) 能按照正确的流程完成模型训练			
		(3) 模型测试效果正确			
总分					

项目 2.3　人脸识别技术应用——开发人脸识别考勤系统

项目情景

人脸识别系统的研究始于 20 世纪 60 年代，80 年代后随着计算机技术和光学成像技术的发展得到进步，而真正进入初级的应用阶段则是在 90 年代后期，此时的人脸识别系统集成了人工智能、机器识别、机器学习、模型理论、专家系统、视频图像处理等多种专业技术，同时结合了中间值处理的理论与实现，是生物特征识别的最新应用。目前人脸识别系统已经广泛应用于智慧社区、智慧教室、智慧交通等领域。本项目希望通过本校的智慧校园增加一个针对学生的人脸考勤功能，将人脸识别技术应用到上课考勤签到上，实现人脸实时签到和统计考勤功能。

项目导览

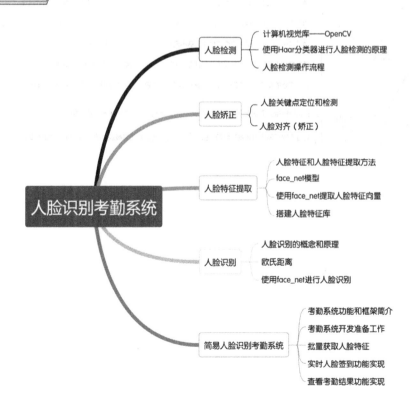

项目目标

- 了解人脸识别的基本流程；
- 能利用已训练的模型 face_net 进行人脸识别；
- 能将人脸识别技术与应用场景结合。

思政聚焦

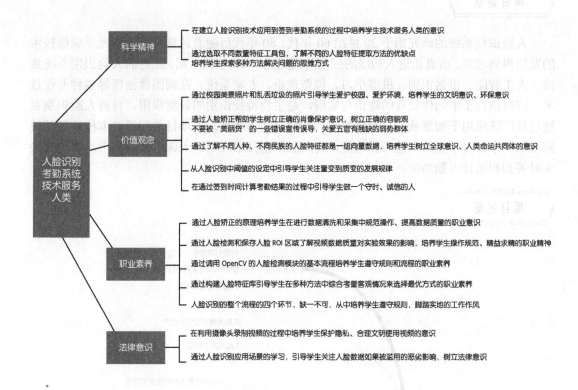

人脸识别考勤系统技术服务人类

科学精神
- 在建立人脸识别技术应用到签到考勤系统的过程中培养学生技术服务人类的意识
- 通过选取不同数量特征工具包，了解不同的人脸特征提取方法的优缺点
- 培养学生探索多种方法解决问题的思维方式

价值观念
- 通过校园美景照片和乱丢垃圾的照片引导学生爱护校园、爱护环境，培养学生的文明意识、环保意识
- 通过人脸矫正帮助学生树立正确的肖像保护意识，树立正确的容貌观
- 不要被"美丽贷"的一些错误宣传误导，关爱五官有残缺的弱势群体
- 通过了解不同人种、不同民族的人脸特征都是一组向量数据，培养学生树立全球意识、人类命运共同体的意识
- 从人脸识别中阈值的设定中引导学生关注量变到质变的发展规律
- 在通过签到时间计算考勤结果的过程中引导学生做一个守时、诚信的人

职业素养
- 通过人脸矫正的原理培养学生在进行数据清洗和采集中规范操作、提高数据质量的职业意识
- 通过人脸检测和保存人脸 ROI 区域了解视频数据质量对实验效果的影响，培养学生操作规范、精益求精的职业精神
- 通过调用 OpenCV 的人脸检测模块的基本流程培养学生遵守规则和流程的职业素养
- 通过构建人脸特征库引导学生在多种方法中综合考量客观情况来选择最优方式的职业素养
- 人脸识别的整个流程的四个环节，缺一不可，从中培养学生遵守规则、脚踏实地的工作作风

法律意识
- 在利用摄像头录制视频的过程中培养学生保护隐私、合理文明使用视频的意识
- 通过人脸识别应用场景的学习，引导学生关注人脸数据如果被滥用的恶劣影响，树立法律意识

任务 2.3.1 人脸检测

任务描述

利用摄像头实时录制视频，调用 OpenCV 库检测视频中人脸的具体位置和范围并框出来，效果如图 2.3.1.1 所示。

图 2.3.1.1 效果参考图

学习目标

知识目标	能力目标	素质素养目标
(1) 掌握利用 OpenCV 读入图像、显示图像、保存图像的方法； (2) 掌握利用 OpenCV 写文字的方法； (3) 理解人脸检测的原理。	(1) 能运用 pip 安装 OpenCV； (2) 能进行图像的打开、显示及保存操作； (3) 会用 Dlib 库进行人脸检测。	(1) 培养学生精益求精、专心细致的工作作风； (2) 培养学生肖像隐私保护意识； (3) 培养学生文明使用视频数据的意识； (4) 培养学生爱护环境的环保意识。

任务分析

重　点	难　点
人脸检测的方法。	理解人脸检测的原理，进行人脸区域的保存。

知识链接

人脸图像采集是人脸识别中的一项重要工作，通过摄像镜头可以将不同的人脸图像采集下来，比如静态图像、动态图像，还可很好地采集到人脸图像的不同的位置、不同表情等方面。当用户在采集设备的拍摄范围内时，采集设备会自动搜索并拍摄用户的人脸图像。

人脸检测

人脸检测在现实中主要用于人脸识别的预处理，即在图像中准确标定出人脸的位置和大小。人脸图像中包含的模式特征十分丰富，如直方图特征、颜色特征、模板特征、结构特征及 Haar 特征等，人脸检测就是把其中有用的特征挑出来，并利用这些特征实现人脸检测。主流的人脸检测方法基于以上特征采用的是 Adaboost 学习算法(Adaboost 算法是一种用来分类的方法，它把一些比较弱的分类方法合在一起，组合出新的很强的分类方法)挑选出一些最能代表人脸的矩形特征(弱分类器)，按照加权投票的方式将弱分类器构造为一个强分类器，再将训练得到的若干强分类器串联组成一个级联结构的层叠分类器，有效地提高分类器的检测速度。

一、 计算机视觉库—— OpenCV

OpenCV 是一个开源的轻量级且高效的跨平台计算机视觉和机器学习软件库，实现了图像处理和计算机视觉方面的很多通用算法。OpenCV 可以运行在 Linux、Windows、Android 和 Mac OS 操作系统上，它具有 C++、Python、Java 和 MATLAB 语言的接口。

1. 安装 OpenCV

前面我们已经安装了 Python3，在这里我们介绍一下在 Python 环境中安装 OpenCV 的过程。

(1) 进入命令提示符窗口，输入 pip install opencv-python(这里请注意我们安装的是 opencv-python，而不是 opencv)，如图 2.3.1.2 所示，等待安装成功。

图 2.3.1.2　命令提示符窗口

(2) 安装成功后，进入 python，调用 OpenCV，如图 2.3.1.3 所示。请注意要输入的是 import cv2，而不是 import opencv 等其他名字。

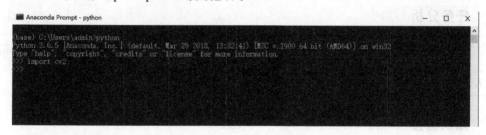

图 2.3.1.3　调用 OpenCV

(3) 当出现 python 提示符(>>>)时，代表 OpenCV 已经成功导入了，接下来就可以进行图像的读取和显示了。

2. 利用 OpenCV 读入图像

使用函数 cv2.imread(filepath, flags)读入图像。filepath 是指图像在此程序的工作路径或者完整路径，flags 是读取该图像的方式，有以下三个值可以选择。

(1) cv2.IMREAD_COLOR：读入一副彩色图像。图像的透明度会被忽略，0 代表读入灰度图像。

(2) cv2.IMREAD_GRAYSCALE：以灰度模式读入图像。

(3) cv2.IMREAD_UNCHANGED：读入一幅图像，并且包括图像的 alpha 通道。

3. 利用 OpenCV 显示图像

读入图像后使用函数 cv2.imshow()可以显示图像。在显示图像时，窗口会自动调整为图像大小。cv2.imshow()函数有两个参数，第一个是定义的窗口的名字，第二个是读入的要显示的这个图像文件。请注意窗口的显示必须持续一段时间，所以我们需要调用cv2.waitKey()函数实现窗口的持续显示，显示完毕后要关闭所有窗口。图 2.3.1.4 为图像文件显示效果。具体实现代码如下：

```
import cv2
#读入一副图像
img = cv2.imread('images/bridge.jpg'，0)
#将图像显示在窗口
cv2.imshow('image_bridge'，img)
#窗口等待的毫秒数，如果我们将这个函数的参数设置为 0，那它将会无限期地等待键盘输入
cv2.waitKey(0)
#关闭所有窗口
cv2.destroyAllWindows()
```

图 2.3.1.4　图像文件显示效果

4. 利用 OpenCV 保存图像

使用函数 cv2.imwrite()来保存一个图像。保存时首先需要一个文件名，之后才是要保存的图像，例如 cv2.imwrite('lena2.png'，img)。

5. OpenCV 中的绘图函数

OpenCV 绘图函数主要有 cv2.line()、cv2.cicle()、cv2.rectangle()、cv2.ellipse()、cv2.putText()等，分别用来绘制直线、圆形、矩形、椭圆，以及添加文字。

绘制矩形的函数是 cv2.rectangle(img，pointl，point2，color，thickness)，其中的参数说明如下，返回添加了矩形绘制效果的目标图像数据。

- img——需要绘制的目标图像对象；
- pointl——左上顶点位置像素坐标；
- point2——右下顶点位置像素坐标；
- color——绘制使用的颜色；
- thickness——绘制的线条宽度。

绘制圆形的函数是 cv2.circle(img，centerPoint，radius，color，thickness)，其中的参数说明如下，返回添加了圆形绘制效果的目标图像数据。

- img——需要绘制的目标图像对象；

- centerPoint——绘制的圆的圆心位置像素坐标；
- radius——绘制的圆的半径；
- color——绘制使用的颜色；
- thickness——绘制的线条宽度。

在图片上添加文字的函数是 cv2.putText(img，text，point，font，size，color，thickness)，其中的参数说明如下，返回添加了文本绘制效果的目标图像数据。

- img——需要绘制的目标图像对象；
- text——绘制的文字；
- point——左下顶点位置像素坐标；
- font——绘制的文字格式；
- size——绘制的文字大小；
- color——绘制使用的颜色；
- thickness——绘制的线条宽度。

示例：在图像中绘制实心圆、绘制矩形框、添加文字，具体代码如下：

```
import cv2
#读入一副图像
img = cv2.imread('lena.jpg',1)
cv2.rectangle(img,(150,200),(350,400),(0,255,0),3)
#画圆
cv2.circle(img,(300,100), 63, (0,0,255), -1)
#设置字体
font = cv2.FONT_HERSHEY_PLAIN
#在指定位置写
cv2.putText(img, 'OpenCV', (100,200) ,font,5, (0, 255,0) , thickness=3)
#将图像显示在窗口
cv2.imshow('image',img)
#销毁所有窗口
cv2.waitKey(0)
cv2.destroyAllWindows( )
```

OpenCV 绘制函数效果如图 2.3.1.5 所示。

图 2.3.1.5   OpenCV 绘制函数效果

二、　使用 Haar 分类器进行人脸检测的原理

Haar 分类器于 2001 年被 Paul Viola 和 Michael Jones 提出，以 Haar 特征分类器为基础的对象检测技术是一种非常有效的对象检测技术。Haar 分类器基于机器学习，通过使用大量的正负样本图像训练得到一个级联分类器，并通过这个级联分类器来进行对象检测。Haar 人脸检测流程为：首先提取 Haar 特征，然后用积分图进行特征加速，挑选出关键特征，采用 Adaboost 算法训练分类器得到人脸与非人脸的强分类器，最后将强分类器进行级联，提高人脸检测和准确率。

1. Haar 特征

Haar 特征是用于物体检测的矩形的数字图像特征。这类矩形特征模板(如图 2.3.1.6 所示)由两个或多个全等的黑白矩形相邻组合而成，而矩形特征值是白色矩形的灰度值的和减去黑色矩形的灰度值的和，矩形特征对一些简单的图形结构，如线段、边缘比较敏感。如果把这样的矩形放在一个非人脸区域，那么计算出的特征值应该和人脸特征值不一样，所以这些矩形就是为了把人脸特征量化，以区分人脸和非人脸。

在给定的有限的数据样本情况下，基于特征的检测不但能够编码特定区域的状态，而且通过基于特征设计的系统远比基于像素的系统快。这就是为什么要选择基于特征的方法而不选择基于像素的方法。

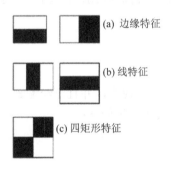

图 2.3.1.6　矩形特征模板

脸部的特征能够由矩形特征简单地描绘，例如眼睛要比脸颊颜色深，鼻梁两侧要比鼻梁颜色深，嘴巴要比周围颜色深等。矩形特征在人脸图像的特征匹配如图 2.3.1.7 所示。

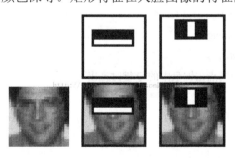

图 2.3.1.7　矩形特征在人脸图像的特征匹配

对于每一个特征，我们需要计算白色和黑色矩形内的像素和，对于一个 24×24 像素分辨率的图像，其内的矩阵特征数目大约有 160 000 多个，这个计算量太大了。为了解决

这个问题，人们引入了积分图的概念，从而大大简化了求和运算。

2. 积分图

① 对于一幅灰度的图像，积分图像中的任意一点(x，y)的值是指从该图像的左上角到这个点所构成的矩形区域内所有的点的灰度值之和。这样对每个像素进行少量的计算得到的"积分图"可以在相同的时间里计算尺度大小不同的矩形特征值，因此大大提高了计算速度。② 针对人脸特征计算，采用积分图的方法计算区域像素，通过计算该积分图像中四个像素的灰度值之和即可。

3. Adaboost 分类器

Adaboost 是一种迭代算法，其核心思想是针对同一个训练集训练不同的分类器(即弱分类器)，通过对这些弱分类器进行加权和获得最终分类器(即强分类器)。通过积分图像我们获得了大量的人脸特征，要从中选出最好的特征就要使用 Adaboost 分类器。为了选出来最好的特征，Adaboost 分类器会将每一个特征应用于所有的训练图像并要找到该特征能够区分出正样本和负样本的最佳阈值，这个过程中会产生很多错误或者错误分类，最后从中选出错误率最低的特征作为最好的特征，即最佳弱分类器。在 Adaboost 分类器的分类过程中，初始状态下的每一张图像都具有相同的权重，每一次分类之后，被错分的图像的权重会增大。对训练图像再重复一遍分类又能得到新的错误率和新的权重，重复执行这个分类过程直到达到要求的准确率或者错误率或者找到要求数目的特征为止，最终获得强分类器。

三、人脸检测操作流程

1. 获取实时的视频流

在实施本任务前，你应该有一个摄像头，并且已经配置好 OpenCV 的环境(可以使用 pip3 install opencv-python 下载)。具体代码如下：

```
import cv2
# 打开一个摄像头
cam=cv2.VideoCapture(0)
# 循环读取摄像头的数据
while True:
    _,image=cam.read()
    cv2.imshow('dad',image)
    key=cv2.waitKey(0)
    if key==ord('q'): #当点击键盘中的 Q 键时推出
        break
# 记得释放摄像头和关闭所有窗口
cam.release()
cv2.destroyAllWindows()
```

在上面的代码中，我们首先使用 cv2.VideoCapture(0)打开了一个摄像头，这里的 0 是指摄像头的索引，根据自己的情况而定，当然 0 也可以换成一个视频地址，那就变成了读取一段视频并显示；接着我们使用一个循环，读取摄像头中的数据，通过 cam.read()返回两个数据，分别存入"_"和"image"两个变量中，其中"_"是布尔值，如果读取帧是正确的则返回 True，如果文件读取到结尾，它的返回值就为 False，image 就是视频中每一帧的图像，是一个三维矩阵(属于红、绿、蓝三个通道)，使用 cv2.imshow()可以把图片显示出来。接着使用 key 接收键盘值，如果这个键盘值等于 q 的键盘值则退出循环。

最后，我们一定不要忘记使用 cam.release()释放摄像头，以及使用 cv2.destroyAllWindows()关闭所有窗口释放资源。代码运行结果如图 2.3.1.8 所示，这样就表示获取到了视频流。

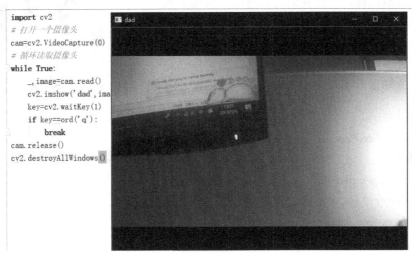

图 2.3.1.8　获取视频流效果

2. 在视频流中使用 Haar 分类器进行人脸检测

在开始本任务之前，我们可以通过两种方式得到已经训练好的人脸检测模型 haarcascade_frontalface_default.xml，第一种是通过网址 https://github.com/opencv/opencv 下载对应的源码，然后找到 opencv/data/haarcascades/目录，就可以得到该 xml 文件了。第二种方式是找到 pip 的地址，一般在 Python 安装地址的 lib/site-pckages 里面，我们可以通过打开 cmd 输入 where python 查看 Python 安装地址，如图 2.3.1.9 所示。得到这个模型以后，我们就可以开始编写人脸检测的代码了。

```
C:\Users\admin>where python
C:\Users\admin\AppData\Local\Programs\Python\Python36\python.exe
```

图 2.1.3.9　查看 Python 安装地址

```
import cv2
# 加载人脸检测模型
face_date=cv2.CascadeClassifier('haarcascade_frontalface_default.xml')
image=cv2.imread(r'images/face1.jpg')
# 进行人脸检测
faces=face_date.detectMultiScale(image，1.3，5)
```

```
# 将检测到的人脸标注出来
for x, y, w, h in faces:
    cv2.rectangle(image, (x, y), (x+w, y+h), (0, 255, 0), 1)
cv2.imshow('img', image)
cv2.waitKey(0)
```

程序运行后的人脸检测效果如图 2.3.1.10 所示。

以上是最简单的识别人脸。前面已经介绍了如何打开摄像头获取图像,现在我们需要将以上图像中人脸检测换成视频中的人脸检测。先不要看下面的代码,自己尝试去写一个摄像头的人脸识别程序,写完之后再来对照验证。如果可以顺利运行的话,说明你已经掌握了前面的知识点了。

图 2.3.1.10　图像中的人脸检测效果

```
# video
cam=cv2.VideoCapture(0)
while True:
    _, img=cam.read()
    gray=cv2.cvtColor(img, cv2.COLOR_BGR2GRAY)
    faces=face_date.detectMultiScale(img, 1.3, 5)
    for face in faces:
        x, y, w, h=face
        cv2.rectangle(img, (x, y), (x+w, y+h), (0, 255, 0), 1)
    cv2.imshow('opencv face', img)
    flag=cv2.waitKey(1)
    if flag==ord('q'):
        break
cam.release()
cv2.destroyAllWindows()
```

以上代码运行后的人脸检测效果如图 2.3.1.11 所示,人脸位置的区域绘制了绿色的矩形框。

3. 保存人脸 ROI 区域

感兴趣区域(Region of Interest, ROI)是指在机器视觉、图像处理中,从被处理的图像以方框、圆、椭圆、不规则多边形等方式勾勒出需要处理的区域。在 Halcon、OpenCV、Matlab 等机器视觉软件上常用到各种算子(Operator)和函数来求得 ROI,并进行图像的下一步处理。

在机器视觉、图像处理中,在被处理的图像中

图 2.3.1.11　视频中的人脸检测效果

以方框、圆、椭圆、不规则多边形等方式勾勒出需要处理的区域，这个区域称为感兴趣区域 ROI(Region of Interest)。感兴趣区 ROI 是图像的一部分，它可以是点、线、面等不规则的形状，通常用来作为图像分类的样本、掩膜、裁剪区等。在 Halcon、OpenCV、Matlab 等机器视觉软件上常用各种算子(Operator)和函数来先求得感兴趣区域 ROI，再进行图像的下一步处理。例如：在人脸识别中，通常是先检测出人脸并提取人脸 ROI 区域再进行下一步的人脸识别的；在车牌识别中，通常也是先提取检测到的车牌 ROI 区域再进行下一步的识别的。

在图像处理领域，感兴趣区域 ROI 是指从图像中选择一个图像区域作为图像分析关注的重点，这样既可以减少图像处理的时间又可以增加图像处理的精度。

事实上，在 OpenCV 中提取感兴趣区域 ROI 并不难，通过编写代码获得要提取的感兴趣区 ROI 区域的坐标和宽高即可，我们可以使用如下的代码实现：

```
import cv2
face_date=cv2.CascadeClassifier('haarcascade_frontalface_default.xml')
cam=cv2.VideoCapture(0)
while True:
    _,img=cam.read()
    gray=cv2.cvtColor(img,cv2.COLOR_BGR2GRAY)
    faces=face_date.detectMultiScale(gray,1.3,5)
    for face in faces:
        x,y,w,h =face
#获得人脸 ROI 区域，并保存
        face_img=img[y:h+y, x:w+x]
        cv2.imwrite('faceroi.jpg',face_img)
    cv2.imshow('i',img)
    cv2.waitKey(1)
cam.release()
cv2.desotryAllWindow()
```

◆ **素质素养养成** ◆

(1) 在利用摄像头录制视频的过程中培养学生保护隐私、合理文明使用视频的意识；

(2) 通过调用 OpenCV 的人脸检测模块的基本流程培养学生遵守规则和流程的职业素养；

(3) 通过人脸检测和保存人脸 ROI 区域了解视频数据质量对实验效果的影响，培养学生规范操作和精益求精的职业精神。

(4) 通过校园美景照片和乱丢垃圾的照片培养学生爱护校园、爱护环境，培养学生的文明意识、环保意识。

◆ **任务分组** ◆

学生任务分配表

班级			组号		指导教师	

分工明细	姓名(组长填在第1位)	学号	任务分工

◆ **任务实施** ◆

∘∘○── **任务工作单1：人脸检测环境准备和测试** ──○∘∘

组号：＿＿＿＿＿＿ 姓名：＿＿＿＿＿＿ 学号：＿＿＿＿＿＿ 检索号：＿＿＿＿＿＿

引导问题：

(1) 安装 OpenCV-Python，导入 CV2 库。

＿＿＿＿＿＿＿＿＿＿＿＿＿＿＿＿＿＿＿＿＿＿＿＿＿＿＿＿＿＿＿＿＿＿＿＿＿＿

(2) 读入一张有正脸的人脸图像，显示图像、并对相关代码和运行效果进行截图。

＿＿＿＿＿＿＿＿＿＿＿＿＿＿＿＿＿＿＿＿＿＿＿＿＿＿＿＿＿＿＿＿＿＿＿＿＿＿

(3) 读入一张你们小组成员的合照，在图像中添加文字(内容为你们小组的宣言)，并对相关代码和运行效果进行截图。

＿＿＿＿＿＿＿＿＿＿＿＿＿＿＿＿＿＿＿＿＿＿＿＿＿＿＿＿＿＿＿＿＿＿＿＿＿＿

(4) 读入一张校园风景照片，在图像中框出你最喜欢的部分，并对相关代码和运行效果进行截图。

＿＿＿＿＿＿＿＿＿＿＿＿＿＿＿＿＿＿＿＿＿＿＿＿＿＿＿＿＿＿＿＿＿＿＿＿＿＿

(5) 读入一张乱丢垃圾后的路面照片，用圆形圈出垃圾，并对相关代码和运行效果进行截图。

＿＿＿＿＿＿＿＿＿＿＿＿＿＿＿＿＿＿＿＿＿＿＿＿＿＿＿＿＿＿＿＿＿＿＿＿＿＿

∘∘○── **任务工作单2：人脸检测原理认知** ──○∘∘

组号：＿＿＿＿＿＿ 姓名：＿＿＿＿＿＿ 学号：＿＿＿＿＿＿ 检索号：＿＿＿＿＿＿

引导问题：

(1) Haar 人脸分类器是什么？

＿＿＿＿＿＿＿＿＿＿＿＿＿＿＿＿＿＿＿＿＿＿＿＿＿＿＿＿＿＿＿＿＿＿＿＿＿＿

(2) Haar 人脸分类器的原理是什么？

_____

°∘○—　**任务工作单 3：人脸检测方法探究**　—○∘°

组号：_____　　姓名：_____　　学号：_____　　检索号：_____

引导问题：

(1) 导入 Dlib 库，读入图像或者视频进行正脸人脸检测，绘制人脸区域，并对相关代码和运行结果进行截图。

_____

(2) 读入图像或者视频进行正脸人脸检测，保存人脸区域的坐标值。并对相关代码和运行结果进行截图。

_____

°∘○—　**任务工作单 4：人脸检测方法优化(讨论)**　—○∘°

组号：_____　　姓名：_____　　学号：_____　　检索号：_____

引导问题：

(1) 小组讨论交流，总结确定人脸检测的方法流程。

_____

(2) 记录人脸检测调试过程中的错误。

_____

°∘○—　**任务工作单 5：人脸检测方法优化(展示)**　—○∘°

组号：_____　　姓名：_____　　学号：_____　　检索号：_____

引导问题：

(1) 每小组推荐一位小组长，汇报实现过程，借鉴各组分享的经验，进一步优化实现的步骤。

_____

(2) 检查自己不足的地方。

_____

°∘○—　**任务工作单 6：人脸检测实践**　—○∘°

组号：_____　　姓名：_____　　学号：_____　　检索号：_____

引导问题：

(1) 按照正确的流程和方法完成实时视频人脸检测任务。

_____

(2) 自查人脸检测实现过程中出现的错误，并分析原因。

_____

评价反馈

个人评价表

组号：_____　　姓名：_____　　学号：_____　　检索号：_____

班级				组名		日期	
评价指标		评 价 内 容				分数	得分
资源使用		能有效利用网络、图书资源查找有用的相关信息等；能将查到的信息有效地传递到工作中				10分	
感知课堂生活		是否掌握利用 Dlib 库进行人脸检测的方法，认同工作价值；在学习实践中是否能获得满足感				10分	
交流沟通		积极主动与教师、同学交流，相互尊重、理解、平等相待；与教师、同学之间是否能够保持多向、丰富、适宜的信息交流				15分	
		能处理好合作学习和独立思考的关系，做到有效学习；能提出有意义的问题或能发表个人见解				15分	
学习方法		学习方法得体，是否获得了进一步学习的能力				15分	
辩证思维		是否能发现问题、提出问题、分析问题、解决问题、创新问题				10分	
学习效果		按时按要求完成了任务；较好地掌握了知识点；具有较强的信息分析能力和理解能力；具有较为全面严谨的思维能力并能条理清楚明晰表达成文和汇报				25分	
自 评 分 数							
有益的经验和做法							
总结反馈建议							

小组内互评表

组号：_____　　姓名：_____　　学号：_____　　检索号：_____

班级				组名		日期	
评价指标		评 价 内 容				分数	得分
资源使用		该同学能有效利用网络、图书资源查找有用的相关信息等；能将查到的信息有效地传递到工作中				10分	
感知课堂生活		该同学是否已经掌握人脸检测的方法，认同工作价值；在工作中是否能获得满足感				10分	
学习态度		该同学能否积极主动与教师、同学交流，相互尊重、理解、平等相待；与教师、同学之间是否能够保持多向、丰富、适宜的信息交流				15分	
		该同学能否处理好合作学习和独立思考的关系，做到有效学习；能提出有意义的问题或能发表个人见解				15分	
学习方法		该同学学习方法得体，是否获得了进一步学习的能力				15分	
思维态度		该同学是否能发现问题、提出问题、分析问题、解决问题、创新问题				10分	
学习效果		该同学是否能按时按质完成任务；较好地掌握了知识点；具有较强的信息分析能力和理解能力；具有较为全面严谨的思维能力并能条理清楚明晰表达成文或汇报				25分	
评 价 分 数							
该同学的不足之处							
有针对性的改进建议							

小组间互评表

被评组号：_____ 检索号：_____

班级		评价小组		日期	
评价指标	评 价 内 容			分数	得分
汇报 表述	表述准确			15 分	
	语言流畅			10 分	
	准确反映该组完成情况			15 分	
流程完整正确	人脸检测的过程完整			10 分	
	人脸检测的环节正确			20 分	
	人脸检测标注及保存的文件格式和存储正确			10 分	
	选择人脸图像，人脸检测效果达到要求(内容不违法违规)			20 分	
互 评 分 数					
简要评述					

教师评价表

组号：_____ 姓名：_____ 学号：_____ 检索号：_____

班级		组名		姓名	
出勤情况					
评价内容	评价要点	考察要点		分数	评分
资料利用情况	任务实施过程中资源查阅	(1) 是否查阅资源资料		20 分	
		(2) 正确运用信息资料			
互动交流情况	组内交流，教学互动	(1) 积极参与交流		30 分	
		(2) 主动接受教师指导			
任务完成情况	规定时间内的完成度	(1) 在规定时间内完成任务		20 分	
	任务完成的正确度	(2) 任务完成的正确性		30 分	
总分					

任务 2.3.2 人脸矫正

◆ **任务描述** ◆

　　大多数情况下，从视频中截取到的人脸包含歪头和侧脸的现象，此时就需要进行人脸矫正操作来保证人脸识别的效果。请读入一张歪头的人脸图像，并通过人脸矫正调整人脸的显示，效果如图 2.3.2.1 所示。

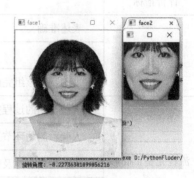

图 2.3.2.1 人脸矫正效果图

◆ **学习目标** ◆

知识目标	能力目标	素质素养目标
(1) 掌握用 Dlib 库进行人脸关键点检测的方法； (2) 掌握采用人脸基准点进行人脸对齐的方法。	(1) 能调用 API 进行人脸关键点检测； (2) 能采用 Python 编程进行基于人脸基准点的人脸对齐。	(1) 培养学生关注工作质量和工作效率的职业素养； (2) 培养学生树立正确的容貌观； (3) 培养学生树立肖像保护意识。

◆ **任务分析** ◆

重　点	难　点
调用 API 进行人脸关键点检测及人脸对齐。	采用 Python 编程实现基于人脸基准点的人脸对齐。

◆ **知识链接** ◆

　　进行人脸识别的时候正脸的效果是最好的，所以在人脸识别前还需要完成人脸矫正。人脸矫正是一个中间步骤，在人脸矫正之前需要先进行人脸检测，保存人脸区域后进行人脸对齐，然后基于人脸的关键点进行人脸矫正。人脸对齐的结果可以用于人脸识别、属性计算、表情识别等。

人脸矫正

一、人脸关键点定位和检测

　　人脸关键点定位(Facial Landmark Localization)是指在人脸检测的基础上，根据输入的人脸图像自动定位出面部关键特征点。人脸关键点大致分为三类：

(1) 标记人脸上的器官，比如眼角、嘴角等；

(2) 某个方向上的最高点或曲率极值点，比如嘴角；

(3) 前两类点的插值点，比如脸颊轮廓中的点等。

常用的人脸关键点数据库中标注的人脸关键点的个数有 5 个、49 个或 68 个等，可以调用相应的工具包实现关键点的检测。

人脸关键点检测方法大致分为三种，分别是：

(1) 基于模板的传统方法；

(2) 基于级联形状回归的方法；

(3) 基于深度学习的方法。

以上三种方法按照参数化与否来分，可分为参数化方法和非参数化方法。基于模板的传统方法属于参数化方法，基于级联形状回归的方法和基于深度学习的方法都属于非参数化方法。基于模板的传统模板方法可依据其外观模型的不同进一步分为基于局部的方法和基于全局的方法，而非参数化方法还包括基于样例的方法、基于图模型的方法。目前，应用最广的、精度最高的是基于深度学习的方法。

我们常用的人脸检测模型为 Dlib 库提供的决策树模型，该模型具有正向人脸 68 个特征点的 10 级回归器。用标注好人脸特征点的图像作为训练集输入该模型进行训练，训练过程中使用的是梯度下降法对模型进行优化，使得损失函数的值不断减小收敛，直至模型训练结束。

二、人脸对齐(矫正)

人脸对齐是以人脸检测获得的人脸图像区域为输入，通过定位人脸上的基准点(例如眼睛、鼻子等)，结合标准图上基准点的坐标建立一个特定的变换，然后将待测试人脸图像变换至标准的姿态，以降低人脸图像上的干扰因素，从而极大地提高后续识别任务的成功率。因此，人脸对齐是人脸识别系统中的关键环节。这里所说的人脸矫正就是实现人脸对齐。

人脸矫正首先需要进行人脸关键点定位，然后利用定位信息计算旋转角度、进行坐标变换，最后通过人脸仿射变换完成矫正。

1. 使用 Dlib 进行人脸关键点定位

一种比较简单的人脸检测的方法，就是使用 Dlib 进行人脸检测(Dlib 可使用命令 pip3 install dlib 安装)。Dlib 库是一个包含常用机器学习算法的开源工具包，内置了多种人脸检测器。这里我们使用 Dlib 已训练好的人脸检测模型 shape_predictor_68_face_landmarks.dat(可从出版社网站进行下载)来进行人脸关键点定位，代码如下：

```
import cv2
import dlib

detector=dlib.get_frontal_face_detector()
predictor=dlib.shape_predictor('shape_predictor_68_face_landmarks.dat')

img=cv2.imread('opencv_image/lena.jpg')
```

```
print(img)
gray=cv2.cvtColor(img,cv2.COLOR_BGR2GRAY)
dets=detector(gray,1)    #获得人脸个数
for k,d in enumerate(dets):
    shape=predictor(img,d)
    for i in range(68):
        cv2.circle(img,(shape.part(i).x,shape.part(i).y),
                    1,(0,255,0),-1,8)
        cv2.putText(img,str(i),(shape.part(i).x,shape.part(i).y),
                        cv2.FONT_HERSHEY_SIMPLEX,.5,(255,0,0),1)
cv2.imshow('face',img)
cv2.waitKey(0)
```

Dlib 中定义人脸有 68 个特征，我们可以通过循环将其一一画出来。人脸的关键点如图 2.3.2.2 所示。

程序运行后的定位效果图如图 2.3.2.3 所示。

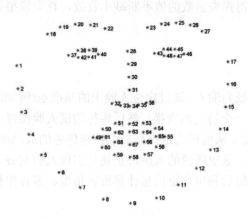
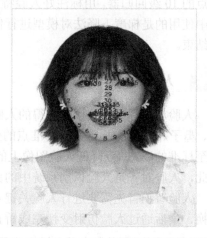

图 2.3.2.2　68 个关键点的人脸定位图　　　图 2.3.2.3　人脸 68 个关键点的定位效果图

2. 人脸矫正

进行人脸矫正的前提是已经获得了人脸的关键点，我们将会使用人脸的关键点进行人脸矫正，具体包括人脸关键点检测、人脸旋转角度计算、坐标变换、人脸仿射变换四个步骤。

下面以一张人脸图像为例实现该图像中的人脸矫正效果，具体步骤如下：

(1) 人脸关键点检测。检测人脸图像中的 68 个关键点，代码如下。细心的同学会发现，在 get_face() 函数中有个 correct_face()函数未实现，这就是我们下一步要完成的任务。

```
import dlib
import cv2
import numpy as np
import math
```

```
detector=dlib.get_frontal_face_detector()
predictor=dlib.shape_predictor('shape_predictor_68_face_landmarks.dat')


#得到人脸
def get_face(image_path,save=False):
    image=cv2.imread(image_path)
    gray = cv2.cvtColor(image, cv2.COLOR_BGR2GRAY)
    dets = detector(gray, 1)     # 获得人脸个数
    # print(dets)
    face=None
    if len(dets)==0:
        print('未检测到人脸')
    else:
        face=correct_face(image, dets)
        if save:
            path=image_path.split('.')[0]
            cv2.imwrite(path+'.jpg',face)
    return face


if __name__ == '__main__':
    image_path = r'D:\GPU_SY\Opencv\opencv_image\face1.jpg'
    face = get_face(image_path)
    cv2.imshow('img', face)
    cv2.waitKey(0)
```

(2) 人脸旋转角度计算。完成 correct_face()函数，实现代码如下：

```
# 人脸矫正
def correct_face(image,rects,size=128):
    shape=predictor(image,rects[0])
    x,y,w,h=get_face_rect(rects[0])
    # 获得左右眼的坐标
    x1,y1= shape.part(36).x, shape.part(36).y
    x2,y2 = shape.part(45).x, shape.part(45).y

    # 获取人脸区域
    face=image[y:h,x:w]
    width, height = face.shape[1], face.shape[0]
    # 获取左右眼的夹角
    h1=y2-y1
```

```
        w1=x2-x1
        a1=np.arctan(h1/w1)

        a = math.degrees(a1)    # 弧度转角度
        print('旋转角度:%s°' % a)

        # 这里使用弧度制
        points=get_trainpose_point(x,y,w,h,a1)
        points=np.array(points,np.float32)

        # 将旋转后的坐标 仿射变换到新的坐标
        new_point=np.array([[0,0],[size,0],[size,size]],np.float32)
        A1=cv2.getAffineTransform(points,dst=new_point)
        d1=cv2.warpAffine(image,A1,(size,size),borderValue=125)

        return d1
```

在 correct_face()函数中，也有两个函数未实现，其中 get_face_rect()用来获取人脸 ROI 区域，get_trainpose_point()用来进行坐标变换。

(3) 坐标变换。完成 get_face_rect()获取人脸 ROI 区域，然后完成 get_trainpose_point()进行坐标变换。get_face_rect()代码如下：

```
    # 获得人脸区域
    def get_face_rect(rects):
        x = rects.left()
        y = rects.top()
        w = rects.right()
        h = rects.bottom()
        return x,  y,  w,  h
```

get_trainpose_point()用来对左边进行变换，这里使用的是两只眼睛(分别是 36 和 45 号关键点)与水平的夹角来计算人脸的旋转角度 a。

(4) 人脸仿射变换。在获得旋转角度 a 后，根据旋转公式，假设对图片上任意点(x, y)，对坐标进行变换，绕一个坐标点(rx_0, ry_0)逆时针旋转 a 角度后的新的坐标设为$(x0, y0)$。坐标旋转公式如下：

$$x_0 = (x - rx_0)\cos(a) - (y - ry_0)\sin(a) + rx_0$$
$$y_0 = (x - rx_0)\sin(a) + (y - ry_0)\cos(a) + ry_0$$

即可获得变换后的人脸坐标，具体代码如下：

```
    # 获得人脸旋转后的坐标
    def get_trainpose_point(x,y,w,h,angle):
        # 求三角函数值, 这里默认使用弧度制, 所以输入的是弧度
```

```
sina=math.sin(angle)
cosa=math.cos(angle)
# 获得矩形的宽高
height=h-y
weidth=w-x
# 获得中心点坐标
centerx=int(x+weidth/2)
centery=int(y+height/2)
# 分别获得当前、左上角、右上角、右下角的坐标
left_point=np.array([x,y])
top_right_point=np.array([w,y])
bottom_right_point=np.array([w,h])
# 组合
points=np.concatenate((left_point,top_right_point,bottom_right_point))
# 分别获得旋转后的左上角、右上角、右下角的坐标
points[0]=(points[0] - centerx) * cosa - (points[1] - centery) * sina + centerx
points[1]=(points[0] - centerx) * sina + (points[1] - centery) * cosa + centery
points[2] = (points[2] - centerx) * cosa - (points[3] - centery) * sina + centerx
points[3] = (points[2] - centerx) * sina + (points[3] - centery) * cosa + centery
points[-2]=(points[-2] - centerx) * cosa - (points[-1] - centery) * sina + centerx
points[-1]=(points[-2] - centerx) * sina + (points[-1] - centery) * cosa + centery
return points.reshape(-1,2)
```

程序运行后的人脸矫正效果如图 2.3.2.4 所示。

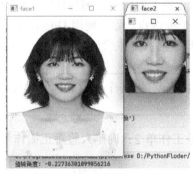

图 2.3.2.4　人脸矫正效果

◆ **素质素养养成** ◆

(1) 通过关键点检测培养学生学会通过找出关键点来提高解决问题效率的方法；

(2) 通过人脸矫正的原理培养学生在进行数据清洗和采集的过程中规范操作、提高数据质量的职业意识；

(3) 通过人脸矫正帮助学生树立正确的肖像保护意识和容貌观。

◆◆ **任务分组** ◆◆

学生任务分配表

班级		组号		指导教师	
分工明细	姓名(组长填在第1位)		学号	任务分工	

◆◆ **任务实施** ◆◆

°°°—— **任务工作单1：人脸关键点检测** ——°°°

组号：_____ 姓名：_____ 学号：_____ 检索号：_____

引导问题：

(1) 人脸关键点定位是什么？

_____

(2) 选择本组成员的一张正脸人像图片，编写代码使用 Dlib 库进行人脸关键点检测，实现检测到图片中脸部的 68 个关键点。除了使用 Dlib 库来进行人脸关键点检测，也可以试试调用旷视科技 face++人脸识别 API 来检测人脸 106 个关键点。

_____

(3) 采用 circle 函数绘制出人脸的 68 个关键点，并对代码和效果进行截图。

_____

°°°—— **任务工作单2：确定人脸矫正操作步骤** ——°°°

组号：_____ 姓名：_____ 学号：_____ 检索号：_____

引导问题：

(1) 为什么要进行人脸矫正？

_____

(2) 人脸矫正需要经过哪些环节？每个环节怎么实现？

_____

°°—— **任务工作单 3：人脸矫正操作步骤优化** ——°°

组号： _____　　姓名： _____　　学号： _____　　检索号： _____

引导问题：

(1) 小组讨论交流，教师参与引导，确定人脸矫正的实现环节和对应的方法。

_____

(2) 请记录自己在人脸矫正操作过程中出现的问题。

_____

°°—— **任务工作单 4：人脸矫正实现流程(展示汇报)** ——°°

组号： _____　　姓名： _____　　学号： _____　　检索号： _____

引导问题：

(1) 每小组推荐一位小组长，汇报实现过程，借鉴各组分享的经验，进一步优化实现方法。

_____

(2) 检查自己不足的地方。

_____

°°—— **任务工作单 5：人脸矫正实施** ——°°

组号： _____　　姓名： _____　　学号： _____　　检索号： _____

引导问题：

(1) 按照正确的流程和实现方法，对人脸图像的人脸进行矫正。

_____

(2) 检查自己不足的地方。

_____

◆ **评价反馈** ◆

个人评价表

组号： _____　　姓名： _____　　学号： _____　　检索号： _____

班级		组名		日期	
评价指标	评 价 内 容			分数	得分
资源使用	能有效利用网络、图书资源查找有用的相关信息等；能将查到的信息有效地传递到工作中			10 分	
感知课堂生活	是否掌握利用 Dlib 库进行人脸正脸的 68 个关键点的检测方法，能否在检测出人脸关键点的基础上实现人脸对齐，认同工作价值；在学习实践中是否能获得满足感			10 分	

续表

评价指标	评价内容	分数	得分
交流沟通	积极主动与教师、同学交流，相互尊重、理解，平等相待；与教师、同学之间是否能够保持多向、丰富、适宜的信息交流	15分	
	能处理好合作学习和独立思考的关系，做到有效学习；能提出有意义的问题或能发表个人见解	15分	
学习方法	学习方法得体，是否获得了进一步学习的能力	15分	
辩证思维	是否能发现问题、提出问题、分析问题、解决问题、创新问题	10分	
学习效果	按时按要求完成任务；较好地掌握了知识点；具有较强的信息分析能力和理解能力；具有较为全面严谨的思维能力并能条理清楚明晰表达成文和汇报	25分	
自评分数			
有益的经验和做法			
总结反馈建议			

小组内互评表

组号：_____   姓名：_____   学号：_____   检索号：_____

班级		组名		日期	
评价指标	评价内容			分数	得分
资源使用	该同学能有效利用网络、图书资源查找有用的相关信息等；能将查到的信息有效地传递到工作中			10分	
感知课堂生活	该同学是否已经掌握人脸对齐的方法，认同工作价值；在工作中是否能获得满足感			10分	
学习态度	该同学能否积极主动与教师、同学交流，相互尊重、理解，平等相待；与教师、同学之间是否能够保持多向、丰富、适宜的信息交流			15分	
	该同学能否处理好合作学习和独立思考的关系，做到有效学习；能提出有意义的问题或能发表个人见解			15分	
学习方法	该同学学习方法得体，是否获得了进一步学习的能力			15分	
思维态度	该同学是否能发现问题、提出问题、分析问题、解决问题、创新问题			10分	
学习效果	该同学是否能按时按质完成任务；较好地掌握了知识点；具有较强的信息分析能力和理解能力；具有较为全面严谨的思维能力并能条理清楚明晰表达成文或汇报			25分	
评价分数					
该同学的不足之处					
有针对性的改进建议					

小组间互评表

被评组号：＿＿＿＿＿＿＿＿　　　检索号：＿＿＿＿＿＿＿＿

班级		评价小组		日期	
评价指标	评 价 内 容			分数	得分
汇报表述	表述准确			15分	
	语言流畅			10分	
	准确反映该组完成情况			15分	
流程完整正确	人脸对齐的过程完整			10分	
	人脸对齐的环节正确			20分	
	人脸关键点检测准确，选择合适的关键点进行人脸对齐，能编写程序实现人脸对齐			10分	
	能检测出人脸关键点，能在此基础上进行人脸对齐效果达到要求(内容不违法违规)			20分	
互 评 分 数					
简要评述					

教师评价表

组号：＿＿＿＿＿＿　　姓名：＿＿＿＿＿＿　　学号：＿＿＿＿＿＿　　检索号：＿＿＿＿＿＿＿

班级		组名		姓名	
出勤情况					
评价内容	评价要点	考察要点		分数	评分
资料利用情况	任务实施过程中资源查阅	(1) 是否查阅资源资料		20分	
		(2) 正确运用信息资料			
互动交流情况	组内交流，教学互动	(1) 积极参与交流		30分	
		(2) 主动接受教师指导			
任务完成情况	规定时间内的完成度	(1) 在规定时间内完成任务		20分	
	任务完成的正确度	(2) 任务完成的正确性		30分	
总分					

任务 2.3.3　人脸特征提取

任务描述

输入一张人脸图像，调用 face_net 模型输出对应的人脸特征向量。完成后的效果如图 2.3.3.1 所示。

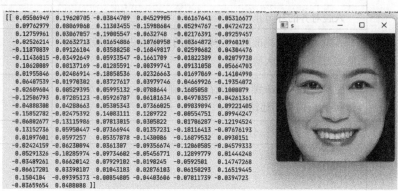

图 2.3.3.1　人脸特征向量提取效果

学习目标

知识目标	能力目标	素质素养目标
(1) 了解人脸特征提取的流程和方法； (2) 掌握调用人脸识别模型进行人脸特征提取的方法；	(1) 能调用人脸识别模型进行人脸特征提取并存储； (2) 能利用人脸特征进行人脸识别。	(1) 培养学生树立人类命运共同体的意识； (2) 培养学生遵守规范的意识； (3) 培养学生探索多种方法解决问题的思维意识。

任务分析

重　点	难　点
调用 face_net 模型进行人脸特征提取。	理解人脸特征提取的原理。

知识链接

一、人脸特征和人脸特征提取方法

人脸特征提取是指通过一些数字来表征人脸信息。常见的人脸特

人脸特征提取

征分为两类：几何特征和表征特征。

几何特征是指眼睛、鼻子和嘴等面部器官之间的几何关系，如距离、面积和角度等。各器官之间欧氏距离、角度及其大小和外形被量化成一系列参数，用来衡量人脸特征，所以对眼、鼻、嘴等器官的定位工作就十分重要。在用于人脸特征提取的算法中，为了减少计算量，只利用了一些直观的特征。而在实际应用中，需要用到的几何特征点不能精确选择，从而限制了它的应用范围。另外，当出现光照变化、人脸有外物遮挡或发生面部表情变化等情况时，几何特征变化较大，鲁棒性差。

表征特征是指利用人脸图像的灰度信息，通过一些算法提取的全局或局部特征。常见的特征提取算法有主成分特征分析(Principal Component Analysis，PCA)算法、BP 神经网络算法、局部二值模式(Local Binary Pattern，LBP)算法等。

PCA 是一种常用的数据分析方法，该方法通过线性变换将原始数据变换为一组各维度线性无关的表示，可用于提取数据的主要特征分量以及高维数据的降维。基于 PCA 的人脸识别方法通过只保留某些关键像素进行人脸特征的提取，可以使识别速度大大提升。

LBP 算法是一种用来描述图像局部纹理特征的算法。LBP 算法通过提取局部特征(度量和提取图像局部的纹理信息)作为判别依据，具有旋转不变性和灰度不变性等显著的优点，对光照具有不变性。对于纹理特征提取，提取的特征是图像的局部的纹理特征。除此之外还有多种改进型的 LBP 算法，LBP 结合 BP 神经网络算法已经用于人脸识别等领域。

BP 神经网络算法由信号的正向传播和误差的反向传播两个过程组成。

(1) 正向传播时，输入样本从输入层进入网络，经隐层逐层传递至输出层，如果输出层的实际输出与期望输出(导师信号)不同，则转至误差反向传播；如果输出层的实际输出与期望输出(导师信号)相同，则结束学习算法。

(2) 反向传播时，将输出误差(期望输出与实际输出之差)按原通路反传计算，通过隐层反向，直至输入层，在反传过程中将误差分摊给各层的各个单元，获得各层各单元的误差信号，并将其作为修正各单元权值的根据。这一计算过程使用梯度下降法完成，在不停地调整各层神经元的权值和阈值后，使误差信号减小到最低限度。

权值和阈值不断调整的过程，就是网络的学习与训练过程，经过信号正向传播与误差反向传播，权值和阈值的调整反复进行，一直进行到预先设定的学习训练次数，或输出误差减小到允许的程度。

二、face_net 模型

face_net 模型是由 Google 工程师 Florian Schroff、Dmitry Kalenichenko 和 James Philbin 提出的一种人脸识别解决方案，是一个对识别(即"这是谁？")、验证(即"这是同一个人吗？")、聚类(即"在这些面孔中找到同一个人")等问题的统一解决框架。face_net 模型的主要思想是把人脸图像映射到一个多维空间，通过空间距离表示人脸的相似度，即它们都可以放到特征空间里统一处理，只需要专注于解决如何将人脸更好地映射到特征空间。face_net 模型的本质是通过卷积神经网络学习人脸图像到 128 维欧几里得空间的映射，将人脸图像映射为 128 维的特征向量，通过使用特征向量之间的距离的倒数来表征人脸图像之间的"相关系数"。对于相同个体的不同图片，其特征向量之间的距离较小(即是同一个人的可能性大)，对于不同个体的图像，其特征向量之间的距离较大(即是同一个人的可能性小)。最后基于特征向量之间的距离大小来解决人脸图像的识别、验证和聚类等问题。

三、 提取人脸特征向量

目前比较主流的人脸特征提取方法是通过神经网络，得到一个特定维数关于人脸图像的特征向量，该向量可以很好地表征人脸数据，使得不同人脸的两个特征向量之间的距离尽可能大，同一张人脸的两个特征向量之间的距离尽可能小，这样就可以通过特征向量来进行人脸识别。这就是 face_net 模型的解决方案。

在对人脸特征提取之前，我们需要有一个已训练好了的 face_net 模型(可以从出版社网站进行下载)。

人脸特征提取的第一步就是要把人脸从图片中获取出来，根据任务 2.3.1 的流程我们很容易就可以获得人脸 ROI 区域，这里可以将任务 2.3.1 的实现过程通过 get_face_roi()函数封装起来，方便后面直接调用。参考代码如下：

```python
import tensorflow.keras as k
import os
import cv2
import numpy as np
import matplotlib.pyplot as plt


# 获得人脸 ROI 区域
def get_face_roi(img):
    gray = cv2.cvtColor(img, cv2.COLOR_BGR2GRAY)
    faces = face_date.detectMultiScale(gray, 1.3, 5)
    for face in faces:
        x, y, w, h = face
        img = img[y:y+h,x:x+w]
    return img
```

接下来，我们定义一个函数 get_face_features()，用来获取人脸特征，参考代码如下：

```python
# 获得人脸特征
def get_face_features(img):
    # 将图片缩放为模型的输入大小
    image = cv2.resize(img,(160,160))
    image = np.asarray(image).astype(np.float64)/255.
    image = np.expand_dims(image,0)
    # 使用模型获得人脸特征向量
    features    = model.predict(image)
# 标准化数据
features  =  features  /  np.sqrt(np.maximum(np.sum(np.square(features),  axis=-1,  keepdims=True),
```

```
1e-10))

        return features
```

最后，在 main 函数中调用这两个函数，即可获得人脸特征向量，参考代码如下：

```
if __name__ == '__main__':
    # 加载模型
    face_date = cv2.CascadeClassifier('model\haarcascade_frontalface_default.xml')
    model = k.models.load_model(r'model\facenet_keras.h5')
    model.summary()


    # 加载图片
    image_path = r'images\face1.jpg'
    img= cv2.imread(image_path)
    img_roi = get_face_roi(img)
    features = get_face_features(img_roi)
    print(features)
    # 显示特征
    plt.imshow(features)
    plt.show()


    cv2.imshow('s',img_roi)
    cv2.waitKey(0)
```

程序运行后的效果如图 2.3.3.1 所示。

四、搭建人脸特征库

搭建人脸特征库最简单的方法是直接保存人脸图片，但是这种方法有两个缺点：① 在进行网络传输时开销较大；② 在终端进行加载时速度较慢(因为需要重新找到人脸，获取特征)。所以为了更好的性能，一般会提取人脸的特征并保存。具体操作也十分简单，在 get_face_features()函数中添加如下代码即可：

```
# 获得人脸特征
def get_face_features(img):
    # 将图片缩放为模型的输入大小
    image = cv2.resize(img,(160,160))
    image = np.asarray(image).astype(np.float64)/255.
    image = np.expand_dims(image,0)
    # 使用模型获得人脸特征向量
    features  = model.predict(image)
# 标准化数据
```

```
    features = features / np.sqrt(np.maximum(np.sum(np.square(features), axis=-1, keepdims=True),
    1e-10))


        # 添加代码------------------
        np.save(r'knowface\face1',features)
        # --------------------------------
        return features
```

运行后即可在项目目录中看到 face1.npy 文件(如图 2.3.3.2 所示)，这就是我们已经保存好的人脸特征了。多次修改图片地址，就可以搭建好一个人脸特征库了。

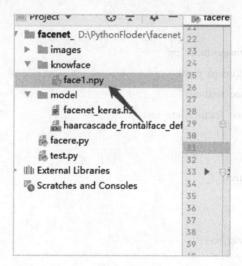

图 2.3.3.2

通过 numpy 库可以读取人脸特征 npy 文件，下面以前面已经保存的人脸特征文件face1.npy 为例，实现代码如下：

```
import numpy as np
data = np.load(r'knowface\face1.npy')
print(data)
```

◆◆ 素质素养养成 ◆◆

(1) 通过选取不同数量特征工具包，了解不同的人脸特征提取方法的优缺点，培养学生探索多种方法解决问题的思维方式；

(2) 通过将不同人种、不同民族的人脸特征视为向量数据，培养学生树立全球人类命运共同体的意识；

(3) 通过构建人脸特征库培养学生在多种方法中综合考量客观情况来选择最优方法的职业素养。

◆ **任务分组** ◆

学生任务分配表

班级		组号		指导教师	
分工明细	姓名(组长填在第1位)		学号	任务分工	

◆ **任务实施** ◆

°∘∘—— **任务工作单 1：认知人脸特征向量** ——∘∘°

组号：_____　　姓名：_____　　学号：_____　　检索号：_____

引导问题：

(1) 人脸特征向量是什么？

_____

(2) 进行人脸识别为什么要提取人脸特征向量？

_____

(3) 简述常用的人脸特征向量提取方法有哪些？总结各自的优缺点。

_____

°∘∘—— **任务工作单 2：人脸特征向量提取方法探究** ——∘∘°

组号：_____　　姓名：_____　　学号：_____　　检索号：_____

引导问题：

(1) 利用 face_net 模型进行人脸特征向量提取有哪几个环节？

_____

(2) 简述人脸特征向量提取的每个环节的实现方法。

_____

(3) 简述人脸特征向量库的保存和使用方法。

_____

○○○—— **任务工作单 3：人脸特征向量提取方法(讨论)** ——○○○

组号：_____ 姓名：_____ 学号：_____ 检索号：_____

引导问题：

(1) 小组交流讨论，确定人脸特征向量提取的完整流程和每个环节的实现方法，将人脸特征向量保存到本地。

_____

(2) 请记录自己在进行人脸特征提取过程中的错误。

_____

○○○—— **任务工作单 4：人脸特征向量提取方法(汇报)** ——○○○

组号：_____ 姓名：_____ 学号：_____ 检索号：_____

引导问题：

(1) 每小组推荐一位小组长，汇报人脸特征提取和保存的实现过程，借鉴各组分享的经验，进一步完善实现的步骤。

_____

(2) 总结别的小组的优点，自查自己存在的不足。

_____

○○○—— **任务工作单 5：人脸特征提取实现** ——○○○

组号：_____ 姓名：_____ 学号：_____ 检索号：_____

引导问题：

(1) 按照正确的流程和方法完成人脸特征向量提取并保存人脸特征库。

_____

(2) 检查自己不足的地方。

_____

评价反馈

个人评价表

组号：_____ 姓名：_____ 学号：_____ 检索号：_____

班级		组名		日期	
评价指标	评 价 内 容			分数	得分
资源使用	能有效利用网络、图书资源查找有用的相关信息等；能将查到的信息有效地传递到工作中			10 分	
感知课堂生活	是否掌握利用 Dlib 库实现人脸检测及获取人脸 ROI，利用 face_net 模型进行人脸特征向量提取和保存人脸特征库，认同工作价值；在学习实践中是否能获得满足感			20 分	

续表

评价指标	评 价 内 容	分数	得分
交流沟通	积极主动与教师、同学交流，相互尊重、理解，平等相待；与教师、同学之间是否能够保持多向、丰富、适宜的信息交流	10 分	
	能处理好合作学习和独立思考的关系，做到有效学习；能提出有意义的问题或能发表个人见解	10 分	
学习方法	学习方法得体，是否获得了进一步学习的能力	15 分	
辩证思维	是否能发现问题、提出问题、分析问题、解决问题、创新问题	10 分	
学习效果	按时按要求完成了任务；较好地掌握了知识点；具有较强的信息分析能力和理解能力；具有较为全面严谨的思维能力并能条理清楚明晰表达成文和汇报	25 分	
自 评 分 数			
有益的经验和做法			
总结反馈建议			

小组内互评表

组号：_____　　姓名：_____　　学号：_____　　检索号：_____

班级		组名		日期	
评价指标	评 价 内 容			分数	得分
资源使用	该同学能有效利用网络、图书资源查找有用的相关信息等；能将查到的信息有效地传递到工作中			10 分	
感知课堂生活	该同学是否已经掌握利用 face_net 模型进行人脸特征向量提取和保存人脸特征库的方法，认同工作价值；在工作中是否能获得满足感			10 分	
学习态度	该同学能否积极主动与教师、同学交流，相互尊重、理解，平等相待；与教师、同学之间是否能够保持多向、丰富、适宜的信息交流			15 分	
	该同学能否处理好合作学习和独立思考的关系，做到有效学习；能提出有意义的问题或能发表个人见解			15 分	
学习方法	该同学学习方法得体，是否获得了进一步学习的能力			15 分	
思维态度	该同学是否能发现问题、提出问题、分析问题、解决问题、创新问题			10 分	
学习效果	该同学是否能按时按质完成任务；较好地掌握了知识点；具有较强的信息分析能力和理解能力；具有较为全面严谨的思维能力并能条理清楚明晰表达成文或汇报			25 分	
评 价 分 数					
该同学的不足之处					
有针对性的改进建议					

小组间互评表

被评组号：_____　　检索号：_____

班级		评价小组		日期	
评价指标		评 价 内 容		分数	得分
汇报表述		表述准确		10 分	
		语言流畅		10 分	
		准确反映该组完成情况		5 分	
流程完整正确		人脸特征向量提取的原理		10 分	
		获取人脸 ROI 区域		20 分	
		人脸特征向量提取并输出		20 分	
		人脸特征库保存和使用		20 分	
价值观		完成任务过程中涉及的图像内容不违法不违规，传达积极向上的正能量		5 分	
互 评 分 数					
简要评述					

教师评价表

组号：_____　姓名：_____　学号：_____　检索号：_____

班级		组名		姓名	
出勤情况					
评价内容	评价要点	考察要点		分数	评分
资料利用情况	任务实施过程中资源查阅	(1) 是否查阅资源资料		20 分	
		(2) 正确运用信息资料			
互动交流情况	组内交流，教学互动	(1) 积极参与交流		30 分	
		(2) 主动接受教师指导			
任务完成情况	规定时间内的完成度	在规定时间内完成任务		20 分	
	任务完成的正确度	(1) 调用正确的方法实现人脸特征向量提取		30 分	
		(2) 保存人脸特征库			
		(3) 使用人脸特征库			
总分					

任务 2.3.4　人脸识别

◆ **任务描述** ◆

输入一张人脸正脸的图像，对比人脸特征库，输出该图像中的人是谁(效果参考图 2.3.4.1) 或者输出未能识别此人(效果参考图 2.3.4.2)。

图 2.3.4.1　人脸识别效果图 1

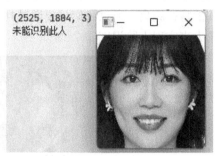

图 2.3.4.2　人脸识别效果图 2

◆ **学习目标** ◆

知识目标	能力目标	素质素养目标
(1) 理解人脸识别的概念； (2) 理解人脸识别的原理。	能利用人脸特征库进行人脸识别。	(1) 培养学生树立技术服务人类的意识； (2) 培养学生遵守规范、脚踏实地的工作作风； (3) 培养学生认识量变质变的发展规律； (4) 培养学生的法律法规意识。

◆ **任务分析** ◆

重　点	难　点
利用人脸特征库完成人脸识别并输出结果。	理解人脸识别的原理。

◆ **知识链接** ◆

一、人脸识别的概念和原理

经过前面的几个任务，我们已经学会如何进行人脸检测、人脸矫正以及人脸特征提取了，那么提取的特征向量有什么作用呢？

人脸识别

人脸识别(Facial Recognition)是指通过视频采集设备获取用户的面部图像，再利用核心的算法对其脸部的五官位置、脸型和角度进行计算分析，进而与通过特征向量提取完成的人脸特征库数据进行比对，从而判断出用户的真实身份。通过卷积神经网络(Convolutional Neural Networks，CNN)学习人脸图像到欧式空间上点的映射可得到图像中人脸的 128 维特征向量，这样我们就可以通过计算不同图像中的人脸特征向量的欧式距离来计算人脸相似度，两幅图像特征向量间的欧式距离越小，表示两幅图像是同一个人的可能性越大。一旦建立了人脸图像特征提取模型，那么人脸验证就变成了两幅图像相似度和指定阈值比较的问题。这就是人脸特征向量的作用。

如图 2.3.4.3 所示，无论改变光照还是改变角度，相同人之间的特征距离都要小于不同人之间的特征距离，所以我们只要通过判断特征距离是否小于某个阈值就可以判断是否为同一个人来实现人脸识别。

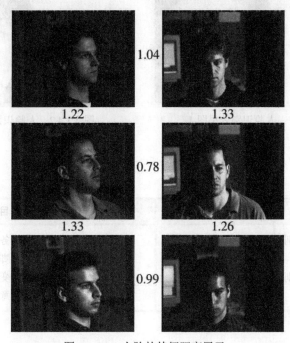

图 2.3.4.3　人脸的特征距离展示

人脸识别技术在日常生活中主要有两种用途，一种是人脸验证即人脸比对，用来判断"你是不是某人"；另一种是人脸识别，用来判断"你是谁"。

人脸验证采用的是 1∶1 的比对，本质上是机器对当前人脸与人脸数据库进行快速人脸比对并得出是否匹配的过程，可以简单理解为证明"张三是不是张三"。

人脸识别采用的是 1∶N 的比对，即采集了"张三"的一张照片之后，从海量的人脸数据库中找到与当前这张"张三"人脸数据相符合的图像并进行匹配，获得"张三是谁"的结果。人脸识别的应用场景很多，比如疑犯追踪、寻亲、门禁、考勤签到等。

二、　欧氏距离

欧氏距离是最易于理解的一种距离计算方法，源自欧氏空间中两点间的距离公式，即

若存在两个 n 维向量 $a(x_{11}, x_{12}, \cdots, x_{1n})$ 与 $b(x_{21}, x_{22}, \cdots, x_{2n})$，那么它们之间的距离可表示为

$$d_{12} = \sqrt{\sum_{k=1}^{n}(x_{1k} - x_{2k})^2}$$

在 PYthon 中实现计算欧式距离的代码如下：

```python
import numpy as np

def   get_distance(image1,image2) :
    l1 = np.sqrt(np.sum(np.square(image1 - image2) , axis=-1) )
    return l1
```

三、人脸识别实现

获取人脸特征向量后我们就可以利用欧氏距离方法计算人脸距离，有了人脸距离我们就可以给定阈值，然后通过阈值判断是否是同一个人了。

首先加载人脸特征库中的数据，代码如下：

```python
from   facefeatures import get_face_roi,get_face_features
import numpy as np
import cv2
import  os


# 加载人脸特征
def load_know_face(path):
    npy_paths = [os.path.join(path ,p) for p in os.listdir(path)]
    data =[]
    face_names = []
    for npy_path in npy_paths:
        name = npy_path.split('\\')[-1].split('.')[0]
        face_names.append(name)
        data.append(np.load(npy_path)[0])
    return data,face_names
```

接着，在 main 中写入如下代码，即可制作一个简易的人脸识别程序。由于这里调用了上一个任务中的函数，所以记得把 get_face_features() 中保存特征的代码去掉。

```python
if __name__ == '__main__':
    face_know_features,face_names = load_know_face('knowface')
    # 加载要识别的人的图片
```

```
image_path = r'images\huge2.jpg'
img= cv2.imread(image_path)
img_roi = get_face_roi(img)
#获得特征
features = get_face_features(img_roi)
# 计算人脸距离
distance = get_distance(face_know_features,features)

# 判断最小的距离是否小于阈值
min_dis_index = distance.argmin()
if distance[min_dis_index]<0.7:
    print('已识别到此人为:%s'%face_names[min_dis_index])
else:
    print('未能识别此人')
```

　　程序运行结果如图 2.3.4.1 和图 2.3.4.2 所示。第一张识别的图片为 huge1.jpg，由于之前已经录入了 huge1.jpg 的人脸特征，所以获得的结果是"已识别到此人为:face1"，而第二张由于没有提前录入人脸(即人脸特征库里面是没有的)，所以结果是"未能识别此人"。

AI _ 记 _ 事 _ 本

为什么要考虑人脸识别技术的安全性

　　人脸识别技术的应用和价值不断在各产业拓展和显现，例如银行、交通、大型考场、机场等，优势显著，得到国内大部分用户的青睐和认可，但也存在隐私安全问题。目前我国法律还没有出台相关保护政策，如果采集商没有妥善保管或泄露、恶意采集和违法买卖信息，这将涉及个人隐私和安全问题，严重情况下将造成不可预估的风险，并且一旦这类事件频繁发生，必然会加深人们对人脸识别技术的担忧和顾虑，从而阻碍人脸识别技术的发展。

为什么要考虑
人脸识别的
安全性？

◆◆ 素质素养养成 ◆◆

　　(1) 通过人脸识别的应用场景引导学生树立技术服务人类的意识；

　　(2) 通过人脸识别应用场景的学习，引导学生认识到人脸数据如果被滥用的恶劣影响，树立法律意识；

　　(3) 人脸识别的整个流程的四个环节，缺一不可，并从中培养遵守规则，脚踏实地的工作作风；

　　(4) 从人脸识别中阈值的设定中引导学生关注量变到质变的发展规律。

任务分组

学生任务分配表

班级		组号		指导教师	
分工明细	姓名(组长填在第 1 位)		学号	任务分工	

任务实施

∘∘—— 任务工作单 1：人脸识别认知 ——∘∘

组号：_____　　姓名：_____　　学号：_____　　检索号：_____

引导问题：

(1) 简述人脸特征向量对人脸识别的作用。

_____

(2) 简述人脸识别的原理。

_____

(3) 人脸验证和人脸识别有何不同？

_____

∘∘—— 任务工作单 2：人脸识别实现流程 ——∘∘

组号：_____　　姓名：_____　　学号：_____　　检索号：_____

引导问题：

(1) 人脸识别有哪些环节？

_____

(2) 人脸识别的每个环节如何实现？

_____

°°○── **任务工作单 3：确定人脸识别实现方法(小组讨论)** ──○°°

组号：_____　　姓名：_____　　学号：_____　　检索号：_____

引导问题：

(1) 小组交流讨论，确定人脸识别的完整流程和每个环节的实现方法。
_____

(2) 小组分工，总结人脸识别的原理和应用场景。
_____

(3) 请记录自己在进行人脸特征提取过程中的错误之处。
_____

°°○── **任务工作单 4：人脸识别过程(展示汇报)** ──○°°

组号：_____　　姓名：_____　　学号：_____　　检索号：_____

引导问题：

(1) 每小组推荐一位小组长，汇报实现过程和人脸识别的应用总结，借鉴各组分享的经验，进一步优化实现的步骤。
_____

(2) 检查自己不足的地方。
_____

°°○── **任务工作单 5：人脸识别实践和总结** ──○°°

组号：_____　　姓名：_____　　学号：_____　　检索号：_____

引导问题：

(1) 按照正确的流程和实现方法，输入图像实现人脸识别。
_____

(2) 自查人脸识别实验过程中出现错误的原因。
_____

◆❖ **评价反馈** ❖◆

个人评价表

组号：_____　　姓名：_____　　学号：_____　　检索号：_____

班级					
评价指标	评 价 内 容			分数	得分
资源使用	能有效利用网络、图书资源查找有用的相关信息等；能将查到的信息有效地传递到工作中			10分	
感知课堂生活	是否掌握人脸识别的原理和利用欧氏距离实现人脸识别的方法，认同工作价值；在学习实践中是否能获得满足感			20分	

评价指标	评 价 内 容	分数	得分
交流沟通	积极主动与教师、同学交流，相互尊重、理解，平等相待；与教师、同学之间是否能够保持多向、丰富、适宜的信息交流	10分	
	能处理好合作学习和独立思考的关系，做到有效学习；能提出有意义的问题或能发表个人见解	10分	
学习方法	学习方法得体，是否获得了进一步学习的能力	15分	
辩证思维	是否能发现问题、提出问题、分析问题、解决问题、创新问题	10分	
学习效果	按时按要求完成了任务；较好地掌握了知识点；具有较强的信息分析能力和理解能力；具有较为全面严谨的思维能力并能条理清楚明晰表达成文和汇报	25分	
自 评 分 数			
有益的经验和做法			
总结反馈建议			

小组内互评表

组号：_____ 姓名：_____ 学号：_____ 检索号：_____

班级		组名		日期	
评价指标	评 价 内 容			分数	得分
资源使用	该同学能有效利用网络、图书资源查找有用的相关信息等；能将查到的信息有效地传递到工作中			10分	
感知课堂生活	该同学是否已经掌握人脸识别的原理和人脸识别功能实现的方法，认同工作价值；在工作中是否能获得满足感			10分	
学习态度	该同学能否积极主动与教师、同学交流，相互尊重、理解、平等相待；与教师、同学之间是否能够保持多向、丰富、适宜的信息交流			15分	
	该同学能否处理好合作学习和独立思考的关系，做到有效学习；能提出有意义的问题或能发表个人见解			15分	
学习方法	该同学学习方法得体，是否获得了进一步学习的能力			15分	
思维态度	该同学是否能发现问题、提出问题、分析问题、解决问题、创新问题			10分	
学习效果	该同学是否能按时按质完成任务；较好地掌握了知识点；具有较强的信息分析能力和理解能力；具有较为全面严谨的思维能力并能条理清楚明晰表达成文或汇报			25分	
评 价 分 数					
该同学的不足之处					
有针对性的改进建议					

小组间互评表

被评组号：_____　　　　　检索号：_____

班级		评价小组		日期	
评价指标		评 价 内 容		分数	得分
汇报表述	表述准确			10 分	
	语言流畅			10 分	
	准确反映该组完成情况			5 分	
流程完整正确	人脸识别的原理			15 分	
	人脸验证与人脸识别的区别			15 分	
	人脸识别应用场景总结			15 分	
	人脸识别的实现			25 分	
价值观	完成任务过程中涉及的图像、视频内容不违法不违规，传达积极向上的正能量			5 分	
互 评 分 数					
简要评述					

教师评价表

组号：_____　　姓名：_____　　学号：_____　　检索号：_____

班级			组名	姓名		
出勤情况						
评价内容	评价要点		考察要点		分数	评分
资料利用情况	任务实施过程中资源查阅		(1) 是否查阅资源资料		20 分	
			(2) 正确运用信息资料			
互动交流情况	组内交流，教学互动		(1) 积极参与交流		30 分	
			(2) 主动接受教师指导			
任务完成情况	规定时间内的完成度		在规定时间内完成任务		20 分	
	任务完成的正确度		(1) 使用正确的方法和流程实现人脸识别功能		30 分	
			(2) 能正确理解人脸识别原理			
			(3) 总结的人脸识别技术应用场景合理			
总分						

任务 2.3.5　简易人脸识别考勤系统

◆ **任务描述** ◆

利用任务 2.3.1 至任务 2.3.4 的人脸识别技术,针对给定的人脸图像库开发一个人脸识别考勤系统,实现人脸实时签到和输出考勤结果。参考结果如图 2.3.5.1 和图 2.3.5.2 所示。

图 2.3.5.1　实时签到

```
student1 0 缺勤
student2 2021-04-29 17:40:23 正常
student3 0 缺勤
student4 0 缺勤
student5 0 缺勤
```

图 2.3.5.2　输出考勤结果

◆ **学习目标** ◆

知识目标	能力目标	素质素养目标
(1) 了解人脸识别应用开发流程; (2) 掌握人脸识别与实际场景的融合方法。	(1) 能将人脸识别应用到实际场景。	(1) 培养学生树立技术服务人类的意识; (2) 引导学生认可社会主义核心观,做一个守时、诚信的人。

◆ **任务分析** ◆

重　点	难　点
人脸识别应用项目的开发。	人脸识别与实际场景的融合。

一、 考勤系统功能和框架简介

人脸考勤系统是基于人脸识别技术的考勤管理系统，主要用于出勤统计，签到时需要通过摄像头采集签到人员的面部图像，再通过人脸识别算法从采集到的图像中提取特征值并与数据库中预先存入的人脸照片的特征值进行分析比较，根据识别结果和时间判断缺勤、迟到和正常。

开发简易人脸识别考勤系统

本次任务的简易人脸考勤系统场景为校园学生上课考勤场景，假设人脸数据可以通过校园管理系统得到。系统的整体流程分为如下六个环节，图 2.3.5.3 是项目开发流程图。

- 获取上课的学生列表；
- 为学生注册某一课程；
- 搭建人脸特征库；
- 上课前进行人脸识别签到；
- 通过学生列表以及人脸识别的结果获得考勤记录；
- 考勤分析。

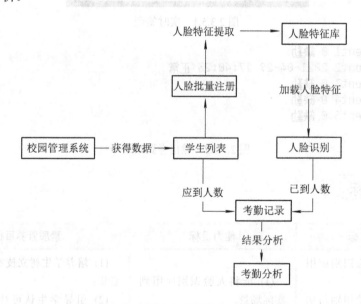

图 2.3.5.3　校园人脸考勤系统开发流程图

二、 开发准备工作

在开发考勤系统之前，我们要做一些准备工作，包括获取人脸图像数据、搭建项目框架和将人脸检测、人脸特征提取和人脸距离计算等功能实现封装。

首先我们从校园管理系统中获取要进行考勤的学生人脸图像，本项目的测试人脸图像如图 2.3.5.4 所示。

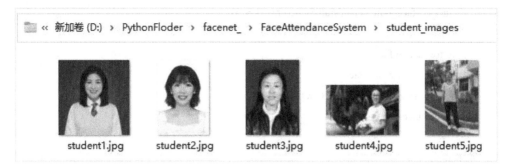

图 2.3.5.4 人脸图像数据列表

然后根据需求创建如图 2.3.5.5 所示的目录结构，class 用来存储某一节课的课程信息；face_features 用来存储人脸特征库，我们提取到的人脸特征将存储到这里；models 用来存放 haar 分类器以及 face_net 模型；student_images 用来存放我们从校园管理系统中获取到的学生人脸图像数据。

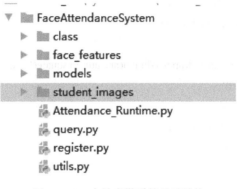

图 2.3.5.5 人脸考勤系统目录结构

接着，我们将本项目前四个任务中已经编写好的一些函数放到 utils.py 文件中，方便后续直接调用，包括获取人脸 ROI 区域函数、获得人脸特征函数、加载人脸特征函数、计算人脸距离函数，完整的 utils.py 代码如下：

```python
import tensorflow.keras as k
import os
import cv2
import numpy as np
os.environ['CUDA_VISIBLE_DEVICES'] = "-1"

face_date = cv2.CascadeClassifier('models\haarcascade_frontalface_default.xml')
model = k.models.load_model(r'models\facenet_keras.h5')

# 获得人脸 ROI 区域
def get_face_roi(img):
```

```
        gray = cv2.cvtColor(img, cv2.COLOR_BGR2GRAY)
        faces = face_date.detectMultiScale(gray, 1.3, 5)

        # for face in faces:
        #        x, y, w, h = face
        #        img = img[y:y+h,x:x+w]
        return faces


# 获得人脸特征
def get_face_features(img):
        # 将图片缩放为模型的输入大小
        image = cv2.resize(img,(160,160))
        image = np.asarray(image).astype(np.float64)/255.
        image = np.expand_dims(image,0)
        # 使用模型获得人脸特征向量
        features   = model.predict(image)
        # 标准化数据
        features = features / np.sqrt(np.maximum(np.sum(np.square(features), axis=-1,
keepdims=True), 1e-10))
        # 添加代码-------------------
        # np.save(r'knowface\face1',features)
        # -------------------------
        return features


# 加载人脸特征
def load_know_face(path):
        npy_paths = [os.path.join(path ,p) for p in os.listdir(path)]
        data =[]
        face_names = []
        for npy_path in npy_paths:
                name = npy_path.split('\\')[-1].split('.')[0]
                face_names.append(name)
                data.append(np.load(npy_path)[0])
        return data,face_names


# 计算人脸距离
def   get_distance(image1,image2) :
        l1 = np.sqrt(np.sum(np.square(image1 - image2) , axis=-1) )
        return l1
```

三、 批量获取人脸特征

任务 2.3.3 中获取人脸特征的方式比较简单，这里我们可以优化一下。新建 register.py 文件,实现将一个文件夹中的图片进行人脸特征的批量提取并自动保存到项目 face_features 文件夹中，实现代码如下：

```python
import os
from utils import get_face_roi,get_face_features
import cv2
import numpy as np
from tqdm import tqdm


student_dir='student_images'

student_paths = [os.path.join(student_dir,p) for p in os.listdir(student_dir)]
for student_path in tqdm(student_paths):
    student_name = student_path.split('\\')[-1].split('.')[0]

    image = cv2.imread(student_path)
    face_roi= get_face_roi(image)
    features = get_face_features(face_roi)
    np.save(r'face_features\%s'%student_name,features)
```

程序运行成功后可以在 face_features 文件夹中得到如图 2.3.5.6 所示的人脸特征文件。

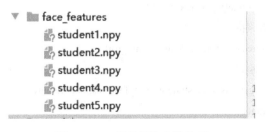

图 2.3.5.6　批量提取人脸特征

四、 实时人脸签到

新建 Attendance_Runtime.py，加载学生人脸图像数据，打开摄像头，初始化学生签到列表(初始签到情况都是'0')，实现实时签到功能。人脸签到流程主要包括：① 通过摄像头获取人脸区域照片；② 与人脸图像库中的人脸进行比对；③ 根据比对结果将对应的照片添加到签到结果列表。完整的 Attendance_Runtime.py 代码如下：

```python
from utils import get_face_roi,get_face_features,load_know_face,get_distance
import cv2
```

```
import time
import json

# 加载学生人脸图像数据
student_face_features ,student_names= load_know_face('face_features')
print(student_names)
# 打开摄像头
cam = cv2.VideoCapture(0)

# 初始化学生列表
student_signin_dist={}
for student_name in student_names:
    student_signin_dist[student_name]='0'

while cam :
    frame = cam.read()
    # 获得人脸区域
    faces = get_face_roi(frame)
    # 对图像中的每一个人脸进行对比
    for face in faces:
        x, y, w, h = face
        cv2.rectangle(frame,(x,y),(x+w,y+h),(0,255,0),1)
        # 获得人脸 ROI 区域
        img_roi = frame[y:y + h, x:x + w]
        # 获得人脸特征
        face_features = get_face_features(img_roi)
        # 计算人脸距离
        distance = get_distance(student_face_features,face_features)
        print(distance)

        # 判断最小的距离是否小于阈值
        min_dis_index = distance.argmin()
        if distance[min_dis_index] < 0.7:
            student_name= student_names[min_dis_index]
            # print('已识别到此人为:%s' % student_name)
            student_signin_dist[student_name]=time.strftime('%Y-%m-%d
%H:%M:%S', time.localtime(time.time()))
cv2.putText(frame,student_name,(x,y-10),cv2.FONT_HERSHEY_COMPLEX,.5,(0,255,255),1)
```

```
            else:
                # print('未能识别此人')
                cv2.putText(frame,'Unknow',(x, y - 10), cv2.FONT_HERSHEY_COMPLEX, .5, (0, 255,
255), 1)
        cv2.imshow('cam',frame)
        # 按下'q'退出
        if cv2.waitKey(1)    ==ord('q'):
            # 记录本次签到结果
            json_ = json.dumps(student_signin_dist)
            with open(r'class\student_att.json', 'w', encoding='utf8') as f:
                f.writelines(json_)
            break
    cam.release()
    cv2.destroyAllWindows()
```

程序运行后，你将会看到如图 2.3.5.7 所示的界面，黄色字体为识别到的学生名称，使用'q'可以退出签到系统。

图 2.3.5.7　实时签到成功效果

在退出时会同时保存签到信息为 json 文件到 class 文件夹中，若签到成功则该学生的签到状态值为签到时间，如若还未签到，则签到状态值还是"0"。效果如图 2.3.5.8 所示。

```
{"student1": "0",
 "student2": "2021-04-29 17:40:23",
 "student3": "0",
 "student4": "0",
 "student5": "0"}
```

图 2.3.5.8　学生签到状态列表

五、　查询考勤结果

新建一个 query.py 文件，用来根据学生签完到后的考勤状态 json 文件来确定学生是迟到、缺勤还是正常，参考代码如下：

```
import json
import time
```

```
path = 'class\student_att.json'
# 定义上课时间  格式固定
start_class_time ='2021-04-29 17:41:00'
start_class_time_stamp = time.mktime(time.strptime(start_class_time, '%Y-%m-%d %H:%M:%S'))



with open(path, 'r', encoding='utf8') as f:
    class_datas= json.loads(f.read())


class_datas_dict = dict(class_datas)
for name in class_datas_dict.keys():


    att_time = class_datas_dict[name]
    if att_time == '0':
        state = '缺勤'
    else:
        # 如果签到时间大于上课时间则是迟到
        att_time_stamp = time.mktime(time.strptime(att_time, '%Y-%m-%d %H:%M:%S'))
        time_ = start_class_time_stamp-att_time_stamp
        if time_<0:
            state = '迟到'
        else:
            state='正常'
    print(name,att_time,state)
```

程序运行结果如图 2.3.5.9 所示，我们通过签到的时间来判断学生是缺勤、迟到还是正常。

```
student1 0 缺勤
student2 2021-04-29 17:40:23 正常
student3 0 缺勤
student4 0 缺勤
student5 0 缺勤
```

图 2.3.5.9 学生考勤结果列表

◆▷ 素质素养养成 ◁◆

(1) 在人脸识别技术应用到签到考勤系统的过程中培养学生技术服务人类的意识。

(2) 在通过签到时间计算考勤结果的过程中培养学生守时、诚信的意识。

任务分组

学生任务分配表

班级		组号		指导教师	
分工明细	姓名(组长填在第 1 位)		学号	任务分工	

任务实施

∘∘—— 任务工作单 1：开发人脸考勤系统工作准备 ——∘∘

组号：_____　　姓名：_____　　学号：_____　　检索号：_____

引导问题：

(1) 简述人脸考勤系统的原理。

_____

(2) 展示你创建的人脸识别项目结构并指出哪个文件夹用来存储人脸特征，哪个文件夹用来存储要签到的课程信息，哪个文件夹用来存放 haar 分类器以及 face_net 模型，哪个文件夹用来存储学生人脸图像数据。

_____

(3) 将获取人脸 ROI 区域、提取人脸特征、计算人脸距离封装成函数。

_____

∘∘—— 任务工作单 2：人脸考勤系统流程探究 ——∘∘

组号：_____　　姓名：_____　　学号：_____　　检索号：_____

引导问题：

(1) 开发人脸考勤系统的整个流程包括哪些环节？

_____

(2) 如何实现人脸考勤系统的每个环节？

_____

∘∘○── **任务工作单 3：人脸考勤系统流程确定(小组讨论)** ──○∘∘

组号：_____ 姓名：_____ 学号：_____ 检索号：_____

引导问题：

(1) 小组交流讨论，确定人脸考勤系统的开发流程和每个环节的实现方法。

_____

(2) 请记录自己在人脸考勤系统开发过程中出现的问题。

_____

∘∘○── **任务工作单 4：开发人脸考勤系统流程(展示汇报)** ──○∘∘

组号：_____ 姓名：_____ 学号：_____ 检索号：_____

引导问题：

(1) 每小组推荐一位小组长，汇报实现过程，借鉴各组分享的经验，进一步优化实现的步骤。

_____

(2) 检查自己不足的地方。

_____

∘∘○── **任务工作单 5：人脸考勤系统开发实践** ──○∘∘

组号：_____ 姓名：_____ 学号：_____ 检索号：_____

引导问题：

(1) 按照正确的流程和实现方法，利用本地摄像头实现人脸考勤系统。

_____

(2) 自查人脸考勤系统开发过程中出现错误的原因。

_____

◆◆ 评价反馈 ◆◆

个人评价表

组号：_____ 姓名：_____ 学号：_____ 检索号：_____

班级		组名		日期	
评价指标	评 价 内 容			分数	得分
资源使用	能有效利用网络、图书资源查找有用的相关信息等；能将查到的信息有效地传递到工作中			10 分	
感知课堂生活	是否掌握人脸考勤系统的原理和开发方法，认同工作价值；在学习实践中是否能获得满足感			20 分	

评价指标	评 价 内 容	分数	得分
交流沟通	积极主动与教师、同学交流，相互尊重、理解，平等相待；与教师、同学之间是否能够保持多向、丰富、适宜的信息交流	10 分	
	能处理好合作学习和独立思考的关系，做到有效学习；能提出有意义的问题或能发表个人见解	10 分	
学习方法	学习方法得体，是否获得了进一步学习的能力	15 分	
辩证思维	是否能发现问题、提出问题、分析问题、解决问题、创新问题	10 分	
学习效果	按时按要求完成了任务；较好地掌握了知识点；具有较强的信息分析能力和理解能力；具有较为全面严谨的思维能力并能条理清楚明晰表达成文和汇报	25 分	
自评分数			
有益的经验和做法			
总结反馈建议			

小组内互评表

组号：_____　　姓名：_____　　学号：_____　　检索号：_____

班级		组名		日期	
评价指标	评 价 内 容			分数	得分
资源使用	该同学能有效利用网络、图书资源查找有用的相关信息等；能将查到的信息有效地传递到工作中			10 分	
感知课堂生活	该同学是否已经掌握人脸考勤系统的原理和开发方法，认同工作价值；在工作中是否能获得满足感			10 分	
学习态度	该同学能否积极主动与教师、同学交流，相互尊重、理解，平等相待；与教师、同学之间是否能够保持多向、丰富、适宜的信息交流			15 分	
	该同学能否处理好合作学习和独立思考的关系，做到有效学习；能提出有意义的问题或能发表个人见解			15 分	
学习方法	该同学学习方法得体，是否获得了进一步学习的能力			15 分	
思维态度	该同学是否能发现问题、提出问题、分析问题、解决问题、创新问题			10 分	
学习效果	该同学是否能按时按质完成任务；较好地掌握了知识点；具有较强的信息分析能力和理解能力；具有较为全面严谨的思维能力并能条理清楚明晰表达成文或汇报			25 分	
评 价 分 数					
该同学的不足之处					
有针对性的改进建议					

小组间互评表

被评组号： _____ 检索号： _____

班级		评价小组		日期	
评价指标		评 价 内 容		分数	得分
汇报 表述		表述准确		10分	
		语言流畅		10分	
		准确反映该组完成情况		5分	
流程完整正确		人脸考勤系统的原理		15分	
		人脸考勤系统项目架构		15分	
		人脸考勤系统数据准备		15分	
		人脸考勤系统功能实现		25分	
价值观		完成任务过程中涉及的图像、视频内容不违法不违规，传达积极向上的正能量		5分	
互 评 分 数					
简要评述					

教师评价表

组号： _____ 姓名： _____ 学号： _____ 检索号： _____

班级		组名		姓名	
出勤情况					
评价内容	评价要点	考察要点		分数	评分
资料利用情况	任务实施过程中资源查阅	(1) 是否查阅资源资料		20分	
		(2) 正确运用信息资料			
互动交流情况	组内交流，教学互动	(1) 积极参与交流		30分	
		(2) 主动接受教师指导			
任务完成情况	规定时间内的完成度	在规定时间内完成任务		20分	
	任务完成的正确度	(1) 使用正确的方法和流程实现人脸考勤系统		30分	
		(2) 能将人脸检测、人脸特征提取、人脸距离计算封装成函数			
		(3) 项目结构合理			
总分					

模 块 三

AI 安全法律伦理

项目 3.1 AI 发展中的问题认知

项目情景

霍金的警告

人工智能正在成为以新一轮科技革命为基础的国家竞争制高点。欧盟持续 10 年的"人脑计划"(Human Brain Project，HBP)、日本的"人工智能/大数据/物联网/网络安全综合项目"(AIP 项目)以及美国的"国家人工智能研究与发展战略计划"，都将人工智能全面提升到了国家战略层面。与此同时，"黑客"攻击电网导致大范围停电，政府内网被植入"后门"，机密情报被窃取，重要网站被劫持，个人信息集中泄露，家中摄像头被远程操控肆意窥探……这些曾经只出现在科幻小说里的安全问题，如今却在全球不时上演。人工智能的发展速度远远超越了人类自身的进化速度，这也引起了诸多学者的警惕。著名英国物理学家史蒂芬·威廉·霍金在全球移动互联网大会上做视频演讲时指出，人工智能可能是人类文明的终结者。"人工智能崛起要么是人类最好的事，要么就是最糟糕的事。人类需警惕人工智能发展的威胁。因为人工智能一旦脱离束缚，以不断加速的状态重新设计自身，人类由于受到漫长的生物进化限制，将无法与之竞争。"霍金警告说。

人类的职业是否会被机器代替？机器会不会反过来操控人类，控制人类居住的星球，并最终将人类淘汰出局？

项目导览

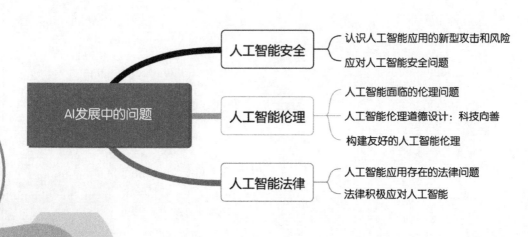

项目目标

- 能感受人工智能安全对国家、对社会、对个人的影响；
- 了解针对人工智能系统的攻击方式；
- 了解针对人工智能系统的安全防范措施；
- 了解人工智能伦理问题的主要表现；
- 理解人工智能领域的安全、伦理、隐私、法律以及经济形态、生产方式与人、自然和谐等方面的问题；
- 能以正确的人工智能伦理导向思考人工智能未来的发展方向；
- 了解人工智能的发展带来的具体法律问题；
- 理解现代人工智能法律制定的指导思想。

思政聚焦

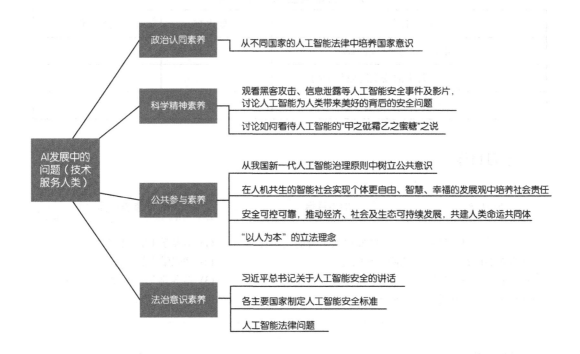

任务 3.1.1　人工智能安全威胁

◆◆ 任务描述 ◆◆

　　特斯拉创始人埃隆·马斯克认为，人工智能将威胁人类，或引发恐慌，呼吁政府尽快考虑针对这一技术的相关立法与管控；著名物理学家霍金也发出关于人工智能的警告："人工智能可能毁灭人类"；而 Facebook 的创始人扎克伯格等人则认为，人工智能将会让人类的生活变得更安全和美好。阅读材料、搜索网络资源、查找书籍，总结人工智能面临的攻击威胁类型，人工智能给人类带来的安全隐患和影响，我们要如何防范人工智能安全问题，完成人工智能安全探究任务书。

人工智能安全探究任务书

探索任务	主要内容	典型案例
人工智能面临的新型攻击威胁		
人工智能给人类带来的安全隐患和影响		
如何防范人工智能安全问题		

◆◆ 学习目标 ◆◆

知识目标	能力目标	素质素养目标
（1）了解人工智能安全存在的问题； （2）了解人工智能系统面临的攻击方式。	（1）能发现人工智能安全存在的隐患和威胁； （2）能应对人工智能安全存在的问题。	（1）培养学生的公民意识； （2）增强学生的法制意识； （3）培养学生"两面性""透过现象看本质"的辩证思维。

◆◆ 任务分析 ◆◆

重　点	难　点
（1）熟悉当前人工智能安全问题的表现形式； （2）从各类人工智能系统面临的威胁中总结出人工智能的安全隐患。	人工智能安全隐患的防范。

　　人工智能安全是指通过采取必要的措施，防范对人工智能系统的攻击、侵入、干扰、破坏和非法使用，使人工智能系统处于稳定可靠运行的状态，遵循以人为本、权责一致等安全原则，保障人工智能算法模型、数据系统和产品应用的完整性、保密性、可用性、鲁棒性、透明性、公平性和隐私性的能力。人工智能系统除了会遭受拒绝服务等传统的网络攻击威胁外，还会面临一些特定攻击。

人工智能
安全威胁

1. 人工智能系统面临的新型威胁

1) 对抗样本攻击

　　在输入样本中添加细微的人类无法明显察觉的干扰，导致模型以高置信度给出一个错误的输出，这个过程就是对抗攻击，被模型错误识别的数据就是对抗样本。深度学习系统容易受到精心设计的对抗样本的影响，可能导致系统出现误判或漏判等错误结果。对抗样本攻击也可来自物理世界，例如通过精心构造的交通标志对自动驾驶系统进行攻击，一个经过修改的实体停车标志，能够使得一个实时的目标检测系统将其误识别为限速标志，从而可能造成交通事故。攻击者利用精心构造的对抗样本也可发起模仿攻击、逃避攻击等欺骗攻击。图 3.1.1.1 本来是一张"熊猫"的图片，加入一些干扰后就被识别成了"长臂猿"，虽然人的肉眼看还是"熊猫"，但是算法模型却将其识别成"长臂猿"。又例如在人的前面挂一块具有特定图案的牌子，就能使人在视频监控系统中"隐身"(见图 3.1.1.2)。在自动驾驶场景下，如果对限速标识牌加一些扰动，就可以误导自动驾驶系统将其识别成"Stop"(见图 3.1.1.3)，显然这在交通上会引起很大的安全隐患。

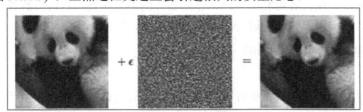

图 3.1.1.1　错误的识别结果

图 3.1.1.2　在检测下隐身　　　　图 3.1.1.3　误导自动驾驶系统

2) 数据投毒

数据投毒是指在训练数据中加入精心构造的异常数据，破坏原有的训练数据的完整性，导致算法模型决策出现偏差。数据投毒主要有两种攻击方式：一种是采用模型偏斜方式，主要攻击目标是训练数据样本，通过污染训练数据达到改变分类器分类边界的目的；另一种则是采用反馈误导方式，主要攻击目标是人工智能的学习模型本身，利用模型的用户反馈机制发起攻击，直接向模型"注入"伪装的数据或信息，误导人工智能作出错误判断。"数据投毒"危害巨大，在自动驾驶领域，"数据投毒"可导致车辆违反交通规则甚至造成交通事故；在军事领域，通过信息伪装的方式可诱导自主性武器启动或攻击，从而带来毁灭性风险。

3) 模型窃取

模型窃取是指向目标模型发送大量预测查询，使用接收到的响应来训练另一个功能相同或类似的模型，或采用逆向攻击技术，获取模型的参数及训练数据。

4) 数据泄露

人工智能应用可导致个人数据过度采集，加剧隐私泄露风险。随着各类智能设备(如智能手环、智能音箱)和智能系统(如生物特征识别系统、智能医疗系统)的应用普及，人工智能设备和系统对个人信息采集更加直接与全面。相较于互联网对用户上网习惯、消费记录等信息的采集，人工智能应用可采集用户人脸、指纹、声纹、虹膜、心跳、基因等具有强个人属性的生物特征信息。这些信息具有唯一性和不变性，一旦被泄露或者滥用将会对公民权益造成严重影响。此外还有匿名化数据被重识别问题，数据标注安全隐患和合规问题，以及数据存储安全隐患、数据共享安全隐患、数据传输安全隐患等问题。

5) 对人工智能系统的攻击

对人工智能系统的典型攻击有影响数据机密性及数据和计算完整性的攻击，还有导致拒绝服务、信息泄露或无效计算的其他攻击。例如，在智能音箱系统的应用中，对于开放的物理端口或接口，攻击者可利用接口、存储芯片的不安全性，直接拆解音箱硬件芯片，在芯片中植入后门，用于监听获取智能音箱的控制权，篡改操作系统或窃取个人数据。

2. 人工智能对人类安全的影响

1) 国家安全风险

人工智能可用于构建新型军事打击力量，对国防安全造成威胁。如生产具有自动识别目标和精准打击能力的人工智能武器，通过生成对抗性网络来制造军事相关的伪装和诱饵，人工智能系统间通过电磁对抗和机器学习改进无线电频谱分配等。利用人工智能对目标用户进行信息定制传播，可达到左右社会舆论的目的。通过搜集用户行为数据，采用机器学习对用户进行政治倾向等画像分析，为不同倾向的用户推送其期望的内容，也可通过学习和模拟人的真实言论来影响人们对事物、事情的判断，这种技术一旦被恶意利用，可能造成大范围的影响。人工智能在情报分析上的大量应用，增加了国家重要数据的泄露风险。人工智能技术在情报收集和分析方面有很多用途，情报工作者可以从监控社交媒体等渠道获取越来越多的数据，通过人工智能数据对海量数据进行挖掘分析，可以获得许多重要的敏感数据。

2) 社会安全风险

"机器换人"会对中低技术要求的劳动力就业造成影响，长期看来会加剧社会分化和不平等现象。工业机器人和各种智能技术的大规模使用，使从事劳动密集型、重复性、高度流程化的行业的工人面临失业威胁，尤其是对于受教育程度较低的人群，人工智能的普及会让他们的竞争力大幅降低，"机器吃人"的悲剧将在各行各业上演，这样导致的直接结果是大量的劳动者会处于失业状态，当一个国家的失业人数过多时，其社会稳定性就难以得到保障。对人工智能技术的依赖会对现有社会伦理造成冲击，影响现有人际关系甚至人类的交往方式。例如，智能伴侣机器人依托个人数据分析，能够更加了解个体心理，贴近用户需求，对人类极度体贴和恭顺，这可能降低人们在现实生活中的正常社交需求，也同样会导致社会问题。

3) 人身安全风险

人工智能可能会由于漏洞缺陷或恶意攻击等原因损害人身安全。例如，在家居、医疗、交通等攸关人身安全的领域的这些智能产品(例如智能医疗设备和无人汽车等)一旦遭受网络攻击或存在漏洞缺陷，就可能危害人身安全。人工智能技术可能被用于开发武器，借助人脸识别、自动控制等技术开发的人工智能武器，如"杀人蜂"，可以实现全自动攻击目标。如果赋予人工智能武器自行选择并杀害人类的能力，将给我们的人身安全与自由构成极大威胁。

3. 人工智能安全因素

人工智能安全因素分为客观因素和人为主观因素这两个方面均导致人工智能安全问题。技术原因等客观因素产生的安全问题并非当下弱人工智能时代安全问题真正的痛点，因为当人工智能技术没有按照预期轨道和人们的要求发展时，人们可以直接进行人为的干预和控制。目前暴露出来的人工智能安全问题，大部分还是由人为主观因素导致的，当人工智能技术被不法分子所利用时，人工智能就可以替代、辅助不法分子实施不法行为，为其谋取暴利。

4. 人工智能安全标准

人工智能安全标准化是人工智能产业发展的重要组成部分，在激发健康、良性的人工智能应用，推动人工智能产业有序、健康发展方面发挥着基础性、规范性、引领性的作用。加强人工智能安全标准化工作，是保障人工智能安全的必经之路。新一代人工智能发展规划中明确提出了要加强人工智能标准框架体系研究，逐步建立并完善人工智能基础共性、互联互通、行业应用、网络安全、隐私保护等技术标准。

人工智能安全标准是与人工智能安全、伦理、隐私保护等相关的标准规范。从广义来说，人工智能安全标准涉及人工智能本身、平台、技术、产品和应用相关的安全标准。

目前，全国信息安全标准化技术委员会(TC260)已在生物特征识别、汽车电子、智能制造等部分人工智能技术、产品或应用安全方面开展了一些标准化工作。在生物特征识别安全方面，TC260 已发布 GB/T 20979—2007《信息安全技术　虹膜识别系统技术要求》标准，正在研制《基于可信环境的生物特征识别身份鉴别协议》《指纹识别系统技术要求》《网络人脸识别认证系统安全技术要求》等标准；在自动驾驶安全方面，2017 年，TC260 立项《信息安全技术汽车电子系统网络安全指南》标准项目，这是我国在汽车电子领域第一个网络安全国家标准；在智能制造安全方面，TC260 正在研制《工业控制网络监测安全技术要求及测试评价方法》《工业控制网络安全隔离与信息交换系统安全技术要求》《工业控制系统产品信息安全通用评估准则》《工业控制系统风险评估实施指南》等工控安全标准。

◆◆ **素质素养养成** ◆◆

(1) 通过了解人工智能系统面临攻击方式多样性的特点，引导学生"透过现象看本质"，掌握事物的本质和规律；

(2) 通过讨论人工智能的"甲之砒霜乙之蜜糖"，引导学生多角度辨别事物的特性，提高辩证思维能力；

(3) 通过学习世界其他先进国家的人工智能安全标准和习近平总书记有关人工智能安全讲话材料，培养学生的法制意识和公民意识。

◆ **任务分组** ◆

学生任务分配表

班级		组号		指导教师	
分工明细	姓名(组长填在第 1 位)		学号	任务分工	
	....				

◆ **任务实施** ◆

∘○── **任务工作单 1：人工智能威胁认知** ──○∘

组号：_____　　姓名：_____　　学号：_____　　检索号：_____

引导问题：

(1) 人工智能安全的定义是什么？

_____

(2) 人工智能的威胁和安全问题有哪些？请列举代表性观点和典型案例。

_____

(3) 列举攻击人工智能系统的案例，请通过图文或者视频展示。

_____

°○○—— **任务工作单 2：人工智能安全认知** ——○°

组号：＿＿＿＿＿　　姓名：＿＿＿＿＿　　学号：＿＿＿＿＿　　检索号：＿＿＿＿＿＿

引导问题：

(1) 现代有关人工智能安全的因素有哪些？

＿＿

(2) 请问人工智能安全标准有哪些？对应的标准文件是什么？

＿＿

(3) 当今世界各国在维护人工智能安全方面做了哪些工作？

＿＿

(4)人工智能安全问题的产生原因是什么？

＿＿

°○○—— **任务工作单 3：人工智能安全讨论** ——○°

组号：＿＿＿＿＿　　姓名：＿＿＿＿＿　　学号：＿＿＿＿＿　　检索号：＿＿＿＿＿＿

引导问题：

(1) 组长组织小组讨论人工智能安全问题的产生原因，教师参与引导。

＿＿

(2) 小组讨论，面对人工智能的安全问题以及威胁，该如何做好防范措施。

＿＿

°○○—— **任务工作单 4：人工智能安全展示汇报** ——○°

组号：＿＿＿＿＿　　姓名：＿＿＿＿＿　　学号：＿＿＿＿＿　　检索号：＿＿＿＿＿＿

引导问题：

每小组推荐一位同学代表本组汇报人工智能安全存在的问题、产生的原因以及应对的措施。

＿＿

°○○—— **任务工作单 5：人工智能安全学习反思** ——○°

组号：＿＿＿＿＿　　姓名：＿＿＿＿＿　　学号：＿＿＿＿＿　　检索号：＿＿＿＿＿＿

引导问题：

自查、分析小组在探究人工智能安全问题的过程中存在的不足及改进方法，并填入下表。

不足之处	具体体现	改进措施

评价反馈

个人评价表

组号：_____ 姓名：_____ 学号：_____ 检索号：_____

班级				组名		日期	
评价指标	评价内容					分数	得分
资源使用	能有效利用网络、图书资源查找有用的相关信息等；能将查到的信息有效地传递到工作中					10分	
感知课堂生活	是否能从人工智能安全问题的学习中认识人工智能技术的隐患，了解人工智能系统面临的威胁，对人工智能安全有自己的观点，认同工作价值；在学习实践中是否能获得满足感					20分	
交流沟通	积极主动与教师、同学交流，相互尊重、理解、平等相待；与教师、同学之间是否能够保持多向、丰富、适宜的信息交流					10分	
	能处理好合作学习和独立思考的关系，做到有效学习；能提出有意义的问题或能发表个人见解					10分	
学习方法	学习方法得体，是否获得了进一步学习的能力					15分	
辩证思维	是否能发现问题、提出问题、分析问题、解决问题、创新问题					10分	
学习效果	按时按要求完成了任务；较好地掌握了知识点；具有较强的信息分析能力和理解能力；具有较为全面严谨的思维能力并能条理清楚明晰表达成文和汇报					25分	
自评分数							
有益的经验和做法							
总结反馈建议							

小组内互评表

组号：_____ 姓名：_____ 学号：_____ 检索号：_____

班级			组名		日期	
评价指标	评价内容				分数	得分
资源使用	该同学能有效利用网络、图书资源查找有用的相关信息等；能将查到的信息有效地传递到工作中				5分	
感知课堂生活	该同学是否从通过对人工智能安全问题的学习中形成了自己对人工智能安全的理解，认同工作价值；在工作中是否能获得满足感				15分	
学习态度	该同学能否积极主动与教师、同学交流，相互尊重、理解，平等相待；与教师、同学之间是否能够保持多向、丰富、适宜的信息交流				15分	
	该同学能否处理好合作学习和独立思考的关系，做到有效学习；能提出有意义的问题或能发表个人见解				15分	
学习方法	该同学学习方法得体，是否获得了进一步学习的能力				15分	
思维态度	该同学是否能发现问题、提出问题、分析问题、解决问题、创新问题				10分	
学习效果	该同学是否能按时保质完成任务；较好地掌握了知识点；具有较强的信息分析能力和理解能力；具有较为全面严谨的思维能力并能条理清楚明晰表达成文或汇报				25分	
评价分数						
该同学的不足之处						
有针对性的改进建议						

小组间互评表

被评组号：_____　　　检索号：_____

班级		评价小组		日期	
评价指标	评价内容			分数	得分
汇报表述	表述准确			15 分	
	语言流畅			10 分	
	准确反映该组完成情况			15 分	
流程完整正确	正确辨别人工智能安全问题以及人工智能系统面临的威胁			15 分	
	至少有效展示一个人工智能系统面临的攻击和威胁案例			15 分	
	阐述人工智能安全问题产生的原因过程清晰明了			15 分	
	对人工智能的威胁，提出有效的防范措施			15 分	
互评分数					
简要评述					

教师评价表

组号：_____　　姓名：_____　　学号：_____　　检索号：_____

班级		组名		姓名	
出勤情况					
评价内容	评价要点	考察要点		分数	评分
资料利用情况	任务实施过程中资源查阅	(1) 是否查阅资源资料		20 分	
		(2) 正确运用信息资料			
互动交流情况	组内交流，教学互动	(1) 积极参与交流		30 分	
		(2) 主动接受教师指导			
任务完成情况	规定时间内的完成度	(1) 在规定时间内完成任务		20 分	
	任务完成的正确度	(2) 任务完成的正确性		30 分	
总分					

任务3.1.2　人工智能伦理探究

◆◆◆ 任务描述 ◆◆◆

　　假如一辆行驶在路上的自动驾驶汽车遇到这样的困境：如果它继续往前开，就会撞死前车上的5个人；如果它紧急打方向避让，就会冲上人行道撞死1个行人。在这种情形下，人们应该期待自动驾驶汽车如何选择呢？自动驾驶汽车生产厂家该如何设置，才能让汽车做出公认的正当的选择？这引发了人们对人工智能中伦理问题的思考。情景设想是非常简单的，而道德判断远比此复杂。自研究开始，关于人工智能伦理问题的讨论一直在进行着。近年来，随着人工智能技术的不断发展，人工智能的发展取得了重大的突破，人工智能相关伦理研究日益广泛，也必将深刻影响着我们的工作与生活。阅读材料、搜索网络资源，了解人工智能在发展过程中带来的伦理问题。

◆◆◆ 学习目标 ◆◆◆

知识目标	能力目标	素质素养目标
（1）掌握人工智能伦理问题的主要表现； （2）理解人工智能领域技术发展带来的伦理问题。	（1）能遵守我国人工智能治理原则； （2）能参与构建友好的人工智能伦理道德。	（1）培养学生的辩证思维； （2）培养学生公民意识； （3）培养学生全球意识； （4）培养学生"科技向善"、造福人类的意识。

◆◆◆ 任务分析 ◆◆◆

重　点	难　点
（1）当前人工智能伦理问题的表现形式； （2）人工智能技术的飞速发展带来的伦理问题。	构建友好人工智能伦理道德。

◆◆◆ 知识链接 ◆◆◆

　　随着人工智能技术的发展和日趋完善，其在电子商务、自动驾驶、传媒、金融、医疗、政府等越来越多的领域和场景应用中不断扩大和深

人工智能
伦理探究

入，也随之出现了一系列伦理风险。人工智能可能带来的伦理问题主要体现在两个方面：一方面，一旦人工智能具备了超越机器的属性，愈发类似人的时候，人类是否应当给予其一定的"人权"；另一方面，人工智能正在某些社会生产、生活领域逐渐替代人类，那么其在生产生活中造成的过错应当如何解决，由谁来负责。

1. 人工智能面临的伦理问题

人工智能面临的伦理问题主要包括以下几点：

(1) 算法歧视。随着算法决策越来越多，算法带来的歧视也会越来越多，同时会带来不容忽视的危害。

(2) 隐私忧虑。很多 AI 系统，包括深度学习，都是大数据学习训练出来的模型，需要大量的数据来训练学习算法，这将带来新的隐私忧虑。

(3) 精准营销。有效的人工智能推荐算法出现后，使电子商务平台有可能针对用户进行精准营销。

(4) 自动驾驶。无人驾驶汽车可能会面临两难的选择，这就给开发者带来了潜在的困难和挑战。

(5) 智能推荐。媒体以用户的喜好为主要标准进行定向推送，为用户精准地"量体裁衣"，同时这可能导致推荐系统过度收集用户的个人数据，带来隐私方面的问题。

(6) 智能风控。金融领域的数据与用户的个人信用直接相关，金融机构在收集用户的海量数据(如年龄、收入、职业、学历、资产等)时，既要保证数据的安全性，即数据不被泄露、窃取或篡改，又要保证数据的准确性。现有的金融数据收集处理体系尚不完备、过程尚不够透明，用户的个人信用数据可能在用户不知晓的情况下发生负面变化；算法的缺陷还容易引发大范围的算法歧视问题。

(7) 智能医疗。进行疾病诊断和治疗时，人工智能可能出现的算法安全和准确性问题，可能会损害患者的身体健康。

2. 人工智能伦理道德设计

人工智能伦理成为纠偏和矫正科技行业的狭隘的技术向度和利益局限的重要保障。华裔 AI 科学家李飞飞曾预言，要让伦理成为人工智能研究与发展的根本组成部分。从政府到行业再到学术界，掀起了一股探索制定人工智能伦理原则的热潮，欧盟、英国、OECD、G20、IEEE、谷歌、微软等诸多国家、团体、组织或公司从各自的角度提出了相应的人工智能伦理原则，共同促进了 AI 知识的共享和可信 AI 的构建。所以，人工智能的发展离不开人们对伦理的思考和伦理保障。

人工智能已经展现出巨大的变革力量，为了更好地解决人工智能的伦理道德问题，我们需要认真思考与提前布局。只有建立完善的人工智能伦理规范，处理好机器与人的新关系，人们才能更好地享受人工智能技术发展带来的福利，让技术造福人类。在 AI 研发中贯彻伦理原则，进行合乎伦理的 AI 设计时，需要将人类社会的法律、道德等规范和价值嵌入 AI 系统。一方面，AI 研发人员要遵守基本的伦理准则，包括有益性、包容性、多样性、透明性，以及隐私的保护等；另一方面，要建立 AI 伦理审查制度，伦理审查应当是跨学科的，多样的，鉴于此，应对 AI 技术和产品的伦理影响进行评估并提出建议；对算法要进行必要的监管，避免算法作恶；针对算法决策和歧视，以及造成的人身财产损害，需要提供法律救济。

在"科技向善"理念之下，还要确立以人为本的发展理念和敏捷灵活的治理方式，倡导面向人工智能的新的技术伦理观，这主要包含以下三个层面：

1) 技术信任

虽然技术自身没有道德、伦理的品质，但是开发、使用技术的人会赋予其伦理价值，因为基于数据做决策的软件是人设计的，他们设计模型、选择数据并赋予数据意义，从而影响我们的行为。我们需要构建能够让社会公众信任人工智能等新技术的规制体系，让技术接受价值引导。人工智能技术的发展需要价值引导，做到可用、可靠、可知、可控（"四可"）。

2) 个体幸福

在人机共生的智能社会，给人类与技术之间的关系提出了新的命题，要让智能社会人机共生和谐，确保人人都有追求数字福祉、幸福工作的权利。各种智能机器正在成为人类社会中不可或缺的一部分，和我们的生活、生产息息相关。

AI _ 记 _ 事 _ 本

人工智能伦理成为焦点话题

人工智能伦理是国际社会近几年关注的焦点话题。2019 年，腾讯研究院和腾讯 AI Lab 联合发布了人工智能伦理报告《智能时代的技术伦理观——重塑数字社会的信任》。无独有偶，我国《新一代人工智能治理原则——发展负责任的人工智能》提出：和谐友好、公平公正、包容共享、尊重隐私、安全可控、共担责任、开放协作、敏捷治理八项原则，以发展负责任的人工智能。

3) 社会可持续性发展

技术创新是推动人类和人类社会发展最主要的因素，人工智能技术革命具有巨大的"向善"潜力，将对人类生活与社会进步带来突破性的提升。在 21 世纪的今天，人类拥有的技术能力，以及这些技术所具有的"向善"潜力，是历史上任何时候都无法比拟的。科技技术本身是"向善"的工具，可以成为一股"向善"的力量，用于解决人类发展中面临着的各种挑战，助力可持续发展目标。

3. 构建友好的人工智能伦理

在新的发展阶段探索 AI、个人、社会三者之间的平衡，我们提出新的伦理道德，需要价值引导，应做到可用、可靠、可知、可控（简称"四可"），让人们信任 AI，也让 AI 给个人和社会创造价值；构建和谐共生的"人机"关系，保障个人的数字福祉和幸福工作权利，实现智能社会人机共生，让个人更自由、智慧、幸福地生活和发展。AI 所具有的巨大的"向善"潜力是历史上任何时期的技术都无法比拟的，可以成为一股"向善"的力量，助力社会健康、包容、可持续发展。为实现以上目标，需要从以下四个层面来进行：

(1) 政府层面。政府应积极构建社会管理制度的人工智能伦理引论；协调人工智能发展与治理的关系，确保人工智能安全可控可靠，推动经济、社会及生态可持续发展，共建人类命运共同体。

(2) 技术层面。对人工智能技术发展过程中的潜在风险持续地开展研究和预判，确保人工智能健康稳健发展，保障技术本身的安全性、公正性与人性化；确保人工智能安全可控可靠，规避风险隐患；积极促进绿色发展，符合环境友好、资源节约的要求，同时在发展中缩小地域差距，提升弱势群体的适应性，努力消除数字鸿沟。

(3) 公众层面。在 AI 技术应用发展过程中，需要进行公众观念的调整与前瞻性准备；推动经济、社会及生态可持续发展，促进包容共享。在充分尊重各国人工智能治理原则和实践的前提下，推动形成具有广泛共识的国际人工智能治理框架和标准规范，才能增进人类共同福祉。

(4) 关系层面。人工智能将成为未来经济社会发展的关键力量，也将成为国际竞争的重要领域，应当在积极促进和保障人工智能发展的同时，未雨绸缪地判明人工智能发展中面临的法律风险点，力争在抢抓战略机遇、保持先发优势的同时，化危为机，以法律促进科学的良性发展；重视法律与科技发展的辩证关系，秉承着科技引领、系统布局、市场主导、资源开放的原则，大力加强人工智能领域的立法研究，制定相应的法律法规，建立健全公开透明的人工智能监管体系，构建人工智能创新发展的良好法治环境。

人工智能等数字技术发展到今天，给个人和社会带来了诸多好处和便利，提高了人们的工作与生活效率，未来还将持续推动经济发展和社会进步，我们需要呼吁以数据和算法为基础，面向新的技术伦理观，实现技术、人、社会之间的良性互动和发展。最终，我们希望以新的技术伦理观增进人类对于技术发展应用的信任，让人工智能等技术进步持续造福人类，促进人类社会发展进步，塑造更健康、包容、可持续的智慧社会。

◆ **素质素养养成** ◆

(1) 在新一代人工智能治理原则的学习中，引领学生构建文明和谐、自由平等、公正法治、诚信友善的社会主义核心价值观；

(2) 通过科技造福人类确保人人都有追求数字福祉、幸福工作的权力，学生在人机共生的智能社会中构建幸福人生观；

(3) 通过学习我国人工智能的治理原则，树立科学发展观，共建人类命运共同体，培养学生的大局意识；

(4) 通过构建友好人工智能的发展原则，培养学生"科技向善"、造福人类的意识。

◆◇ **任务分组** ◇◆

学生任务分配表

班级			组号		指导教师	
分工明细	姓名(组长填在第1位)		学号		任务分工	
	......					

◆◇ **任务实施** ◇◆

∘∘── **任务工作单 1：人工智能伦理认知** ──∘∘

组号：＿＿＿＿＿＿　　姓名：＿＿＿＿＿＿　　学号：＿＿＿＿＿＿　　检索号：＿＿＿＿＿＿

引导问题：

(1) 什么是人工智能伦理问题？

＿＿

＿＿

＿＿

(2) 人工智能伦理问题主要有哪些？

＿＿

＿＿

＿＿

(3) 研究总结并展示世界上对人工智能伦理的认识和发展历程。

＿＿

＿＿

＿＿

○○○── **任务工作单 2：人工智能伦理探究** ──○○○

组号：_____　姓名：_____　学号：_____　检索号：_____

引导问题：

(1) 收集人工智能伦理发展的相关研究和资料并进行总结，制作展示 PPT。

_____

(2) 人工智能伦理道德设计应该遵循什么原则？

_____

(3) 根据人工智能伦理发展的相关资料，讨论应如何构建友好人工智能？

_____

(4) 人工智能技术日新月异，人工智能伦理发展应该如何与时俱进？

_____

○○○── **任务工作单 3：人工智能伦理展示汇报** ──○○○

组号：_____　姓名：_____　学号：_____　检索号：_____

引导问题：

每小组推荐一位同学代表本组汇报世界上对人工智能伦理问题的认识、人工智能伦理发展历程，以及如何设置人工智能伦理道德。

_____

○○○── **任务工作单 4：人工智能伦理学习反思** ──○○○

组号：_____　姓名：_____　学号：_____　检索号：_____

引导问题：

自查、分析小组在探究人工智能伦理问题的过程中存在的不足及改进方法，并填入下表。

不足之处	具体体现	改进措施

评价反馈

个人评价表

组号：_____　　姓名：_____　　学号：_____　　检索号：_____

班级			组名		日期	
评价指标	评 价 内 容				分数	得分
资源使用	能有效利用网络、图书资源查找有用的相关信息等；能将查到的信息有效地传递到工作中				10分	
感知课堂生活	是否能从人工智能伦理问题的主要表现中认识人工智能技术，对人工智能伦理有自己的观点，认同工作价值；在学习实践中是否能获得满足感				20分	
交流沟通	积极主动与教师、同学交流，相互尊重、理解，平等相待；与教师、同学之间是否能够保持多向、丰富、适宜的信息交流				10分	
	能处理好合作学习和独立思考的关系，做到有效学习；能提出有意义的问题或能发表个人见解				10分	
学习方法	学习方法得体，是否获得了进一步学习的能力				15分	
辩证思维	是否能发现问题、提出问题、分析问题、解决问题、创新问题				10分	
学习效果	按时按要求完成了任务；较好地掌握了知识点；具有较强的信息分析能力和理解能力；具有较为全面严谨的思维能力并能条理清楚明晰表达成文和汇报				25分	
自 评 分 数						
有益的经验和做法						
总结反馈建议						

小组内互评表

组号：_____　　姓名：_____　　学号：_____　　检索号：_____

班级			组名		日期	
评价指标	评 价 内 容				分数	得分
资源使用	该同学能有效利用网络、图书资源查找有用的相关信息等；能将查到的信息有效地传递到工作中				5分	
感知课堂生活	该同学是否对人工智能伦理问题有正确的认识与理解，认同工作价值；在工作中是否能获得满足感				15分	
学习态度	该同学能否积极主动与教师、同学交流，相互尊重、理解，平等相待；与教师、同学之间是否能够保持多向、丰富、适宜的信息交流				15分	
	该同学能否处理好合作学习和独立思考的关系，做到有效学习；能提出有意义的问题或能发表个人见解				15分	
学习方法	该同学学习方法得体，是否获得了进一步学习的能力				15分	
思维态度	该同学是否能发现问题、提出问题、分析问题、解决问题、创新问题				10分	
学习效果	该同学是否能按时保质完成任务；较好地掌握了知识点；具有较强的信息分析能力和理解能力；具有较为全面严谨的思维能力并能条理清楚明晰表达成文或汇报				25分	
评 价 分 数						
该同学的不足之处						
有针对性的改进建议						

小组间互评表

被评组号：_____　　　检索号：_____

班级		评价小组		日期	
评价指标	评 价 内 容			分数	得分
汇报表述	表述准确			15 分	
	语言流畅			10 分	
	准确反映该组完成情况			15 分	
流程完整正确	人工智能伦理发展的研究总结到位			15 分	
	人工智能伦理问题典型案例至少有效展示一个			15 分	
	人工智能伦理道德设计原则清晰			15 分	
	对构建友好人工智能有自己的见解			15 分	
互 评 分 数					
简要评述					

教师评价表

组号：_____　　姓名：_____　　学号：_____　　检索号：_____

班级		组名		姓名	
出勤情况					
评价内容	评价要点	考察要点		分数	评分
资料利用情况	任务实施过程中资源查阅	(1) 是否查阅资源资料		20 分	
		(2) 正确运用信息资料			
互动交流情况	组内交流，教学互动	(1) 积极参与交流		30 分	
		(2) 主动接受教师指导			
任务完成情况	规定时间内的完成度	(1) 在规定时间内完成任务		20 分	
	任务完成的正确度	(2) 任务完成的正确性		30 分	
总分					

任务 3.1.3　人工智能法律探究

◆◆ **任务描述** ◆◆

2016 年 5 月 7 日，美国佛罗里达州一位名叫 Joshua Brown 的 40 岁男子开着一辆以自动驾驶模式行驶的特斯拉 Model S 汽车在高速公路上行驶时，全速撞到一辆正在垂直横穿高速的白色拖挂卡车，最终造成两辆车车毁人亡。虽然车上有驾驶员，但当时汽车完全由自动驾驶系统(即人工智能)控制。和其他涉及人与 AI 技术交互的事故一样，这起事故引出了一系列的道德和原始法律问题。阅读材料，小组讨论后回答以下问题：

(1) 开发该系统的程序员在这起事故中负有怎样的道德责任？

(2) 谁应该为卡车司机的死负责？是坐在特斯拉驾驶位上的那个人、测试那辆汽车的公司、该 AI 系统的设计者，还是车载感应设备的制造商？

◆◆ **学习目标** ◆◆

知识目标	能力目标	素质素养目标
(1) 了解人工智能发展中的主要法律问题； (2) 熟悉人工智能法律问题的具体表现方式； (3) 理解现代人工智能法律制定的指导思想。	(1) 能阐述人工智能技术发展对现有的法律体系带来的冲击和挑战； (2) 能积极应对人工智能技术发展带来的法律问题。	(1) 培养学生的社会责任感和历史使命感； (2) 培养学生"主要矛盾和次要矛盾"的辩证思维方法； (3) 培养学生"以人为本""公正性"的价值导向。 (4) 培养学生服务人民、奉献社会的人生追求。

◆◆ **任务分析** ◆◆

重　点	难　点
(1) 人工智能法律问题的表现形式； (2) 从各类人工智能法律问题中总结人工智能技术发展给现有的法律体系带来的冲击和挑战。	应对人工智能技术发展带来的法律问题的措施。

◆◆ **知识链接** ◆◆

智能型机器人、自动驾驶、AI 创作、语音识别……人工智能时代的到来，不仅使人们的生活更加便利，同时也对当今的社会生活方式和价值观念带来了一定程度的冲击。人工智能时代下的法律问题，不仅指人工智能在制造、使用及销毁过程中所涉及的相关法律问题，而且还包括人工智能自身所带来的新型法律问题。

人工智能
法律探究

一、人工智能应用存在的法律问题

科技是一把双刃剑，人工智能技术亦是如此。当前，人工智能的应用越来越广泛，一系列法律问题也随之而来。

1. 人格权的保护问题

现在很多人工智能系统会把一些人的声音、表情、肢体动作等植入系统内部，使利用其所开发的人工智能产品可以模仿他人的声音、形体动作等，甚至能够像人一样表达，并与人进行交流。但如果未经他人同意而擅自进行上述模仿活动，就有可能构成对他人人格权的侵害。此外，人工智能还可能借助光学技术、声音控制、人脸识别技术等，对他人的人格权客体加以利用，这也对个人声音、肖像等的保护提出了新的挑战。

2. 知识产权的保护问题

从实践来看，机器人已经能够自己创作音乐、绘画等，机器人写作的诗歌集也已经出版，这对现行知识产权法提出了新的挑战。例如，百度已经研发出可以创作诗歌的机器人，微软公司的人工智能产品"微软小冰"已于 2017 年 5 月出版人工智能诗集《阳光失了玻璃窗》。这就提出了一个问题，即这些机器人创作作品的著作权究竟归属于谁？是归属于机器人软件的发明者？还是机器人的所有权人？还是赋予机器人一定程度的法律主体地位，从而由其自身享有相关权利？人工智能的发展也可能引发知识产权的争议。智能机器人要通过一定的程序进行"深度学习""深度思维"，在这个过程中有可能收集、储存大量的他人已享有著作权的信息，这就有可能造成非法复制他人的作品，从而构成对他人著作权的侵害。

3. 数据财产的保护问题

人工智能的发展也对数据的保护提出了新的挑战。一方面，人工智能及其系统能够正常运作，在很大程度上是以海量的数据为支撑的，在利用人工智能时如何规范数据的收集、储存、利用行为，避免数据的泄露和滥用，并确保国家数据的安全，是亟需解决的重大现实问题。另一方面，人工智能的应用在很大程度上取决于其背后的一套算法，需要法律制度予以积极应对，有效规范这一算法及其结果的运用，避免侵害他人权利。

4. 侵权责任的认定问题

随着人工智能应用范围的日益扩大，其引发的侵权责任认定和承担问题将对现行侵权法律制度提出越来越多的挑战。无论是机器人致人损害，还是人类侵害机器人，都是新的法律责任。机器人是人制造的，其程序也是由制造者控制的，在造成损害后，谁研制的机器人，就应当由谁负责，这似乎在法律上没有争议。人工智能就是人的手臂的延长，当人工智能造成他人损害时，似乎当然适用产品责任的相关规则，其实不然，机器人与人类一样，是用"脑子"来思考的，机器人的脑子就是程序。我们都知道一个产品可以被追踪查出其属于哪个厂家，但程序却不一定，有可能是由众多的人或组织共同开发的，可能无法追踪到某个具体的个人或组织。尤其是智能机器人也会思考，如果有人故意挑逗，惹怒了它，它就有可能会主动攻击人类，此时是否都要由研制者负责，就需要进一步研究。

5. 机器人的法律主体地位问题

随着人工智能技术的完善，人工智能机器人已经逐步具有一定程度的自我意识和自我表达能力，可以与人类进行一定的情感交流。可以预见，未来的机器人可以达到人类50%的智力。这就提出了一个新的法律问题，即我们将来是否有必要在法律上承认人工智能机器人的法律主体地位？在现实生活和工作中，机器人可以用于接听电话、语音客服、身份识别、翻译、语音转换、智能交通甚至案件分析。有统计数据显示，现阶段23%的律师业务已可由人工智能完成。机器人本身具有自学能力，可对既有的信息进行分析和研究，从而提供司法警示和建议。甚至有人认为，机器人未来可以直接当法官，这对现有的权利主体、程序法治、用工制度、保险制度、绩效考核等一系列法律制度提出了挑战，对此我们需要妥善积极地应对。

二、 法律积极应对人工智能

人工智能时代的到来不仅会改变人类世界，也会深刻改变人类的法律制度。我们的法学理论研究应当密切关注社会现实，积极回应大数据、人工智能等新兴科学技术所带来的一系列法律挑战，从而为法律的进一步完善提供有力的理论支撑。面对以人工智能为代表的飞速发展的现代科学技术，人类必须高度关注技术对社会关系和社会观念所带来的巨大冲击，同时充分利用法律的引导、规制和促进功能，实现法律与技术进步的良性互动。在这里我们将探讨如何从法理、法律方面对人工智能的发展和应用予以回应，让人工智能能够在法律的规范下健康发展并造福人类。

AI 记 事 本

发展负责的人工智能

智能型机器人的出现和广泛应用无疑是21世纪的一个重大事件，不但会引起新的工业革命和社会变革，而且会颠覆许多传统的社会结构和观念。早在1942年，著名科幻小说家艾萨克·阿西莫夫在其科幻小说《环舞》中就提出了著名的机器人三定律：第一，不得伤害人类；第二，服从人类命令；第三，尽可能地保护自己。笔者以为，这不但是机器人设计中应当遵循的基本原则，而且也是机器人立法中必须充分考虑的原则。你的看法呢？

发展负责的
人工智能

1. 利用良好的法律制度促进科技发展

我们在充分肯定人工智能对解放人类生产力所带来的重大便利的同时，也必须高度重视人工智能对传统的社会机构、社会关系、人伦关系所带来的颠覆性影响，严格划定人工智能作用(活动)禁区。法律不仅承担着行为调控、冲突解决、社会控制、公共管理等功能，而且负有促进社会发展，引导社会生活的使命。良好的机器人法律制度应当是既能够充分调动社会主体的创造热情，促进社会经济发展的社会财富创造法，又是能够在发明创造和财富创造之间搭建起便捷转换通道的市场经济催化法。为此一方面要应用良好的制度设计满足机器人发展的客观要求，积极利用机器人解放人的功能，实现人的全面发展，并积极改善人与自然、人与社会的关系；另一方面，要充分发挥法律对科学研究的价值引领功能。随着人工智能技术的日趋完善和自然人与机器人相处能力的逐步增强，可以通过不断修改法律逐步放宽对机器人行为的限制。

2. 确立人类优先和安全优先原则

国家确立了"以人为本"的立法理念，这就要求一切立法都应围绕改善人的生存条件和生存环境，增进人类福祉，促进人的全面发展而进行。这既是文明立法的本质要求，也是良法善治的应有之意。立法首先要求必须具有公正性，其次要求必须能够满足大多数人的需要，最后法律条文必须符合社会公众对法律的预期，符合公序良俗的基本要求。

具体到机器人立法来说，机器人的应用不但会带来深刻的社会变化，而且会影响到人类自身的发展，影响到对人本身的认知，甚至会危及人的生存。诚如霍金所说："人工智能的真正风险不是它的恶意，而是它的能力。一个超智能的人工智能在完成目标方面非常出色，如果这些目标与我们的目标不一致，我们就会陷入困境。因此，人工智能的成功有可能是人类文明史上最大的事件，但人工智能也有可能是人类文明史的终结！"因此在相关立法中必须确立人类优先的原则和理念，以尊重人的存在、人的生命健康、人的利益、人的安全为根本旨归。同时，相关立法绝不能仅仅关注机器人的技术性内涵，而更应当关注其文化内涵，相关的制度设计不应是仅具有程序性操作意义的技术性规范，而应是充满人文关怀和伦理精神的技术性与道德性完美融合的法律。一方面，我们要坚决把违背公序良俗和有可能挑战人类伦理底线的人工智能技术产品排除在法律的保护之外；另一方面，通过政策或法律，对那些有可能影响人类伦理的技术进行严格的管控和必要的限制，对风险不明的技术应用必须留下足够的安全冗余度，防止因技术的失控可能给人类带来的毁灭性打击。

3. 谨慎承认机器人的法律主体资格

机器人出现之后，虽然已具备人的很多要素，可能会有思维，但却并没有上升到有生命的状态，不具备生命所要求的能够利用外界物质形成自己的身体和繁殖后代，按照遗传的特点生长、发育并在外部环境发生变化时及时适应环境的能力。因此从理论上说，机器人作为一种工业设计，只具有使用寿命而不具有自然生命，当然也不能享有以生命为载体的生命权。

机器人是按照人类的预先设计而生产出来的，因此就其本质来说具有可预知性、可复制性和可分类性，而可预期的活动是无法用传统的法律行为进行解释和规范的。此外，机器人没有自然人所具有的道德、良心、良知、伦理、宗教、规矩和习惯，只有功能的强弱。因此机器人不可能有道德感，只有基于程序的反复和预先设计而总结出的规律，从而也就没有民事主体所必备的基于内心感知(良知)所做出的善恶评判和行为选择，法律也无法通过对其行为进行否定性评价而实现抑制或矫正其非法行为的效果。

4. 充分尊重社会公众的知情权

人工智能技术及其应用不仅是简单的技术创造，也是一个对人类未来影响深远且关涉每一个人切身利益的重大历史变革。面对功能强大的机器人，每一个行业、每一个领域的自然人的就业机会都有可能被剥夺，每一个生命个体的生存空间都有可能被严重挤压。公众对于信息、知识的获取，不但是其融入公共生活的一个条件，也是维护自身合法权益的必然要求。因此，每一个自然人都应当对人工智能技术享有充分的知情权，都有权知道机器人被广泛应用之后对自己意味着什么。

在相关立法中，必须充分保护社会公众的知情权和参与权，重大人工智能技术的应用应广泛征求公众的意见并进行科学的论证，应强调任何人工智能产品的开发和应用都不能以损害自然人利益为代价，不能以损害社会公共利益为代价。同时必须有效平衡各方利益，特别是平衡生产者和普通社会公众之间的利益。既要充分保护研发者的创造积极性，鼓励其发明出更多更高质量的人工智能产品，也应保证社会公众能够更多地分享因科学技术的进步而产生的社会经济利益和其他人类福祉。

5. 建立符合国情的人工智能法律制度体系

法律是为社会服务的，任何法律都必须根植于特定的土壤才能发挥其最大效用。制定符合中国需要的人工智能法律，必须充分尊重人工智能技术发展水平，在尚无充足实践经验指导的情况下，我们暂时无法设计出具有世界引领意义和示范作用的完备的人工智能法律体系。发展人工智能技术既是抢占世界新兴技术制高点的需要，也是世界社会经济发展的大势所趋。

我们的法律必须积极回应人工智能技术的发展需要，通过良好的法律制度设计满足人工智能技术的发展要求。同时，人工智能技术发展是全球的重大事情，我国也可以借鉴国外在人工智能领域的立法经验和司法实务经验，尽快完善相关的法律设计。当务之急是尽快制定人工智能基本法、人工智能产业促进法等法律法规，明确我国对人工智能和机器人产业发展的基本态度，同时出台人工智能产品伦理审查办法、人工智能产品设计指南等规章制度，未雨绸缪，提前用立法防范因机器人应用可能带来的社会问题。

◆◆ 素质素养养成 ◆◆

(1) 通过引导学生了解人工智能法律问题，培养学生认识技术的多面性，辨别事物的真善美、假恶丑，提高辩证思维能力，合理合法地进行技术开发；

(2) 通过人工智能技术应用相关法律问题的学习，培养学生的法治思维，提升法治素养，引导学生做一个自觉尊法、学法、守法、用法的技术技能型人才；

(3) 通过对人工智能技术应用领域的"机器人三定律"、立法原则和理念的学习，培养学生"以人为本"的人本思想。

◆◆ 任务分组 ◆◆

学生任务分配表

班级		组号		指导教师	
分工明细	姓名(组长填在第1位)		学号	任务分工	
	...				

任务实施

∘∘○── **任务工作单 1：人工智能法律认知** ──○∘∘

组号：_____　　姓名：_____　　学号：_____　　检索号：_____

引导问题：

(1) 人工智能法律问题指的是什么？

_____

(2) 人工智能法律问题的具体表现主要有哪些？请通过具体案例指出。

_____

(3) 人工智能技术发展对现有的法律体系带来了哪些冲击和挑战？请查阅相关资料，通过图文或者视频的形式展示。

_____

∘∘○── **任务工作单 2：人工智能法律探究** ──○∘∘

组号：_____　　姓名：_____　　学号：_____　　检索号：_____

引导问题：

(1) 法理、法律方应如何面对以人工智能为代表的飞速发展的现代科学技术对社会关系和社会观念所带来的巨大冲击？

_____

(2) 当今世界各国在人工智能法律方面做了哪些工作？

_____

∘∘○── **任务工作单 3：人工智能法律小组讨论** ──○∘∘

组号：_____　　姓名：_____　　学号：_____　　检索号：_____

引导问题：

组长组织小组成员进行讨论，为了规范人工智能技术的发展，人工智能立法应遵循哪些原则？教师参与指导。

_____

∘∘○── **任务工作单 4：人工智能法律学习汇报** ──○∘∘

组号：_____　　姓名：_____　　学号：_____　　检索号：_____

引导问题：

每小组推荐一位同学代表本组汇报人工智能法律问题以及积极应对的具体措施。

_____

任务工作单 5：人工智能法律探究反思

组号：_____　　姓名：_____　　学号：_____　　检索号：_____

引导问题：

　　自查、分析小组在探究人工智能法律问题的过程中存在的不足及改进方法，并填入下表。

不足之处	具体体现	改进措施

◆◆◆　**评价反馈**　◆◆◆

个人评价表

组号：_____　　姓名：_____　　学号：_____　　检索号：_____

班级		组名		日期	
评价指标	评 价 内 容			分数	得分
资源使用	能有效利用网络、图书资源查找有用的相关信息等；能将查到的信息有效地传递到工作中			10分	
感知课堂生活	是否能正确认识人工智能法律问题，对人工智能法律有自己的观点，认同工作价值；在学习实践中是否能获得满足感			20分	
交流沟通	积极主动与教师、同学交流，相互尊重、理解，平等相待；与教师、同学之间是否能够保持多向、丰富、适宜的信息交流			10分	
	能处理好合作学习和独立思考的关系，做到有效学习；能提出有意义的问题或能发表个人见解			10分	
学习方法	学习方法得体，是否获得了进一步学习的能力			15分	
辩证思维	是否能发现问题、提出问题、分析问题、解决问题、创新问题			10分	
学习效果	按时按要求完成了任务；较好地掌握了知识点；具有较强的信息分析能力和理解能力；具有较为全面严谨的思维能力并能条理清楚明晰表达成文和汇报			25分	
自 评 分 数					
有益的经验和做法					
总结反馈建议					

小组内互评表

组号：_____　　姓名：_____　　学号：_____　　检索号：_____

班级			组名		日期	
评价指标	评　价　内　容				分数	得分
资源使用	该同学能有效利用网络、图书资源查找有用的相关信息等；能将查到的信息有效地传递到工作中				5 分	
感知课堂生活	该同学是否从对人工智能法律问题的学习中形成了自己对人工智能法律的理解，认同工作价值；在工作中是否能获得满足感				15 分	
学习态度	该同学能否积极主动与教师、同学交流，相互尊重、理解，平等相待；与教师、同学之间是否能够保持多向、丰富、适宜的信息交流				15 分	
	该同学能否处理好合作学习和独立思考的关系，做到有效学习；能提出有意义的问题或能发表个人见解				15 分	
学习方法	该同学学习方法得体，是否获得了进一步学习的能力				15 分	
思维态度	该同学是否能发现问题、提出问题、分析问题、解决问题、创新问题				10 分	
学习效果	该同学是否能按时按质完成任务；较好地掌握了知识点；具有较强的信息分析能力和理解能力；具有较为全面严谨的思维能力并能条理清楚明晰表达成文或汇报				25 分	
评　价　分　数						
该同学的不足之处						
有针对性的改进建议						

小组间互评表

被评组号：_____　　　　检索号：_____

班级		评价小组		日期	
评价指标	评　价　内　容			分数	得分
汇报表述	表述准确			15 分	
	语言流畅			10 分	
	准确反映该组完成情况			15 分	
流程完整正确	正确阐述人工智能法律问题			15 分	
	人工智能技术发展给现有的法律体系带来的冲击和挑战			15 分	
	人工智能法律如何积极应对人工智能技术发展			15 分	
	能形成有效的人工智能立法原则，规范人工智能技术发展，做到相辅相成			15 分	
互　评　分　数					
简要评述					

教师评价表

组号: _____　　姓名: _____　　学号: _____　　检索号: _____

班级		组名		姓名	
出勤情况					
评价内容	评价要点	考察要点		分数	评分
资料利用情况	任务实施过程中资源查阅	(1) 是否查阅资源资料		20分	
		(2) 正确运用信息资料			
互动交流情况	组内交流, 教学互动	(1) 积极参与交流		30分	
		(2) 主动接受教师指导			
任务完成情况	规定时间内的完成度	(1) 在规定时间内完成任务		20分	
	任务完成的正确度	(2) 任务完成的正确性		30分	
总分					

参 考 文 献

[1] 杨忠明，曾文权，程庆华，等. 人工智能应用导论[M]. 西安：西安电子科技大学出版社，2019.

[2] 吴飞. 人工智能导论：模型与算法[M]. 北京：高等教育出版社，2020.

[3] 肖正兴，聂哲. 人工智能应用基础[M]. 北京：高等教育出版社，2019.

[4] 刘鹏，张燕. 数据标注工程[M]. 北京：清华大学出版社，2019.

[5] 李开复，王咏刚. 人工智能[M]. 北京：文化发展出版社，2017.

[6] 刘艳飞，常城. 人工智能应用实战[M]. 北京：人民邮电出版社，2022.

[7] 通讯研究院. AI 算力迎来发展新机遇[EB/OL]. [2020-06-13]. https://mp.weixin.qq.com/s/fF2G8tzP- RXtW5up_MSIOw.

[8] 数邦客 vip. 解读 | 2020 年中国 AI 算力报告发布：公共 AI 算力基建是关键[EB/OL]. [2021-01-03]. https://mp.weixin.qq.com/s/rVrASW6nlmqF3DvRkd_LJQ.

[9] 新智元.「2020 中国 AI 算力报告」重磅出炉：中国怎么解决 GPT-3 的算力难题？ [EB/OL]. [2020-12-18]. https://mp.weixin.qq.com/s/sZOj1hM2LxYM5tJb22q2YQ.

[10] 中国人工智能学会. 演讲实录 | 戴琼海院士《人工智能：算法·算力·交互》[EB/OL]. [2020-09-07] https://mp.weixin.qq.com/s/t2zkc-pY7WBWHunQG_5cqQ.

[11] 行业频道. 2020 年中国人工智能发展现状及未来人工智能应用趋势分析：未来人工智能市场规模将不断攀升 [EB/OL]. [2020-04-10]. https://www.chyxx.com/industry/202004/850645.html.

[12] 程序员小灰. 漫画：什么是人工智能？ [EB/OL]. [2016-11-19]. https://mp.weixin.qq.com/s/8rkxHFmRxpF- tNMbxAtuGA.

[13] 真正的人工智能. 点评 | 宋冰：中国古代哲学思想在人工智能领域的应用[EB/OL]. [2021-01-08]. https://mp.weixin.qq.com/s/mTQHPc9FVbPKmia6jKQ0PA.

[14] 中国人工智能学会. CAAI 科普 | 人工智能的历史 [EB/OL].[2016-03-10] https://mp.weixin.qq.com/s/X8wPKgRxWaK_asyvoiO6FQ.

[15] 人机与认知实验室. 第一集：人工智能的西方思想历程[EB/OL]. [2020-01-29]. https://mp.weixin.qq.com/s/UgUrY9PGCtciA8-Bc2ZT2w.

[16] 腾讯产业加速器. 人工智能引发的伦理问题及其规制[EB/OL]. [2020-12-21]. https://mp.weixin.qq.com/s/_fLG1QDuu48Sbwu5AkH9jw.

[17] 腾讯产业加速器. 处处是"垃圾"：人工智能太缺高质量数据了![EB/OL]. [2020-12-02]. https://mp.weixin.qq.com/s/1i2JsTxQGjioszdwuiqjxQ.

[18] 腾讯产业加速器. AI 赋能垃圾分类：你是什么垃圾？ [EB/OL]. [2020-10-19]. https://mp.weixin.qq.com/s/OcQUKUlnGDO6McrkFyStXw.

[19] 人工智能学家. 清华张钹院士专刊文章：迈向第三代人工智能[EB/OL]. [2020-10-10].

https://mp.weixin.qq.com/s/52xWu7xdHSYxOqlZsFyP_A.

[20] 快牛智能. AI 变脸指南：朱茵秒变杨幂，是恶搞还是危机？[EB/OL]. [2020-04-24]. https://mp.weixin.qq.com/s/6CnhjaEOk62L_vnwgqQdvQ.

[21] 傳統古風. 让人惊叹的中国古代人工智能技术[EB/OL]. [2020-09-30]. https://mp.weixin.qq.com/s/0qJHtjMP1fFS_hKbsZ9Uvg.

[22] 腾讯研究院，人工智能学家. 腾讯发布 2020 人工智能白皮书：泛在智能[EB/OL]. [2020-07-10]. https://mp.weixin.qq.com/s/GqV83qY-6XbjWqMbice8SQ.

[23] Zach 小生,人工智能学家. 寒武纪上市：AI 芯片和普通芯片有何不同？[EB/OL]. [2020-07-23]. https://mp.weixin.qq.com/s/jMsGntEFQlwqQ-opSKQWlQ.

[24] 查有梁，人机与认知实验室. 孔子原理与人权[EB/OL]. [2020-06-05]. https://mp.weixin.qq.com/s/54S2wEoXVWT5J_hbktHbQA.

[25] twhlw，人机与认知实验室. 东西方的智能起源[EB/OL]. [2020-05-06]. https://mp.weixin.qq.com/s/NU-rJwPrJ7W-zzF1xbzpjw.

[26] 丁艳. 人工智能基础与应用[M]. 北京：机械工业出版社，2021.

[27] 百度 AI 开放平台. https://ai.baidu.com/.